全国技工院校机械类专业通用教材（高级技能层级）

高级焊工工艺与技能训练

（第三版）

人力资源社会保障部教材办公室组织编写

U0308620

中国劳动社会保障出版社

简介

本书主要内容包括：焊条电弧焊、CO_2 气体保护焊、钨极氩弧焊、气焊、切割、其他焊接和切割技术。

本书由王文安担任主编，项晓林、王吉林担任副主编，杜东萍、徐震宇、车显俊、张郴龙参加编写；李明强担任主审，吴静、曹宁参加审稿。

图书在版编目（CIP）数据

高级焊工工艺与技能训练/人力资源社会保障部教材办公室组织编写. -- 3 版. -- 北京：中国劳动社会保障出版社，2020

全国技工院校机械类专业通用教材. 高级技能层级

ISBN 978 - 7 - 5167 - 4267 - 9

Ⅰ. ①高… Ⅱ. ①人… Ⅲ. ①焊接-技工学校-教材 Ⅳ. ①TG4

中国版本图书馆 CIP 数据核字（2020）第 020118 号

中国劳动社会保障出版社出版发行

（北京市惠新东街 1 号　邮政编码：100029）

*

北京市艺辉印刷有限公司印刷装订　新华书店经销

787 毫米×1092 毫米　16 开本　16.5 印张　368 千字

2020 年 3 月第 3 版　2020 年 3 月第 1 次印刷

定价：32.00 元

读者服务部电话：(010) 64929211/84209101/64921644

营销中心电话：(010) 64962347

出版社网址：http://www.class.com.cn

http://jg.class.com.cn

前　言

　　为了更好地适应全国技工院校机械类专业的教学要求，全面提升教学质量，人力资源社会保障部教材办公室组织有关学校的一线教师和行业、企业专家，在充分调研企业生产和学校教学情况、广泛听取教师对教材使用反馈意见的基础上，对全国高级技工学校机械类专业通用教材进行了修订。本次修订后出版的教材包括：《机械制图（第四版)》《机械基础（第二版)》《机构与零件（第四版)》《机械制造工艺学（第二版)》《机械制造工艺与装备（第三版)》《金属材料及热处理（第二版)》《极限配合与技术测量（第五版)》《电工学（第二版)》《工程力学（第二版)》《数控加工基础（第二版)》《液压传动与气动技术（第二版)》《液压技术（第四版)》《机床电气控制（第三版)》《金属切削原理与刀具（第五版)》《机床夹具（第五版)》《金属切削机床（第二版)》《高级车工工艺与技能训练（第三版)》《高级钳工工艺与技能训练（第三版)》《高级焊工工艺与技能训练（第三版)》等。

　　本次教材修订工作的重点主要体现在以下几个方面：

　　第一，更新教材内容，体现时代发展。

　　根据机械类专业毕业生所从事岗位的实际需要和教学实际情况的变化，合理确定学生应具备的能力与知识结构，对部分教材内容及其深度、难度做了适当调整；根据相关专业领域的最新发展，在教材中充实新知识、新技术、新设备、新材料等方面的内容，体现教材的先进性；采用最新国家技术标准，使教材更加科学和规范。

　　第二，提升表现形式，激发学习兴趣。

　　在教材内容的呈现形式上，较多地利用图片、实物照片和表格等形式将知识点生动地展示出来，尤其是在《机械基础（第二版)》《机床夹具（第五版)》等教材插图的制作中全面采用了立体造型技术，力求让学生更直观地理解和掌握所学内容。针对不同的知识点，设计了许多贴近实际的互动栏目，在激发学生学习兴趣和自主学习积极性的同时，使教材"易教易学，易懂易用"。

第三，开发配套资源，提供教学服务。

本套教材配有习题册和方便教师上课使用的多媒体电子课件，可以通过职业教育教学资源和数字学习中心网站（http：//jg. class. com. cn）下载电子课件等教学资源。另外，在部分教材中使用了二维码技术，针对教材中的教学重点和难点制作了动画、视频、微课等多媒体资源，学生使用移动终端扫描二维码即可在线观看相应内容。

本次教材的修订工作得到了河北、辽宁、江苏、山东、河南、湖南、广东等省人力资源社会保障厅及有关学校的大力支持，在此我们表示诚挚的谢意。

人力资源社会保障部教材办公室

2018 年 8 月

目　录

绪　　论

在金属结构和机器制造过程中，经常需要将两个或两个以上的零件按一定形式和位置连接起来，其方法有焊接、铆接等多种。焊接是最常用的连接方法之一，它广泛用于汽车、船舶、锅炉及压力容器、机械零件、建筑结构、化工设备等的制造和维修，焊接技术的应用示例如图 0 - 1 所示。

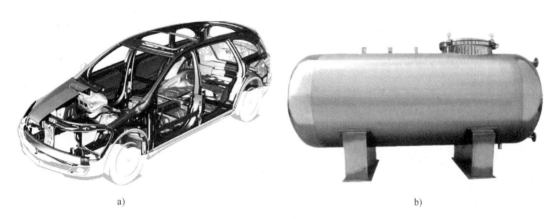

a)　　　　　　　　　　　　　　　　　　b)

图 0 - 1　焊接技术的应用示例

a）焊接的汽车车身　b）焊接的压力容器

焊接的本质是两种或两种以上同种或异种材料通过原子或分子之间的结合和扩散连接成一体的工艺过程。这是一种物理化学过程，促使原子和分子之间产生结合和扩散的方法是加热或加压，或同时加热又加压。

金属的焊接，按其工艺过程的特点分为熔焊、压焊和钎焊三大类。

熔焊是在焊接过程中将工件接头加热至熔化状态，不加压力完成焊接的方法。熔焊时，热源将待焊两工件接头处迅速加热熔化，形成熔池。熔池随热源向前移动，冷却后形成连续焊缝而将两工件连接成一体。熔焊又分为焊条电弧焊、CO_2 气体保护焊、氩弧焊、埋弧焊等。

压焊是在加压条件下，使两工件在固态下实现原子间结合，又称固态焊接。常用的压焊工艺是电阻焊，通常可分为电阻点焊、电阻对焊、电阻凸焊、电阻缝焊。

钎焊是使用比工件熔点低的金属材料即钎料作为连接的媒介，将工件和钎料加热到高于钎料熔点、低于工件熔点的温度，利用液态钎料与工件实现原子间的相互扩散填充接头间隙，从而实现焊接的方法。

综上所述，焊接的方法很多，所使用的焊接设备也多种多样。本课程选择了生产实际中最常见和常用的焊接方法，通过具体的焊接任务，将其焊接工艺、焊接操作知识等有机结合起来，为学生学习专业知识和进行技能训练提供有力帮助。

另外，本课程所选用的具体焊接任务，涵盖了国家职业技能标准中焊工（初、中、高级）的相关要求，为学生参加技能鉴定提供了方便。

模块一　焊条电弧焊

任务1　认识焊条电弧焊及弧焊电源

学习目标

1. 了解焊条电弧焊的工作原理及基本焊接电路。
2. 熟悉焊接常用设备的分类及选用。
3. 了解焊接常用工具、防护用品及其使用方法。

工作任务

本任务是由教师带领学生参观焊接实训车间（见图 1 - 1），观察焊条电弧焊生产过程，使学生能较深入地了解焊条电弧焊的工作原理、设备和防护用具，为进一步进行焊接技能训练做准备。

图 1 - 1　焊接实训车间

相关知识

焊条电弧焊是手工操作焊条进行焊接的一种方法，它适用于结构形状复杂、焊缝短小且不规则及各种空间位置的焊缝焊接，是所有焊接方法的基础。

一、焊条电弧焊的工作原理

焊条电弧焊是利用电弧放电时所产生的热量作为热源，加热并熔化焊条和焊件，并使之相互熔合，形成牢固接头的焊接过程，又称为手工电弧焊。焊条电弧焊原理如图1-2所示。焊接时将焊条与焊件接触短路后抬起适当距离，引燃电弧，电弧的高温将焊条与焊件局部熔化，熔化的焊芯以熔滴的形式过渡到局部熔化的焊件表面，熔合在一起形成熔池。药皮在熔化过程中产生的气体和液态熔渣，不仅起着保护液态金属的作用，而且与熔化的焊芯、焊件发生一系列冶金反应，保证了所形成焊缝的力学性能。随着电弧沿焊接方向不断移动，熔池液态金属逐步冷却结晶，形成焊缝。

二、焊条电弧焊的基本焊接电路

焊条电弧焊的基本焊接电路由弧焊电源、焊钳、焊接电缆、焊条、焊接电弧、焊件等组成，如图1-3所示。

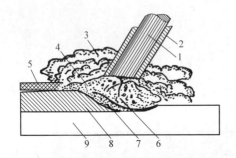
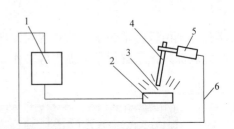

图1-2　焊条电弧焊原理　　　　　　　图1-3　基本焊接电路
1—焊芯　2—药皮　3—保护气体　4—液态熔渣　　　1—弧焊电源　2—焊件　3—焊接电弧
5—固态熔渣　6—熔滴　7—熔池　8—焊缝　9—焊件　　4—焊条　5—焊钳　6—焊接电缆

三、焊接设备

1. 弧焊电源

弧焊电源是在焊接电路中为焊接电弧提供电能的装置。弧焊电源可分为四大类型：交流弧焊电源、直流弧焊电源、脉冲弧焊电源和弧焊逆变器。各种弧焊电源的特点及适用范围见表1-1。

表1-1　　　　　　　　　各种弧焊电源的特点及适用范围

类型	特点	适用范围
交流弧焊电源（弧焊变压器）	结构简单、耐用、成本低、磁偏吹小、空载损耗小、噪声小、功率高、与直流弧焊电源相比电弧稳定性较差	酸性焊条电弧焊、埋弧焊及钨极氩弧焊等

续表

类型	特点	适用范围
直流弧焊电源	电能消耗较少、电弧稳定性比交流弧焊电源好、飞溅小、工作噪声小	各种弧焊
脉冲弧焊电源	功率高，可以在较宽的范围内调节。对于热敏感性大的高合金材料、薄板及全位置焊接，具有独特优点	各种弧焊
弧焊逆变器	高效、节能、质量轻、体积小、功率因数高、焊接性能优良	各种弧焊

提示

　　我国弧焊电源型号按国家标准《电焊机型号编制方法》（GB/T 10249—2010）编制。弧焊电源型号由汉语拼音字母及阿拉伯数字组成，其编排次序如图 1-4 所示。

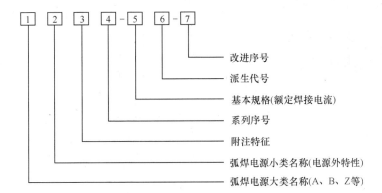

图 1-4　弧焊电源型号的编排次序

　　图 1-4 中型号 1、2、3、6 各项用汉语拼音字母表示，4、5、7 各项用阿拉伯数字表示，型号中 3、4、6、7 项若不用时，其他各项紧排。

　　以交流弧焊电源（弧焊变压器）为例，型号中各字母及数字含义见表 1-2。

表 1-2　　　　　　　　　　　交流弧焊电源型号含义

代表字母	大类名称	代表字母	小类名称	代表字母	附注特征	数字序号	系列序号
B	交流弧焊电源（弧焊变压器）	X	下降特性	L	高空载电压	省略	磁放大器或饱和电抗器式
						1	动铁芯式
						2	串联电抗器式
		P	平特性			3	动圈式
						4	晶体管式
						5	晶闸管式
						6	变换抽头式

下面介绍三种常用典型弧焊电源的相关知识。

（1）BX1-315型动铁芯式弧焊变压器

BX1-315型弧焊变压器是目前国内使用较广的一种弧焊电源，其外形如图1-5a所示。它属于动铁芯式，空载电压为60~70 V，工作电压为30 V，电流调节范围为60~315 A。BX1-315型弧焊变压器内部结构示意图如图1-5b所示，Ⅰ为固定铁芯，Ⅱ为动铁芯，W_1为一次绕组、W_2为二次绕组。绕组分别放置在动铁芯两侧，一次绕组和二次绕组分成上下两部分，移动动铁芯即可改变一次绕组和二次绕组的漏抗，实现焊接电流的调节，以适应施焊要求。

动铁芯由丝杠控制，转动焊接电流调节手柄，则丝杠转动带动动铁芯移动，焊接电流调节示意图如图1-5c所示。动铁芯向外移动，焊接电流增大；动铁芯向内移动，焊接电流减小。

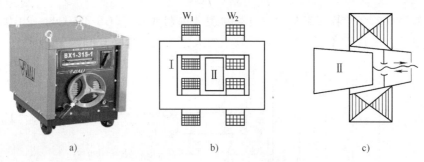

图1-5　动铁芯式弧焊变压器

a）BX1-315型弧焊变压器外形　b）内部结构示意图　c）焊接电流调节示意图

Ⅰ—固定铁芯　Ⅱ—动铁芯　W_1——次绕组　W_2—二次绕组

（2）BX3-300型动圈式弧焊变压器

BX3-300型弧焊变压器属于动圈式弧焊变压器，其空载电压为65~75 V，工作电压为30 V，电流调节范围为40~300 A，其外形如图1-6a所示。W_1为一次绕组，W_2为二次绕组，铁芯呈口字形。一次绕组分两部分，绕在两个铁芯柱的底部。二次绕组也分两部分，装在铁芯柱非导磁性材料做成的活动支架上，凭借手柄转动螺杆使之沿铁芯上下移动，改变一次、二次绕组间的距离，以此来改变它们之间的漏抗，调节电流。一次、二次绕组间的距离越大，漏抗越大，焊接电流越小，其内部结构和焊接电流调节示意图如图1-6b所示。

（3）ZX7-400型逆变式弧焊整流器

逆变式弧焊整流器是20世纪70年代末出现的一种新型电源，它在结构及原理上都与传统焊接电源不同。由于具有体积小、质量轻、高效、节能等优点，它的出现立即引起了世界各国焊接界的高度重视，并被冠以"革命性的焊接电源"的美称，它是一种最具有发展前途的新型弧焊电源。ZX7-400型逆变式弧焊整流器是一种直流弧焊电源，其外形如图1-7a所示。它将交流电进行变压、整流获得直流电。逆变式弧焊整流器分为硅弧焊整流器、可控硅弧焊整流器、晶体管式弧焊整流器三种。

ZX7-400型逆变式弧焊整流器主要由三相全波整流器、逆变器、中频变压器、电抗器及电子控制电路等部件组成（见图1-7b）。

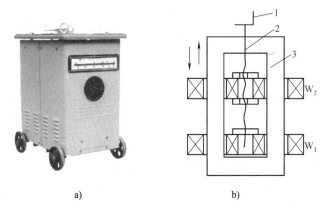

a)　　　　　　　　b)

图 1 - 6　动圈式弧焊变压器

a）BX3 - 300 型弧焊变压器外形　b）内部结构和焊接电流调节示意图

1—手柄　2—调节杆　3—铁芯

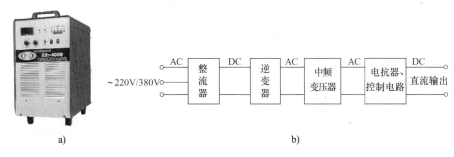

a)　　　　　　　　b)

图 1 - 7　逆变式弧焊整流器

a）ZX7 - 400 型逆变式弧焊整流器外形　b）逆变式弧焊整流器的组成

2. 焊条

焊条是焊条电弧焊的焊接材料，是涂有药皮的供焊条电弧焊使用的熔化电极。它由焊芯和药皮两部分组成，压涂在焊芯表面上的涂料层即药皮，焊条中被药皮包覆的金属芯称为焊芯。焊条端部未涂药皮的焊芯部分长 10 ~ 35 mm，供焊钳夹持并有利于导电，是焊条夹持端。在焊条前端药皮有 45°倾斜角，将焊芯露出，便于引弧。焊条的基本组成如图 1 - 8 所示。焊条作为传导焊接电流的电极和焊缝的填充金属，其性能和质量将直接影响焊接质量。

3. 焊钳

焊钳是用来夹持焊条并传导电流进行焊接的工具，如图 1 - 9 所示。焊工利用焊钳既能控制焊条的夹持角度，又可把焊接电流传输给焊条。焊钳有多种规格，以适应各种规格的焊条直径。每种规格的焊钳是根据所夹持的最大直径焊条需用的电流设计的。常用的市售焊钳有 300 A 和 500 A 两种规格，其技术指标见表 1 - 3。

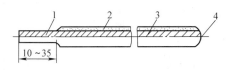

图 1 - 8　焊条的基本组成

1—夹持端　2—药皮　3—焊芯　4—引弧端

图 1 - 9　焊钳外形

表 1 - 3 焊钳技术指标

型号	额定焊接电流（A）	适用的焊条直径（mm）	质量（kg）	外形尺寸（mm×mm×mm）
G352	300	2 ~ 5	0.5	250 × 80 × 40
G582	500	4 ~ 8	0.7	290 × 100 × 45

焊接时对焊钳有如下要求：

（1）焊钳必须有良好的绝缘性与耐热能力。

（2）使用大电流焊接时，焊钳的手柄容易发烫，此时禁止将过热的焊钳浸在水中冷却后使用。

4. 焊接电缆

焊接电缆的作用是传导焊接电流。在生产中选择焊接电缆时，一般是根据所用焊接电缆长度和焊接电流大小来确定焊接电缆截面尺寸，例如当电缆长度为 15 m，最大焊接电流为 200 A 时，可选择电缆截面积为 30 mm^2；若最大焊接电流为 300 A，可选择电缆截面积为 50 mm^2。

四、焊接常用工具

1. 焊条保温筒

焊条从烘箱内取出后放在焊条保温筒内继续保温，以保持焊条药皮在使用过程中的干燥。焊条保温筒如图 1 - 10 所示。焊条保温筒的使用方法是先将保温筒的电源线连接在弧焊电源的输出端，在弧焊电源空载时通电加热到 150 ~ 200℃后再放入焊条。装入焊条时，应将焊条斜向滑入筒内，防止直入冲击保温筒底。并且在焊接中断时，要及时接入弧焊电源的输出端，以保持焊条保温筒的工作温度。

2. 角向磨光机（见图 1 - 11）

角向磨光机主要用于焊接前磨削焊件坡口的钝边、焊件表面除锈，焊接后磨削焊缝接头的凸出处，以及多层焊时清除层间缺陷等。

3. 敲渣锤和锉刀

敲渣锤是清除焊缝焊渣的工具，焊工应随身携带，如图 1 - 12 所示。

锉刀用于修整焊件坡口钝边、毛刺和焊件根部的接头，如图 1 - 13 所示。

图 1 - 10 焊条保温筒

图 1 - 11 角向磨光机

图 1 - 12 敲渣锤

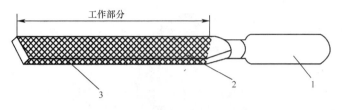

图 1 – 13　锉刀

1—锉柄　2—锉面　3—锉边

> **注意**
>
> 清渣时焊工应佩戴平光镜。

五、焊接常用防护用具

1. 防护面罩

防护面罩是用于防止焊接时产生的飞溅、弧光及其他辐射对焊工面部及颈部造成损害的一种遮蔽工具。防护面罩分为手持式和头盔式两种，如图 1 – 14 所示。头盔式面罩多用于需要双手作业的场合。

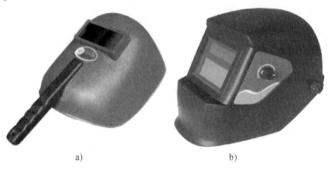

a)　　　　　　　　　　　　b)

图 1 – 14　防护面罩

a) 手持式面罩　b) 头盔式面罩

防护面罩上有滤光镜片，用来过滤弧光，避免眼睛受弧光灼伤。使用防护面罩时，将滤光镜片与另一块透明玻璃一并安放在面罩正面。滤光镜片可按表 1 – 4 选用。

表 1 – 4　　　　　　　　　　滤光镜片选用参考表

色号	适用电流（A）	尺寸（mm×mm×mm）
7 ~ 8	≤100	2×50×107
8 ~ 10	100 ~ 300	2×50×107
10 ~ 12	≥300	2×50×107

2. 防护手套

防护手套是焊接时进行安全防护的用具，它具有耐磨、抗割、防火及隔热性能，能阻挡辐射，同时还有一定的绝缘性能，如图 1 – 15 所示。

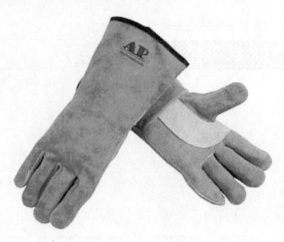

图 1 – 15   防护手套

任务实施

参观前，应明确参观目的，了解参观车间的基本情况、参观顺序及行动路线。

> **注意**
>
> 1. 参观前，应注意着装是否符合要求（焊接弧光会灼伤眼睛，故应佩戴护目镜）。
> 2. 进入车间后要听从教师的统一指挥，不得擅自行动。
> 3. 不得擅自触摸生产设备和车间内的工具、零件等。
> 4. 在车间内不得大声喧哗和嬉戏打闹。

在焊接车间，除了有焊接设备外，还有焊接常用工具及防护用具，请仔细观察并在表 1 –5 中记录。

表 1 –5   参观焊条电弧焊实训车间记录表

设备、工具及防护用具名称	型号	用途
参观时间		
观后感		

任务 2　　引弧及平敷焊

学习目标

1. 掌握焊接电弧的概念及特性。
2. 掌握焊条的组成、型号及分类。
3. 掌握引弧方法，掌握焊道的起头、运条、接头、收弧方法。

工作任务

焊接操作一般包括引弧及焊道的起头、运条、接头、收弧等环节。本任务要求首先训练引弧，然后再完成图 1-16 所示的平敷焊训练。

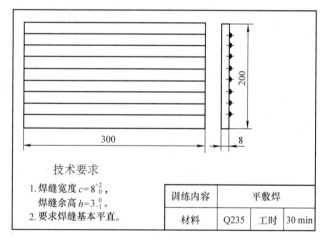

技术要求

1. 焊缝宽度 $c=8^{+2}_{0}$，焊缝余高 $h=3^{0}_{-1}$。
2. 要求焊缝基本平直。

训练内容	平敷焊		
材料	Q235	工时	30 min

图 1-16　平敷焊焊件图

相关知识

一、焊接电弧的概念及特性

焊接时，将焊条与焊件接触后很快拉开，在焊条端部和焊件之间立即会产生具有强光和高温的电弧，称为焊接电弧，如图 1-17 所示。焊接电弧实质上是由焊接电源供给的，具有一定电压的两电极间或电极与焊件间，在气体介质中产生的强烈而持久的放电现象。

在焊接前，焊条和焊件不直接接触，而且二者之间的空气也呈中性，无带电介质。但焊接时，焊接电弧能在不直接接触的焊条和焊件间形成，这是为什么呢？其实原因很简单，就是气体介质的电离（使中性的气体分子或原子释放电子形成正离子的过程）和阴极金属表面的电子发射（阴极的金属表面连续向外发射电子的现象）的结果。

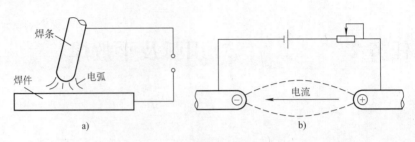

图 1 – 17　焊接电弧示意图

焊接时，气体的电离是产生焊接电弧的重要条件，但是如果只有气体的电离而阴极不能发射电子，没有电流通过，那么焊接电弧还是不能形成。因此，阴极电子发射和气体电离，两者都是焊接电弧产生和维持的必要条件。

二、焊条的组成、型号及分类

1. 焊条的组成

（1）焊芯的作用和成分

焊芯是焊条的金属芯部分，在焊接中焊芯既作为电弧的电极，也在熔化后进入熔池作为填充金属而成为焊缝的主要组成部分。

焊芯用钢和普通钢材在化学成分上有很大的区别，主要是含碳量少，含硫量、含磷量很低。这是因为在焊接过程中，特别是焊接含碳量低的非合金钢时，焊芯中的碳几乎全部渗入到焊缝中，因而焊缝处金属材料的塑性和抗裂性降低，所以，一般焊芯的含碳量被限制在0.2%以下，常用的低非合金钢焊芯含碳量小于0.1%。

一般焊芯中硫、磷含量均限制在0.04%以内。焊缝中的锰能提高金属材料的强度和塑性，一般碳素结构钢焊芯的含锰量为0.3%～0.55%，低合金钢或合金结构钢焊芯的含锰量为0.8%～1.1%。

在低非合金钢焊芯中硅有降低塑性和韧性的倾向，通常焊芯中的含硅量控制在0.03%以内。

（2）药皮的作用、组成和分类

压涂在焊芯表面上的涂料层称为药皮。药皮在焊接过程中起着保护熔池的重要作用。若采用无药皮的光焊条进行焊接，则空气中的氧和氮会大量侵入熔化金属，将金属铁和有益元素碳、硅、锰等氧化，并形成各种氧化物（FeO）和氮化物（Fe_4N）残留在焊缝中，造成焊缝夹渣或裂纹，而熔池中的气体能使焊缝产生大量气孔，这样会使焊缝的力学性能降低。另外，用光焊条焊接时，电弧很不稳定，飞溅严重，焊缝成形很差。

焊条药皮是由多种原料组成的，按其所起的作用主要分为造渣剂、稳弧剂、脱氧剂、造气剂、合金剂、黏结剂、成形剂。焊条药皮的原料种类、名称及作用见表1 – 6。

根据组成成分的不同，焊条药皮可分为八种类型，具体见表1 – 7。

2. 焊条的型号

焊条的型号指国家标准规定的焊条代号，根据焊条类型、药皮类型、电源要求和熔敷金属化学成分或抗拉强度等划分。

表1-6　　　　　　　　　　　　　焊条药皮的原料种类、名称及作用

原料种类	原料名称	作用
造渣剂	钛铁矿、花岗石、金红石、大理石、石英砂、长石、云母、萤石、菱苦土、锰矿、钛白粉、赤铁矿	受焊接热源的作用而熔化，形成具有一定物理性能和化学性能的熔渣，有保护熔滴金属和焊接熔池、改善焊缝成形的作用。它们是焊条药皮中最基本的组成物
稳弧剂	碳酸钾、碳酸钠、大理石、水玻璃、长石、钛白粉	改善焊条的引弧性能和提高电弧燃烧的稳定性
脱氧剂	锰铁、硅铁、钛铁、铝铁、石墨、木炭	降低药皮或熔渣的氧化性和脱除金属中的氧
造气剂	有机物和碳酸盐等，如木粉、淀粉、大理石、菱苦土	造气剂在焊接时产生气体，起到隔离空气、保护焊接区的作用
合金剂	一般采用铁合金或金属粉，如锰铁、硅铁、钼铁、钒铁、石墨及金属铬、金属锰	补偿焊缝金属中有益元素的烧损和获得必要的合金成分
黏结剂	钠水玻璃、钾钠水玻璃	保证药皮材料涂敷到焊芯上，并使药皮具有一定的强度
成形剂	白泥、云母、钛白粉、糊精、高岭土、萤石、长石、钛铁矿、锰矿	使药皮具有一定的塑性、弹性及流动性，便于焊条压制，使焊条表面光滑而不开裂

表1-7　　　　　　　　　　　　　焊条药皮的类型名称、成分与应用

序号	类型名称	成分与应用
1	氧化钛钙型	简称钛钙型。焊条药皮加入30%以上的二氧化钛和20%以下的碳酸盐，以及相当数量的硅酸盐和锰铁，一般不加或少加有机物。钛钙型焊条的熔渣流动性好，电弧较稳定，熔池深度适中，脱渣容易，飞溅少，焊缝波纹美观，适用于全位置焊接。焊接电源为交流或直流
2	氧化钛型	简称钛型。焊条药皮加入35%以上的二氧化钛和相当数量的硅酸盐、锰铁及少量有机物
3	钛铁矿型	药皮中加入30%以上的铁矿石和一定数量的硅酸盐、锰铁及少量有机物
4	氧化铁型	药皮中加入大量铁矿石和一定数量的硅酸盐、较多锰铁及少量有机物
5	低氢型	药皮中加入大量的碳酸盐、萤石、铁合金及二氧化钛等。低氢型焊条的药皮含有大量碳酸盐及相当数量的萤石，熔渣流动性好。焊接工艺性能一般。焊波较高，适用于全位置焊接。焊接时要求焊条药皮很干燥，电弧很短。焊缝金属中扩散氢含量在10 mL/100 g以下。焊条具有良好的抗热裂性和力学性能
6	纤维素型	药皮中加入15%以上的有机物、一定数量的造气物质和锰铁等
7	石墨型	药皮中加入大量石墨，以保证焊缝金属的石墨化作用。与低非合金钢焊芯或铸铁焊芯相配，用于焊接铸铁的焊条中
8	盐基型	药皮由氟盐和氯盐组成，如氟化钠、氯化钠、氯化锂、冰晶石等，主要用于铝及铝合金焊条

焊条型号是根据熔融金属的化学成分、力学性能、药皮类型、焊接位置及电流种类划分的。

（1）非合金钢焊条与低合金钢焊条型号

非合金钢及细晶粒钢焊条型号按国家标准《非合金钢及细晶粒钢焊条》（GB/T 5117—2012）和《低合金钢焊条》（GB/T 5118—2012）的规定编制。

1）字母E表示焊条。

2）前两位数字表示熔敷金属抗拉强度的最小值，单位为×10 MPa。

3）第三位数字为焊条的焊接位置，"0"及"1"表示焊条适用于全位置焊接（平、

立、横、仰），"2"表示焊条适用于平焊及平角焊，"4"表示焊条适用于向下立焊。

4）第三位和第四位数字组合时表示焊接电流种类及药皮类型。

非合金钢焊条型号的含义见表1-8。

表1-8　　　　　　　　　　　　非合金钢焊条型号的含义

焊条型号	药皮类型	焊接位置	电流种类
E××00	特殊型	平、立、横、仰	交流或直流正接、反接
E××01	钛铁矿型		
E××03	钛钙型		
E××10	高纤维钠型		直流反接
E××11	高纤维钾型		交流或直流正接、反接
E××12	高钛钠型		
E××13	高钛钾型		
E××14	铁粉钛型		
E××15	低氢钠型		直流反接
E××16	低氢钾型		交流或直接反接
E××18	铁粉低氢型		
E××20	氧化铁型	平焊、平角焊	交流或直流正接、反接
E××22			
E××23	铁粉钛钙型		
E××24	铁粉钛型		
E××27	铁粉氧化铁型		
E××28	铁粉低氢型		
E××48		平、立向下、横、仰	

低合金钢焊条还附有后缀字母，为熔敷金属的化学成分分类代号，在焊条型号后面有短横线"-"与前面数字分开。其中A表示碳钼钢焊条；B表示铬钼钢焊条；C表示镍钢焊条；NM表示镍钼钢焊条；D表示锰钼钢焊条；G、M或W表示其他低合金钢焊条。字母后的数字表示同一等级焊条中的编号。如还有附加化学成分时，附加化学成分直接用元素符号表示，并以短横线"-"与前面数字分开。非合金钢焊条和低合金钢焊条型号举例如下：

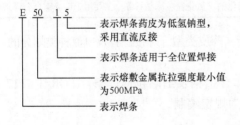

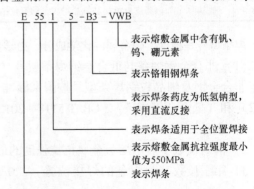

（2）不锈钢焊条型号编制方法（GB/T 983—2012）

字母"E"表示焊条，"E"后面的数字表示熔敷金属化学成分分类代号，如有特殊要求的化学成分，该化学成分用元素符号表示，放在数字的后面。短横线"–"后面的两位数字表示焊条药皮类型、焊接位置及焊接电流种类。型号举例说明如下：

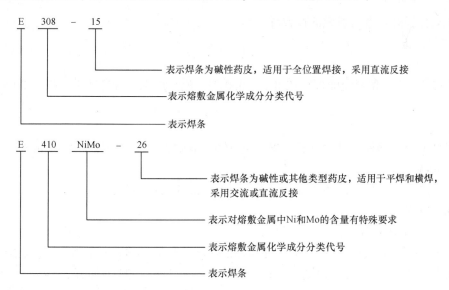

3. 焊条的分类

常用的焊条分类方法有以下两种：

（1）**按焊条用途分类**

1）结构钢焊条。主要用于焊接非合金钢或低合金高强度钢，如J507。

2）不锈钢焊条。用于焊接工作温度低于300℃的耐腐蚀的不锈钢结构，可分为铬不锈钢、铬镍不锈钢两类，如A102。

3）堆焊焊条。用于堆焊或修复低非合金钢、中非合金钢及低合金钢零件（如车轴、齿轮和搅拌机叶片等）的磨损面，如D102。

4）铸铁焊条。主要用于焊补铸铁构件，如Z408。

5）镍及镍合金焊条。主要用于焊接镍及镍合金，如Ni112。

6）铜及铜合金焊条。主要用于焊接铜及铜合金，如T227。

7）铝及铝合金焊条。主要用于焊接铝及铝合金，如L209。

8）特殊用途焊条。用于各种特殊场合，如TS202。

9）钼和铬钼耐热钢焊条。主要用于焊接珠光体耐热钢和马氏体耐热钢。

（2）**按熔渣酸碱度分类**

1）酸性焊条。其熔渣的成分主要是酸性氯化物，如药皮类型为钛铁矿型、钛钙型、高纤维素钠型、高钛钙型、氯化铁型的焊条。酸性焊条燃烧稳定，熔渣流动性好，飞溅小，焊缝成形美观，脱渣容易。酸性焊条一般用于焊接低非合金钢和不太重要的结构件。

2）碱性焊条。其熔渣的成分主要是碱性氧化物和氟化物，如药皮类型为低氢钠型、低氢钾型的焊条。碱性焊条可用于合金钢和重要非合金钢结构的焊接。

任务实施

一、引弧训练

焊条电弧焊时将电弧引燃的过程称为引弧。

1. 焊前准备

（1）焊机

选用 BX1 - 315 型交流弧焊机或 BX3 - 300 型交流弧焊机，或者选用 ZX7 - 400 型直流弧焊机。

（2）焊件

采用低非合金钢板，尺寸（长×宽）为 150 mm×150 mm，厚度为 4~6 mm。

（3）焊条

选用 E4303 型或 E5015 型焊条，直径为 3.2 mm 或 4.0 mm。

2. 操作要领

（1）操作姿势

平焊时一般采用蹲式操作，如图 1 - 18a 所示。蹲姿要自然，两脚夹角为 70°~85°，两脚距离为 240~260 mm，如图 1 - 18b 所示。持焊钳的胳膊半伸开，要悬空无依托地操作。

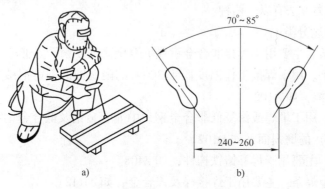

a)   b)

图 1 - 18 平焊操作姿势

a）蹲式操作姿势 b）两脚的位置

（2）引弧方法

手持面罩，看准引弧位置，然后用面罩挡住面部，将焊条对准引弧位置，用划擦引弧法或直击引弧法引弧，使电弧燃烧 3~5 s，再熄灭电弧。反复做引弧和熄弧动作。

1）划擦引弧法（见图 1 - 19a）。先将焊条末端对准焊件，然后像划火柴似的使焊条在焊件表面划擦一下并提起 2~3 mm 的高度即引燃电弧。引燃电弧后，保持电弧长度不超过所用焊条的直径就能保持电弧稳定燃烧。

2）直击引弧法（见图 1 - 19b）。先将焊条垂直于焊件，然后使焊条碰击焊件，出现弧光后迅速将焊条提起 2~3 mm，产生电弧后使电弧稳定燃烧。

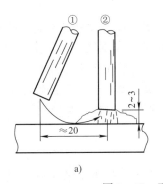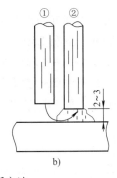

图 1 – 19　引弧方法

a）划擦引弧法　b）直击引弧法

提示

　　划擦引弧法便于初学者掌握，但容易损坏焊件表面。当位置狭窄或焊件表面不允许有损伤时，就要采用直击引弧法。

---

3. 操作过程

（1）引弧堆焊

　　首先在焊件的引弧位置用粉笔画一个直径为 13 mm 的圆，然后用直击引弧法在圆圈内撞击引弧。引弧后，保持适当电弧长度，在圆圈内作画圆动作 2 ~ 3 圈后灭弧。待熔化的金属凝固冷却之后，再在其上引弧堆焊，这样反复操作，直到焊点堆起高度约为 50 mm 为止（见图 1 – 20）。

（2）定点引弧

　　先在焊件上按图 1 – 21 所示用粉笔画线，然后在直线的交点处用划擦引弧法引弧。引弧后，焊成直径为 13 mm 的焊点后灭弧。这样不断重复操作，完成若干个焊点的引弧训练。

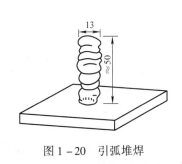

图 1 – 20　引弧堆焊

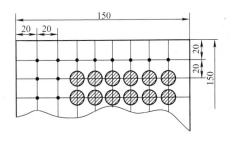

图 1 – 21　定点引弧

注意

　　1. 在引弧过程中，如果焊条与焊件粘在一起，通过晃动不能取下焊条时，应该立即将焊钳与焊条脱离，待焊条冷却后，焊条就能容易地扳下来。

2. 引弧前，如果焊条端部有药皮套筒，可以用手（应戴手套）将套筒去除，这样引弧较快捷。可以使用 E4303 型和 E5015 型焊条，分别使用交、直流弧焊机引弧，E4303 型焊条适用于交、直流两用弧焊电源，而 E5015 型焊条只适用于直流弧焊电源。

3. 无论是采用划擦引弧法还是直击引弧法，都应注意手腕的运动。

二、平敷焊训练

平敷焊（见图 1 - 22）是在平焊位置堆敷焊道的一种操作方法，是完成平焊及其他焊接操作的基础。

1. 焊前准备

（1）焊机

BX1 - 315 型或 BX3 - 300 型。

（2）焊件

低非合金钢板，尺寸（长×宽×厚）为 300 mm×200 mm×8 mm。

（3）焊条

选用 E4303 型和 E5015 型焊条，直径分别为 3.2 mm 和 4.0 mm。

2. 操作要领

（1）运条

电弧引燃后，焊条要有三个基本方向的运动，即沿焊条中心线向熔池送进、沿焊接方向移动、焊条横向摆动，才能使焊缝成形良好，如图 1 - 23 所示。

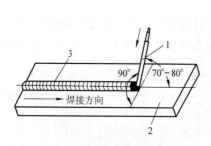

图 1 - 22　平敷焊操作图
1—焊条　2—母材　3—焊道

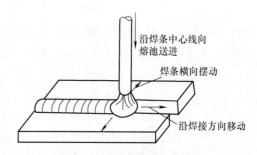

图 1 - 23　运条的三个基本动作

沿焊条中心线向熔池送进，目的是在焊条不断熔化的过程中保持弧长不变。焊条移动速度应与焊条的熔化速度相同。否则，会发生断弧或焊条与焊件黏结现象。另外，电弧长度对焊缝质量有很大的影响，电弧越长，空气越容易侵入，会产生气孔、夹渣等缺陷。一般焊接时采用短弧焊接。

沿焊接方向移动，是为了控制焊缝成形。随着焊条的不断熔化和移动，会逐渐形成一条焊缝。焊条移动速度过快或过慢会导致焊缝较窄、未焊透或焊缝过高、过宽，甚至出现烧穿等缺陷。

　　焊条横向摆动，是为了得到一定宽度的焊缝。焊条摆动的幅度与焊缝要求的宽度、焊条的直径有关。焊条摆动的幅度越大，则焊缝越宽，摆动幅度应依据焊件厚度、坡口大小等因素而定。一般焊缝宽度是焊条直径的 2～5 倍。

　　焊条上述三个动作不能机械地分开，而应相互协调，才能焊出满意的焊缝。

　　（2）运条方法

　　在焊接生产实践中，根据不同的焊缝位置、焊件厚度、接头形式等因素，有多种运条方法。常用的运条方法（见图 1-24）及使用范围如下：

　　1）直线运条法。焊接时，焊条不做横向摆动，仅沿焊接方向移动（见图 1-24a），常用于不开坡口的对接平焊、多层多道焊。

　　2）直线往复运条法。焊接时，焊条沿焊接方向来回做直线摆动（见图 1-24b），适用于薄板和接头间隙较大的焊缝。

　　3）锯齿形运条法。焊接时，焊条做锯齿形连续摆动且沿焊接方向移动，并在两边稍停顿（见图 1-24c）。这种方法在生产中应用较广，多用于厚板的焊接。

　　4）月牙形运条法。焊接时，焊条做月牙形的来回摆动并沿焊接方向移动（见图 1-24d）。它的适用范围和锯齿形运条法基本相同，不过用它焊出来的焊缝余高较高。

　　5）斜三角形运条法。焊接时，焊条做连续的三角形摆动并沿焊接方向移动（见图 1-24e），适用于焊接平焊、仰焊位置的角焊缝和有坡口的横焊缝，可借助焊条的摆动来控制熔化金属的下坠。

　　6）正三角形运条法。运条方法基本上与斜三角形运条法相同（见图 1-24f），适用于开坡口的对接接头和 T 形接头立焊，能一次焊出较厚的焊缝断面。

　　7）正圆圈形运条法。如图 1-24g 所示，只适用于焊接较厚焊件的平焊缝。

　　8）斜圆圈形运条法。如图 1-24h 所示，它的适用范围与斜三角形运条法相同。

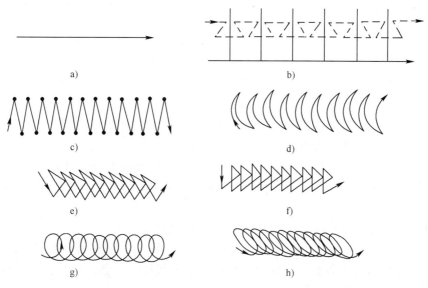

图 1-24　常用的运条方法

a）直线运条法　b）直线往复运条法　c）锯齿形运条法　d）月牙形运条法
e）斜三角形运条法　f）正三角形运条法　g）正圆圈形运条法　h）斜圆圈形运条法

（3）起头

开始焊接时，由于焊件的温度很低，引弧后又不能迅速地使焊件温度升高，所以起点部位焊道较窄，余高略高，甚至会出现熔合不良和夹渣等缺陷。

为了解决上述问题，可以在引弧后稍微拉长电弧，对始焊点预热。从距离始焊点 10 mm 左右处引弧，回焊到始焊点（见图 1-25），逐渐压低电弧，同时焊条微微摆动，从而达到所需要的焊道宽度，然后进行正常的焊接。

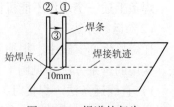

图 1-25　焊道的起头

（4）接头

一般来说，一条完整的焊缝是由若干根焊条焊接而成的，每根焊条焊接的焊道应完好地连接。焊道的连接方式一般有四种，如图 1-26 所示。

第一种连接方式（见图 1-26a）应用最多。方法是在先焊的焊道弧坑前面约 10 mm 处引弧，将拉长的电弧缓缓地移到弧坑处，当新形成的熔池外缘与弧坑外缘相吻合时，压低电弧，焊条再稍微转动，待填满弧坑后，焊条立即沿焊接方向移动进行正常焊接。

第二、三、四种连接方式（见图 1-26b、c、d）应用较少，一般用于长焊缝分段焊，采用焊道的头与头相接、尾与尾相接和尾头相接。它们的操作方法与第一种连接方式的操作方法基本相同，即利用长弧预热，适时而准确地压低电弧，保证接头平滑。

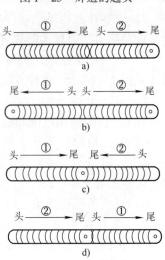

图 1-26　焊道的连接方式

（5）收弧

收弧是指焊接一条焊道结束时的熄弧操作。如果收弧不当会出现过深的弧坑，甚至产生弧坑裂纹，所以收弧时必须填满弧坑。常用的收弧方法有三种：

1）画圈收弧法。当焊至终点时，焊条做圆圈运动，直至填满弧坑再熄弧。此法适用于厚板焊接。

2）反复断弧收弧法。焊至终点，焊条在弧坑处进行数次熄弧、引弧的反复操作，直到填满弧坑为止。此法适用于薄板焊接。

3）回焊收弧法。当焊至结尾处，不马上熄弧，而是按照原来的方向，回焊一小段（约 5 mm 的距离），待填满弧坑后，慢慢拉断电弧。碱性焊条常用此法。

3. 操作过程

（1）在焊件上，以 20 mm 间距用粉笔画出焊缝位置线。

（2）使用直径为 3.2 mm 的焊条时，电流调节范围为 120~140 A；使用直径为 4.0 mm 的焊条时，电流调节范围为 160~180 A。以焊缝位置线作为运条的轨迹，采用直线运条法和正圆圈形运条法，焊条角度如图 1-22 所示。

（3）进行起头、连接、收弧的操作训练。

（4）每条焊缝焊完后，清理熔渣，分析焊接中的问题，再进行另外一条焊缝的焊接。

注意

1. 操作过程中要注意区分熔渣和熔池。
2. 调节电流应在空载状态下进行。

三、任务考核

完成平敷焊操作后，结合表1-9进行测评。

表1-9　　　　　　　　　　平敷焊操作评分表

项目	分值	评分标准	得分	备注
操作姿势正确	10	酌情扣分		
引弧方法正确	10	酌情扣分		
运条方法正确	10	酌情扣分		
引弧堆焊方法正确	8	酌情扣分		
定点引弧方法正确	8	酌情扣分		
平敷焊道均匀	14	酌情扣分		
焊道起头圆滑	8	起头不圆滑不得分		
焊道接头平整	8	接头不平整不得分		
收弧无弧坑	8	出现弧坑不得分		
焊缝平直	8	焊缝不平直不得分		
焊缝宽度一致	8	焊缝宽度不一致不得分		
合计	100	总得分		

任务3　　　　　平　角　焊

学习目标

1. 掌握焊接接头的分类、焊缝空间位置及焊缝符号表示方法。
2. 掌握平角焊焊接参数的选择方法。
3. 掌握单层焊、多层焊和多层多道焊的操作方法。

工作任务

本任务要求完成如图1-27所示的十字接头平角焊训练。

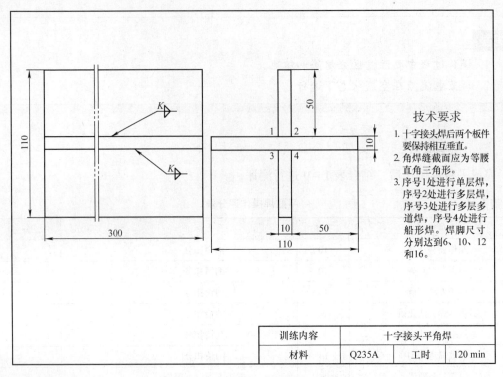

技术要求
1. 十字接头焊后两个板件要保持相互垂直。
2. 角焊缝截面应为等腰直角三角形。
3. 序号1处进行单层焊，序号2处进行多层焊，序号3处进行多层多道焊，序号4处进行船形焊。焊脚尺寸分别达到6、10、12和16。

训练内容	十字接头平角焊		
材料	Q235A	工时	120 min

图 1-27　十字接头平角焊焊件图

相关知识

一、焊接接头的分类

用焊接方法连接的接头称为焊接接头，焊接接头包括焊缝、熔合区和热影响区三部分，焊接接头的组成如图 1-28 所示。

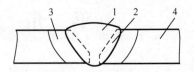

图 1-28　焊接接头的组成
1—焊缝　2—熔合区　3—热影响区　4—母材

焊接接头的形式可分为对接接头、角接接头、T 形接头及搭接接头等，焊接接头的基本形式如图 1-29 所示。

1. 对接接头

两焊件端面相对、平行且在同一平面上焊接而成的接头称为对接接头，是焊接结构中使用最多的一种接头（见图 1-29a）。对接接头的应力集中相对较小，能承受较大载荷。接头形式可分为开坡口和不开坡口两种。

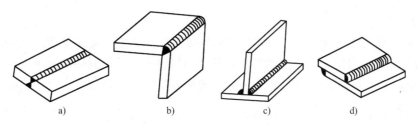

图1-29 焊接接头的基本形式
a) 对接接头 b) 角接接头 c) T形接头 d) 搭接接头

提示

坡口就是根据设计或工艺需要，在焊件的待焊部位加工的具有一定几何形状的沟槽。

不开坡口（又称I形坡口）的对接接头，用于焊接板厚为1~6 mm的焊件，为了保证焊透焊件，接头处要留有1~2 mm的间隙，如图1-30所示。

开坡口是利用机械加工、火焰加工或电弧加工等方法将两焊件的接头处加工出一个几何形状沟槽，其目的是保证电弧能深入接头根部，使接头根部焊透，并能起到调节焊缝金属中的母材和填充金属比例的作用。

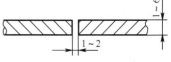

图1-30 I形坡口

板厚大于6 mm的焊件，为了保证焊透，焊前必须开坡口。一般板厚为6~40 mm时，采用V形坡口（见图1-31a），这种坡口的特点是加工容易，但焊件容易产生角变形。

板厚为12~60 mm时，可采用X形坡口（见图1-31b），这种坡口主要用于厚度大以及要求变形较小的结构中。

板厚为20~60 mm时，可采用U形坡口（见图1-31c），其特点是焊敷金属量最少，但由于加工较困难，一般较少使用，只用于较重要的焊接结构。

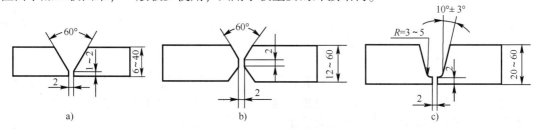

图1-31 对接接头的坡口形式
a) V形坡口 b) X形坡口 c) U形坡口

提示

1. 钝边是焊件开坡口时沿焊件厚度方向未开坡口的端面部分，其作用是防止烧穿。钝边的尺寸要保证第一层焊缝能焊透。

2. 根部间隙是指在接头根部之间预留的间隙，这也是为了保证接头根部能焊透。

2. 角接接头

两焊件端面构成大于30°、小于135°夹角的接头称为角接接头（见图1-29b）。这种接头承载能力较差，一般用于不重要的焊接结构或箱形物体上。根据焊件的厚度不同，可采用I形坡口、单边V形坡口、带钝边V形坡口及带钝边双单边V形坡口，角接接头的基本形式如图1-32所示。

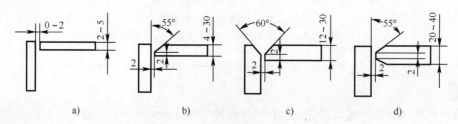

图1-32　角接接头的基本形式

a）I形坡口　b）单边V形坡口　c）带钝边V形坡口　d）带钝边双单边V形坡口

3. T形接头

一焊件端面与另一焊件表面构成直角或近似直角的接头称为T形接头（见图1-29c）。T形接头的应用仅次于对接接头，特别是在船体结构中应用得比较多。T形接头可分为I形坡口、单边V形坡口、带钝边双单边V形坡口或带钝边双边J形坡口四种形式，T形接头的基本形式如图1-33所示。

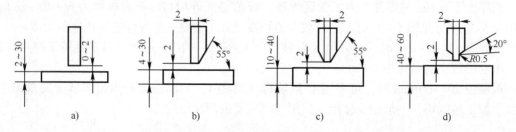

图1-33　T形接头的基本形式

a）I形坡口　b）单边V形坡口　c）带钝边双单边V形坡口　d）带钝边双边J形坡口

当钢板厚度为2~30 mm时，可采用I形坡口。若T形接头在焊缝处要求承受载荷时，则应按照钢板厚度和强度的要求，可分别考虑单边V形坡口、带钝边双单边V形坡口或带钝边双边J形坡口等形式，以保证接头强度。

4. 搭接接头

两焊件部分重叠构成的接头称为搭接接头（见图1-29d）。搭接接头应力分布不均匀，承载能力差，但由于搭接接头焊前准备和装配工作简单，焊后横向收缩量也较小，因此在焊接结构中仍得到应用。搭接接头根据其结构形式和对强度要求的不同，可分为不开坡口、塞焊缝和槽焊缝三种形式，搭接接头的基本形式如图1-34所示。

不开坡口的搭接接头，一般用于厚度在12 mm以下的钢板，其重叠部分长度为3~5倍板厚，并采用双面焊接。这种接头承载能力低，所以用在不重要的焊接结构中。当重叠钢板的面积较大时，为了保证焊接结构强度，可根据需要分别选用塞焊缝或槽焊缝的形式。

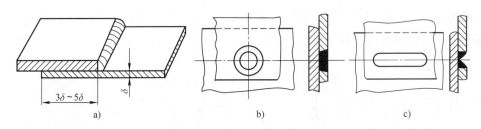

图 1 - 34 搭接接头的基本形式

a) 不开坡口　b) 塞焊缝　c) 槽焊缝

二、焊缝空间位置

焊接时，焊缝所处的空间位置称为焊缝的空间位置（简称焊接位置）。

按焊缝空间位置的不同，可分为平焊缝、立焊缝、横焊缝、仰焊缝和斜焊缝五种。

板材对接接头常见的焊接位置有平焊、横焊、立焊和仰焊四种（见图 1 - 35）。板材 T 形接头的焊接位置有平角焊、立角焊和仰角焊三种（见图 1 - 36）。

管材对接接头的焊接位置有水平固定焊（吊管）、垂直固定焊和 45°焊三种（见图 1 - 37）。

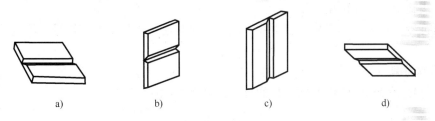

图 1 - 35　板材对接接头常见的焊接位置

a) 平焊　b) 横焊　c) 立焊　d) 仰焊

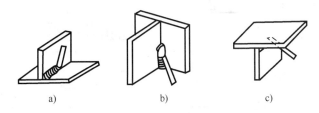

图 1 - 36　板材 T 形接头的焊接位置

a) 平角焊　b) 立角焊　c) 仰角焊

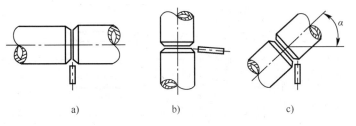

图 1 - 37　管材对接接头的焊接位置

a) 水平固定焊　b) 垂直固定焊　c) 45°焊

管板角接时，根据空间位置的不同，可分为水平固定焊、垂直固定俯焊、垂直固定仰焊和倾斜固定焊等管板焊接位置（见图 1 – 38）。

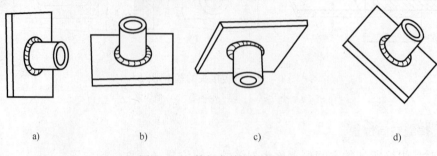

a)   b)   c)   d)

图 1 – 38　管板角接的焊接位置

a）水平固定焊　b）垂直固定俯焊　c）垂直固定仰焊　d）倾斜固定焊

三、焊缝符号的表示方法

焊缝符号是一种工程语言，能简单明了地在图样上说明焊缝的形状、几何尺寸和焊接方法，是焊接施工的主要依据。

焊缝符号一般由基本符号和指引线构成，必要时还可以加上补充符号、焊缝尺寸符号及数字。

1. 基本符号

基本符号是表示焊缝横截面形状的符号，见表 1 – 10。

表 1 – 10　　　　　　　　　　　　　　　　基本符号

序号	名称	示意图	基本符号
1	卷边焊缝（卷边完全熔化）		⋀
2	I 形焊缝		‖
3	V 形焊缝		V
4	单边 V 形焊缝		V
5	带钝边 V 形焊缝		Y
6	带钝边单边 V 形焊缝		Y

续表

序号	名称	示意图	基本符号
7	带钝边 U 形焊缝		 Y
8	带钝边 J 形焊缝		Ψ
9	封底焊缝		▽
10	角焊缝	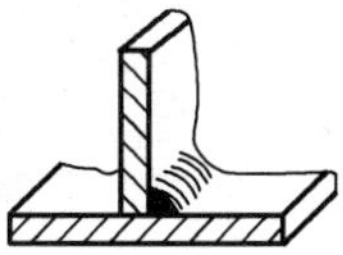	◿
11	槽焊缝或塞焊缝	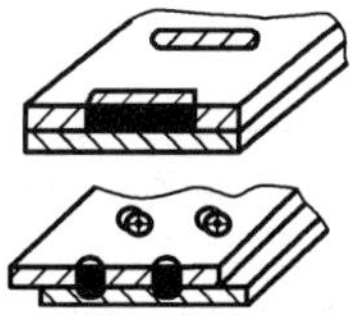	⊓
12	点焊缝	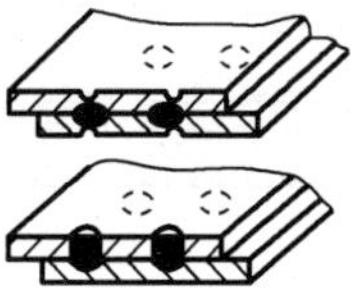	○
13	缝焊缝	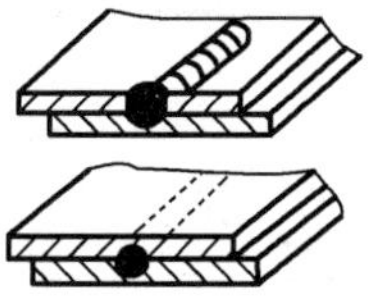	⊖

注：不完全熔化的卷边焊缝用 I 形焊缝符号表示，并加注焊缝有效厚度 S。

2. 补充符号

补充符号是为了补充说明焊缝的某些特征而采用的符号，见表 1 – 11。

表 1 – 11　　　　　　　　　　　　　补充符号

序号	名称	符号	说明
1	平面	───	焊缝表面通常经过加工后平整
2	凹面	 ⌣	焊缝表面凹陷
3	凸面	 ⌢	焊缝表面凸起
4	圆滑过渡	 ⌣	焊趾处过渡圆滑

序号	名称	符号	说明
5	永久衬垫	M	衬垫永久保留
6	临时衬垫	MR	衬垫在焊接完成后拆除
7	三面焊缝		三面带有焊缝
8	周围焊缝	○	沿着工件周边施焊的焊缝 标注位置为基准线与箭头线的交点处
9	现场焊缝		在现场焊接的焊缝
10	尾部	<	可以表示所需的信息

3. 焊缝尺寸符号

焊缝尺寸符号是表示坡口和焊缝特征尺寸的符号，见表 1 – 12。

表 1 – 12　　　　　　　　　　焊缝尺寸符号

符号	名称	示意图	符号	名称	示意图
δ	工件厚度		c	焊缝宽度	
α	坡口角度		R	根部半径	
b	根部间隙		l	焊缝长度	
p	钝边		n	焊缝段数	$n=2$
e	焊缝间距		N	相同焊缝数量	$N=3$

续表

符号	名称	示意图	符号	名称	示意图
K	焊脚尺寸	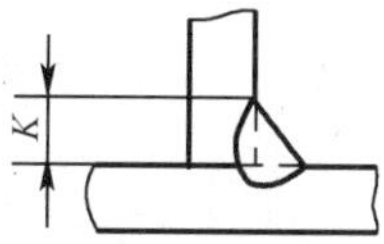	H	坡口深度	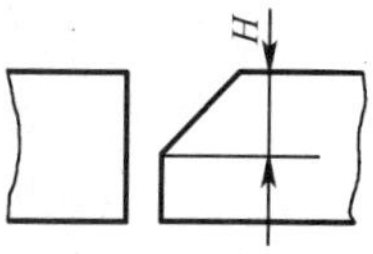
d	点焊：熔核直径 塞焊：孔径	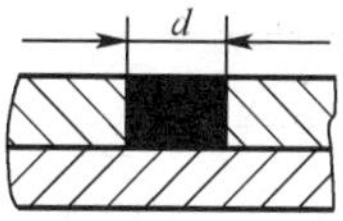	h	余高	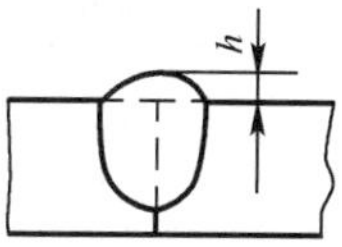
S	焊缝有效厚度	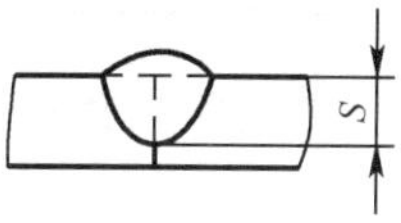	β	坡口面角度	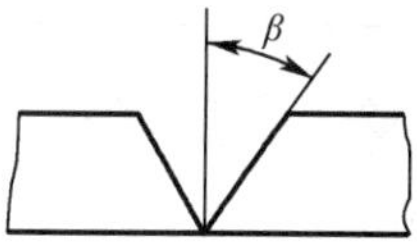

焊缝尺寸的标注示例见表 1 – 13。

表 1 – 13　　　　　　　　　　焊缝尺寸的标注示例

序号	名称	示意图	焊缝尺寸符号	标注示例
1	对接焊缝	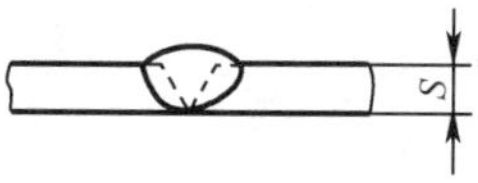	S：焊缝有效厚度	$S \vee$
		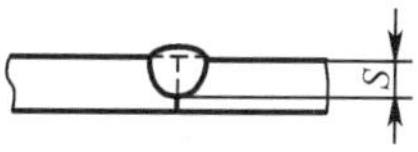		$S \parallel$
				$S \curlyvee$
2	连续角焊缝	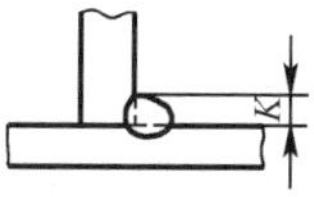	K：焊脚尺寸	$K \triangleright$
3	断续角焊缝	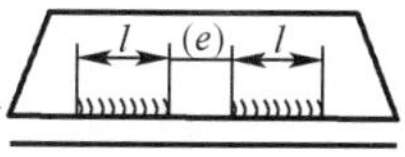	l：焊缝长度 e：焊缝间距 n：焊缝段数 K：焊脚尺寸	$K \triangleright n \times l\ (e)$
4	点焊缝	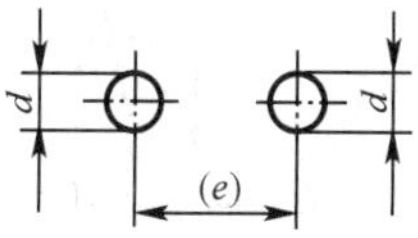	n：焊点数量 e：焊点间距 d：熔核直径	$d \bigcirc n \times (e)$

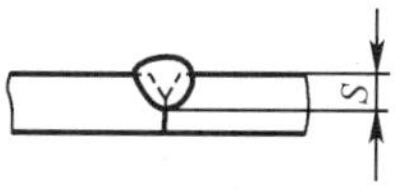

4. 焊接方法及其代号

焊接方法及其代号见表 1 – 14。

表 1-14 焊接方法及其代号

焊接方法	代号
焊条电弧焊	111
埋弧焊	12
CO_2 气体保护焊	135
非熔化极气体保护焊	141
电渣焊	72
电阻对焊	25
气焊	3

除了上述内容外，为了完整地表达焊缝，焊缝符号还包括指引线及其标注，如图 1-39 所示。

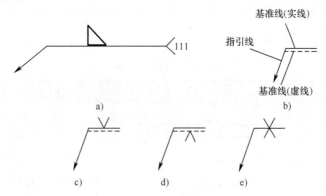

图 1-39 指引线及其标注

a）角焊缝采用焊条电弧焊 b）指引线组成 c）焊缝在接头的箭头侧
d）焊缝在接头的非箭头侧 e）双面焊缝

四、平角焊操作要点及方法

平角焊时，一般焊条与两板成 45°，与焊接方向成 65°~80°。当两板板厚不等时，要相应地调整焊条角度，使电弧偏向厚板一侧，厚板所受热量增加，厚、薄两板受热趋于均匀，以保证接头良好熔合及焊脚高度和宽度相同。平角焊的焊条角度如图 1-40 所示。

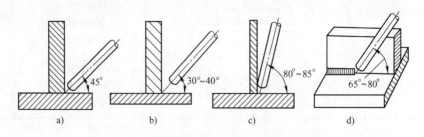

图 1-40 平角焊的焊条角度

a）两板厚度相同 b）、c）两板厚度不等 d）焊条与焊接方向的夹角

平角焊时，由于立板熔化金属有下淌趋势，容易产生咬边和焊缝分布不均，造成焊脚不对称。操作时要注意立板的金属熔化情况和液体金属流动情况，适时调整焊条角度和焊条的运条方法。

焊接时，引弧的位置超前 10 mm，电弧燃烧稳定后，再回到始焊点，如图 1-41 所示。由于电弧对始焊点有预热作用，可以减少始焊点熔合不良的缺陷，也能够消除引弧的痕迹。

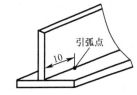

图 1-41　平角焊起头的引弧位置

1. 单层焊

焊脚尺寸小于 5 mm 时，采用单层焊。根据焊件厚度不同，选择直径为 3.2 mm 或 4.0 mm 的焊条。由于电弧的热量沿焊件的三个方向传递，散热快，所以焊接电流比相同条件下的对接平焊电流增大 10% 左右。保持焊条角度与水平焊件成 45°，与焊接方向成 65°~80°。若角度过小，会造成根部熔深不足；若角度过大，熔渣容易跑到熔池前面而产生夹渣。运条时采用直线运条法，短弧焊接。

焊脚尺寸为 5~8 mm 时，可采用斜圆圈形运条法或锯齿形运条法，平角焊时的斜圆圈形运条规律如图 1-42 所示。即由 $a{\rightarrow}b$ 要慢速，以保证水平焊件的熔深；由 $b{\rightarrow}c$ 稍快，以防焊条熔化金属下淌，在 c 处稍停留，以保证垂直立板的熔深，避免咬边；由 $c{\rightarrow}d$ 稍慢，以保证根部焊透和水平焊件熔深，防止夹渣；由 $d{\rightarrow}e$ 也稍快，到 e 处也稍停留，按以上方式渐进，采用短弧操作，以保证良好的焊缝成形和焊缝质量。

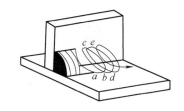

图 1-42　平角焊时的斜圆圈形运条规律

2. 多层焊

当焊脚尺寸为 8~10 mm 时，宜采用两层两道焊法。第一层采用 ϕ3.2 mm 焊条，焊接电流稍大（100~120 A），以获得较大的熔深。运条时采用直线运条法，收弧时应填满弧坑。第二层施焊前清理第一层熔渣，若发现夹渣，应用小直径焊条修补后方可进行第二层施焊。第二层焊接时，采用斜圆圈形运条法或锯齿形运条法，在焊道两侧稍停留片刻，以防止产生咬边缺陷。

提示

咬边是由于电弧将焊件边缘熔化后，没有得到焊条熔化金属的补充，所留下的缺口，如图 1-43 所示。它的主要危害是造成应力集中，降低结构承受载荷的能力。咬边产生的原因主要是焊接电流太大以及运条速度不当等。

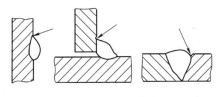

图 1-43　咬边

---

3. 多层多道焊

当焊脚尺寸为 10～12 mm 时，采用两层三道焊法，如图 1-44 所示。

第一道焊接时，可用直径为 3.2 mm 的焊条，电流稍大，采用直线运条法，收弧时填满弧坑，焊后彻底清渣，如图 1-44 中的①。焊接第二道时，应覆盖第一条焊道的 2/3，焊条与水平焊件夹角为 45°～55°，如图 1-44 中的②，以使水平焊件能够较好地熔合焊道，焊条与焊接方向夹角为 65°～80°。运条时采用斜圆圈形运条法或锯齿形运条法，运条速度与多层焊接时基本相同，所不同的是在 c、e 两点位置（见图 1-42）不需停留。焊接第三道时，对第二条焊道覆盖 1/3～1/2。焊条与水平焊件的角度为 40°～45°，采用直线运条法。若希望焊道薄一些，可以采用直线往复运条法，通过运条可将夹角处焊平整。最终整条焊缝应宽窄一致，平整圆滑，无咬边、夹渣和焊脚下偏等缺陷。

如果焊脚尺寸大于 12 mm，可以采用三层六道、四层十道焊接。多层多道焊的焊道排列示意图如图 1-45 所示。焊脚尺寸越大，焊接层次、道数就越多。操作仍按上述方法进行。

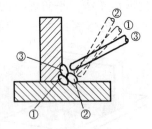

图 1-44　两层三道焊各焊道的焊条角度

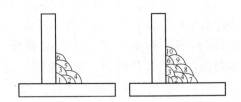

图 1-45　多层多道焊的焊道排列示意图

对于承受重载荷或动载荷的较厚钢板角焊缝应开坡口，如在垂直焊件上开单边 V 形坡口，如图 1-46a 所示，单边 V 形坡口适用于厚度在 4 mm 以下的板结构。也可以在垂直焊件上开双单边 V 形坡口，如图 1-46b 所示。无论采用哪种坡口形式，其操作方法与两层三道焊相似，但要保证焊缝的根部焊透。

4. 船形焊

为克服平角焊时立板易产生咬边和焊道不均匀的缺陷，在生产实际中尽可能将焊件翻转45°，使焊条处于垂直位置的焊接称为船形焊，如图 1-47 所示。

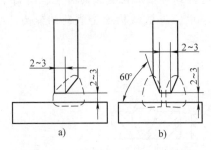

图 1-46　大厚度焊件角焊时的坡口

a) 单边 V 形坡口　b) 带钝边双单边 V 形坡口

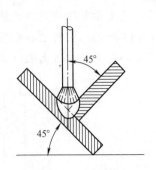

图 1-47　船形焊

> **提示**
>
> 船形焊是将搭接接头、T形接头和角接接头由原来放置的位置旋转45°，使之成为船形焊位置的焊法，如图1-48所示。
>
>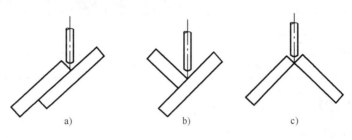
>
> 图1-48 各种接头的船形焊方法
> a) 搭接接头 b) T形接头 c) 角接接头

船形焊可采用对接平焊的操作方法，有利于选用大直径焊条和较大的焊接电流，而且能一次焊成较大截面的焊缝，提高了焊接生产效率，容易获得平整美观的焊缝。

船形焊采用月牙形或锯齿形运条法。焊接第一层焊道时采用小直径焊条及稍大的焊接电流，其他各层可使用大直径焊条。焊条做适当的摆动并在焊道两侧多停留一些时间，以保证焊缝两侧熔合良好。

任务实施

一、焊前准备

1. 试件材料

试件材料为Q235A。

2. 试件尺寸

300 mm×110 mm×10 mm 一块、300 mm×50 mm×10 mm 两块，I形坡口板，如图1-27所示。

3. 焊接材料

选用E4303型焊条，烘焙100~150℃，恒温2 h，随用随取。

二、试件装配

1. 清除坡口面及坡口正反面两侧各20 mm范围内的油污、锈蚀、水分及其他污物，直至露出金属光泽。

2. 装配间隙为0~2 mm。

3. 定位焊时，使用与焊接试件相同牌号的焊条，定位焊的位置应在试件两端的对称处，将试件焊成十字接头，定位焊缝长度为10~15 mm。

三、焊接参数

I 形坡口平角焊焊接参数见表 1 – 15。

表 1 – 15   I 形坡口平角焊焊接参数

焊道层次	焊条直径（mm）	焊接电流（A）	电弧电压（V）
第一层	3.2	100 ~ 120	22 ~ 24
第二层	4.0	160 ~ 180	22 ~ 24
第三层	4.0	160 ~ 180	22 ~ 24

四、焊接操作过程

1. 按要求进行定位焊，并校正垂直度。

2. 将试件置于水平位置，采用直线运条法焊接图 1 – 27 中接头 1，进行单层焊练习；采用直线运条法和斜圆圈形运条法焊接图 1 – 27 中接头 2，进行多层焊练习。

3. 翻转试件 180°，焊接图 1 – 27 中接头 3，进行多层多道焊练习。

4. 翻转试件 45°，使图 1 – 27 中接头 4 为船形焊位置，进行船形焊练习。

5. 焊接多层多道焊的最外层各焊道时，每一条焊道焊完不清理熔渣，待焊接结束后，再一起清理熔渣，其目的是便于焊缝成形和保持焊缝表面的金属光泽。

五、任务考核

完成平角焊操作后，结合表 1 – 16 进行测评。

表 1 – 16   平角焊操作评分表

项目	分值	评分标准	得分	备注
焊脚尺寸 K（mm）	15	$11 \leqslant K \leqslant 13$，每超差一处扣 5 分		
焊缝宽度差 c'（mm）	15	$0 \leqslant c' \leqslant 2$，每超差一处扣 5 分		
焊缝余高 h（mm）	15	$0 \leqslant h \leqslant 3$，每超差一处扣 5 分		
焊缝余高差 h'（mm）	15	$0 \leqslant h' \leqslant 2$，每超差一处扣 5 分		
咬边（mm）	15	缺陷深度 $\leqslant 0.5$， 缺陷长度 $\leqslant 15$，每超差一处扣 5 分		
夹渣	15	每出现一处扣 5 分		
角变形 α	10	$\alpha \leqslant 3°$，超差不得分		
合计	100	总得分		

提示

角焊缝如图 1 – 49 所示。

焊后残留在焊缝中的熔渣称为夹渣，如图 1 – 50 所示。夹渣的存在将减小焊缝的有效面积，降低焊接接头的塑性和强度。

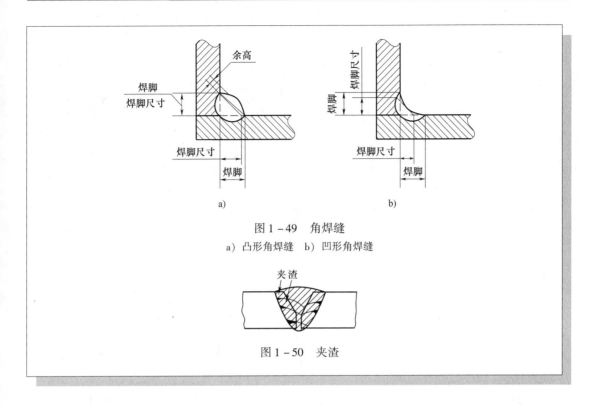

图 1-49 角焊缝

a) 凸形角焊缝 b) 凹形角焊缝

图 1-50 夹渣

任务 4 V 形坡口板对接平焊

学习目标

1. 掌握单面焊双面成形的概念。
2. 掌握 V 形坡口板对接平焊单面焊双面成形的操作要点。

工作任务

本任务要求完成如图 1-51 所示的 V 形坡口板对接平焊训练。

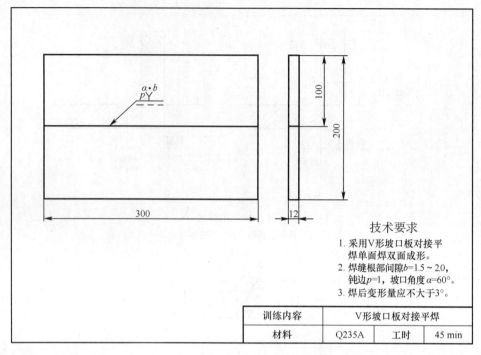

技术要求

1. 采用V形坡口板对接平焊单面焊双面成形。
2. 焊缝根部间隙b=1.5～2.0，钝边p=1，坡口角度α=60°。
3. 焊后变形量应不大于3°。

训练内容	V形坡口板对接平焊		
材料	Q235A	工时	45 min

图 1-51　V形坡口板对接平焊焊件图

相关知识

板对接平焊位置如图 1-52 所示。

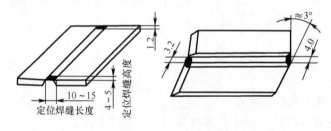

图 1-52　板对接平焊位置

一、单面焊双面成形的概念

焊接生产中，为保证对接焊缝焊透和表面成形，传统的焊接方法是采用双面焊接两块钢板的拼接缝，即先从一面焊接，随后把拼焊好的钢板翻转，再进行另一面的焊接。而对于钢板厚度大、大型部件结构的接头焊缝无法翻转时，钢板的另一面应如何进行焊接？另外，锅炉及压力容器等重要构件，通常要求在构件的厚度方向完全焊透。怎样焊接才能得到符合要求的焊缝？

这种情况下通常采用单面焊双面成形的焊法。单面焊双面成形是指在焊接工件的一侧施焊，焊缝的背面也能得到与正面成形相近或相同焊缝的一种焊接方法。单面焊双面成形技术是锅炉、压力容器焊工应熟练掌握的操作技能，也是在某些重要焊接结构制作过程中，既要求工件焊透而又无法在背面重新焊接时所必须采用的焊接技术。在单面焊双面成形的焊接过程中，坡口根部在进行组装定位焊时，应按焊接时不同操作方法留出相应的间隙，当在坡口的正面用普通焊条进行焊接时，就会在坡口的正、反两面都能得到均匀整齐、成形良好、符合质量要求的焊缝。

二、单面焊双面成形的操作要点

单面焊双面成形焊接的关键在于打底层的焊接。它有三个重要环节，即引弧、收弧、接头。

1. 打底焊

打底焊的焊接方式有灭弧法和连弧法两种。

（1）灭弧法

灭弧法又分为两点击穿法和一点击穿法两种方法。主要是依靠电弧时燃时灭的时间长短来控制熔池的温度、形状及填充金属的厚度，以获得良好的背面成形和内部质量。现介绍灭弧法中的一点击穿法。

1）引弧。在始焊端的定位焊缝处引弧，并略抬高电弧稍预热，焊至定位焊缝尾部时，

将焊条向下压一下，听到"噗"的一声后，立即灭弧。此时熔池前端应有熔孔，深入两侧母材0.5～1 mm，如图1-53所示。当熔池边缘变成暗红色，熔池中间仍处于熔融状态时，立即在熔池的中间引燃电弧，焊条略向下轻微地压一下，形成熔池，打开熔孔后立即灭弧，这样反复击穿直至焊完。运条间距要均匀准确，使电弧的2/3压住熔池，1/3在熔池前方，用来熔化和击穿坡口根部形成熔池。

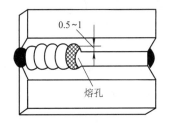

图1-53 V形坡口板对接平焊时的熔孔

2）收弧。收弧前，应在熔池前方做一个熔孔，然后回焊10 mm左右，再灭弧；或向末尾熔池的根部送进2～3滴熔液，然后灭弧，以使熔池缓慢冷却，避免接头出现冷缩孔。

3）接头。采用热接法。接头时换焊条的速度要快，在收弧熔池还没有完全冷却时，立即在熔池后10～15 mm处引弧。当电弧移至收弧熔池边缘时，将焊条向下压，听到击穿声，稍停顿，再送进两滴熔液，以保证接头过渡平整，防止形成冷缩孔，然后转入正常灭弧法。

更换焊条时的电弧轨迹如图1-54所示。电弧在位置①重新引弧，沿焊道至接头处的位置②，做长弧预热来回摆动。摆动几下（③④⑤⑥）之后，在位置⑦压低电弧。当出现熔孔并听到"噗噗"声时，迅速灭弧。这时更换焊条的接头操作结束，转入正常灭弧法。

灭弧法要求每一个熔滴都要准确送到欲焊位置，燃弧、灭弧节奏控制在45～55 次/min。节奏过快，坡口根部熔不透；节奏过慢，熔池温度过高，焊件背面焊缝会超高，甚至出现焊瘤和烧穿现象。要求每形成一个熔池都要在其前面出现一个熔孔，熔孔的轮廓由熔池边缘和坡口两侧被熔化的缺口构成。

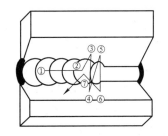

图1-54 更换焊条时的电弧轨迹

（2）连弧法

连弧法是指焊接过程中电弧始终燃烧，并做有规律的摆动，使熔滴均匀地过渡到熔池

中，达到良好的背面焊缝成形的方法。

1）引弧。从定位焊缝上引弧，焊条在坡口内侧进行 U 形运条，如图 1－55 所示。电弧在坡口两侧运条时均稍停顿，焊接频率约为每分钟 50 个熔池，并保证熔池重叠 2/3，熔孔明显可见，每侧坡口根部熔化缺口为 0.5～1 mm，同时听到击穿坡口的"噗噗"声。一般直径为 3.2 mm 的焊条可焊接约 100 mm 长的焊缝。

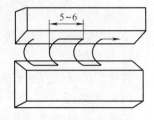

2）接头。更换焊条应迅速，在接头处的熔池后面约 10 mm处引弧。焊至熔池处，应压低电弧击穿熔池前缘，形成熔孔，然后向前运条，以 2/3 的弧柱在熔池上、1/3 的弧柱在焊件背面燃烧为宜。收弧时，将焊条运动到坡口面上缓慢向后提起，以防止在弧坑表面产生缩孔。

图 1－55　连弧法焊接的
电弧运行轨迹

提示

气孔是指熔池中的气泡在熔化金属凝固时未能逸出而残留在焊缝中所形成的孔穴，如图 1－56 所示。

缩孔是指熔化金属在凝固过程中收缩而产生的残留在熔核中的孔穴。

气孔和缩孔都属于孔穴缺陷。孔穴会降低焊缝的严密性和塑性，减小焊缝的有效截面积。

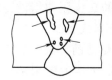

图 1－56　气孔

---

2. 填充焊

填充焊前应对前一层焊道仔细清渣，特别是死角处更要清理干净。填充焊的运条手法为月牙形或锯齿形，焊条与焊接方向的角度为 40°～50°。填充焊时应注意以下几点：

（1）摆动到两侧坡口处要稍停留，保证两侧有一定的熔深，并使填充焊道略向下凹。

（2）最后一层的焊道高度应低于母材 0.5～1.0 mm。要注意不能熔化坡口两侧的棱边，以便于盖面焊时掌握焊缝宽度。

（3）填充层焊道接头方法如图 1－57 所示，填充层焊接时各焊道接头应错开。

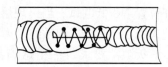

图 1－57　填充层焊道接头方法

3. 盖面焊

采用 φ4.0 mm 焊条时，焊接电流应稍小；要使熔池形状和大小保持均匀一致，焊条与焊接方向夹角应保持 75°左右；采用月牙形运条法和 8 字形运条法；焊条摆动到坡口边缘时应稍停顿，以免产生咬边。

更换焊条收弧时，应对熔池稍填熔滴，迅速更换焊条，并在弧坑前 10 mm 左右处引弧，然后将电弧退至弧坑的 2/3 处，填满弧坑后正常进行焊接。接头时应注意，若接头位置偏后，则接头部位焊缝过高；若偏前，则焊道脱节。焊接时应注意保证熔池边缘不得超过表面坡口棱边 2 mm；否则，焊缝超宽。盖面层的收弧采用划圈法和回焊法，最后填满弧坑使焊缝平滑。

> **提示**
>
> 弧坑是指焊缝收弧处产生的下陷现象，如图 1-58 所示。
>
> 焊缝产生弧坑的主要原因是熄弧时间过短、在弧坑处没停留或薄板焊接时使用的电流过大。焊条电弧焊时，注意在收弧过程中焊条需在熔池处作短时间的停留或做几次环形运条。
>
>
>
> 图 1-58 收弧处弧坑

任务实施

一、焊前准备

1. 试件材料

试件材料为 Q235A。

2. 试件尺寸

300 mm×100 mm×12 mm 两块，60° V 形坡口板，如图 1-51 所示。

3. 焊接要求

单面焊双面成形。

4. 焊接材料

选用 E5015 型焊条，烘焙 350~400℃，恒温 2 h，随用随取。

5. 焊机

ZX5-400 型焊机。

二、试件装配

1. 清理、划线

修磨钝边 0.5~1 mm，无毛刺。清除坡口面及坡口正反面两侧各 20 mm 范围内的油污、锈蚀、水分及其他污物，直至露出金属光泽。最后在距坡口边缘一定距离（50 mm）处用划针划一条平行线，作为焊后测量焊缝在坡口每侧增宽的基准线。

2. 装配间隙

始端为 3.2 mm，终端为 4.0 mm。放大终端的间隙是因为考虑到焊接过程中的横向收缩量，以保证熔透坡口根部所需要的间隙。错边量应不大于 1.0 mm。

> **提示**
>
> 错边量是指对接接头的两侧钢板厚度相同时，坡口两侧钢板在厚度方向上交替错开的距离。

3. 定位焊

采用与焊接试件相同牌号的焊条，对装配好的试件在距端部 20 mm 之内进行定位焊，焊缝长度为 10~15 mm。始端可少焊些，终端应多焊一些，以防止在焊接过程中收缩造成未焊段坡口间隙变小而影响焊接。同时在试件反面两端处施焊。

4. 反变形

s 为板厚，预置反变形角为 θ，如图 1-59 所示。反变形高度 Δ 为

$$\Delta = b\sin\theta + s - s\cos\theta$$

获得反变形量的方法是两手拿住其中一块钢板的两边，轻轻磕打另一块钢板，如图 1-60 所示。

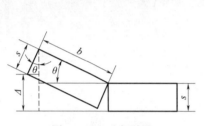

图 1-59　反变形量

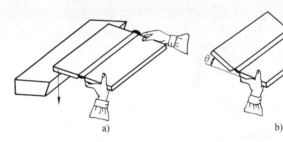

图 1-60　平板点固时预置反变形量

a）反变形量的获得　b）反变形角示意图

反变形量的经验测定法是把焊条夹在试件两端，把一钢直尺搁在预置反变形量的试件两侧，中间的空隙能通过一根带药皮的焊条，如图 1-61 所示（钢板宽度 b = 100 mm 时，放置 ϕ3.2 mm 焊条；宽度 b = 125 mm 时，放置 ϕ4.0 mm 焊条）。实践证明，这样预置的反变形量在试件焊接后，其变形角均在合格范围内。

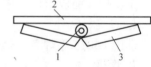

图 1-61　反变形量经验测定法

1—焊条　2—钢直尺　3—焊件

三、焊接参数

V 形坡口板对接平焊焊接参数见表 1-17。

表 1-17　　　　　　　　　　　　　V 形坡口板对接平焊焊接参数

焊道层次	焊条直径（mm）	焊接电流（A）	电弧电压（V）
打底层	3.2	75~10	22~24
填充层（1）	4.0	170~180	22~24
填充层（2）	4.0	160~180	22~24
盖面层	4.0	160~170	22~24

四、焊接操作过程

1. 修磨试件坡口钝边，清理试件。按装配要求进行装配，保证装配间隙始端为 3.2 mm，终端为 4.0 mm，进行定位焊，并按要求预置反变形量。

2. 采用直径为 3.2 mm 的焊条进行打底焊。若选择酸性焊条（E4303 型），则采用灭弧法；若选择碱性焊条（E5015 型或 E4315 型），则采用连弧法，以防止气孔产生。

3. 按焊接参数（见表 1 - 17）规定焊接填充层焊道。填充层各层焊道焊接时，其焊道接头应错开。每焊一层应改变焊接方向，从试件的另一端起焊，并采用月牙形或锯齿形运条法。各层间熔渣要认真清理，并控制层间温度。

焊至盖面层前最后一道填充层时，采用锯齿形运条法运条，控制焊道距焊件表面下凹 0.5 ~ 1.0 mm。

4. 盖面焊用直径为 4.0 mm 的焊条，采用月牙形或 8 字形运条法运条，两侧稍停留，以防止咬边。

5. 清理熔渣及飞溅物，并检查焊接质量，分析问题，总结经验。

五、任务考核

完成 V 形坡口板对接平焊操作后，结合表 1 - 18 进行测评。

表 1 - 18　　　　　　　　　　　　V 形坡口板对接平焊操作评分表

项目	分值	评分标准	得分	备注
正面焊缝余高 h（mm）	8	$0 \leq h \leq 3$，超差不得分		
背面焊缝余高 h'（mm）	6	$0 \leq h' \leq 2$，超差不得分		
正面焊缝余高差 h_1（mm）	8	$h_1 \leq 2$，超差不得分		
正面焊缝每侧增宽（mm）	6	≤ 2.5，超差不得分		
焊缝宽度差 c'（mm）	7	$c' \leq 2$，超差不得分		
焊缝边缘直线度误差（mm）	5	≤ 2，超差不得分		
焊后角变形 α	8	$\alpha \leq 3°$，超差不得分		
咬边（mm）	8	缺陷深度 ≤ 0.5，缺陷长度 ≤ 15，超差不得分		
未焊透	8	出现未焊透不得分		
管子错边量（mm）	5	≤ 1，超差不得分		
焊瘤	8	出现焊瘤不得分		
气孔	8	出现气孔不得分		
焊缝表面	15	波纹细腻、均匀，成形美观，根据成形情况酌情扣分		
合计	100	总得分		

> **提示**
>
> 1. 焊瘤
>
> 在焊接过程中，熔化金属流淌到焊缝之外，在未熔化的母材上形成的金属瘤称为焊瘤，如图 1 - 62 所示。
>
>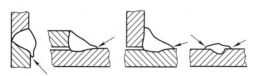
>
> 图 1 - 62　焊瘤

2. 未焊透

焊接时，焊接接头根部未完全熔透的现象称为未焊透，如图 1-63 所示。

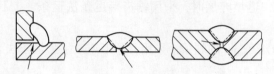

图 1-63　未焊透

任务 5　　　　V 形坡口板对接立焊

学习目标

1. 掌握挑弧法和灭弧法。
2. 掌握立焊的打底焊、填充焊和盖面焊操作方法。
3. 掌握 V 形坡口板对接立焊单面焊双面成形的操作方法。

工作任务

本任务要求完成如图 1-64 所示的 V 形坡口板对接立焊训练。

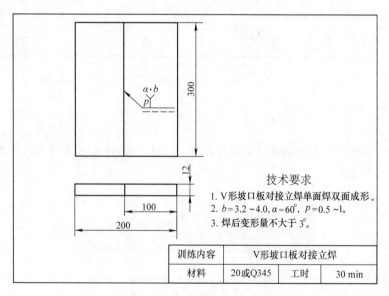

技术要求

1. V 形坡口板对接立焊单面焊双面成形。
2. $b = 3.2 \sim 4.0$，$\alpha = 60°$，$p = 0.5 \sim 1$。
3. 焊后变形量不大于 3°。

训练内容	V 形坡口板对接立焊		
材料	20或Q345	工时	30 min

图 1-64　V 形坡口板对接立焊焊件图

相关知识

板对接立焊位置如图 1 - 65 所示。

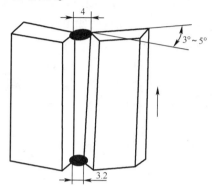

图 1 - 65　板对接立焊位置

一、挑弧法和灭弧法

1. 挑弧法

焊接时，当熔滴脱离焊条末端过渡到熔池后，立即将电弧向焊接方向抬起，为不使空气侵入，电弧长度不超过 6 mm，且电弧不熄灭。如图 1 - 66 所示，使熔化金属迅速冷却凝固，形成一个"台阶"，当熔池凝缩到焊条直径的 1~1.5 倍，且熔池颜色由亮变暗时，再将电弧移到"台阶"上面，在"台阶"上形成一个新熔池，再向上挑起电弧。如此不断地重复熔化→冷却→凝固→再熔化的过程，就能由下至上形成一条焊缝。

2. 灭弧法

焊接中，当熔滴从焊条末端过渡到熔池后，在熔池金属有下淌趋势时立即将电弧熄灭，使熔化金属有瞬间凝固的机会，随后重新在灭弧处引弧，当形成新熔池且良好熔合后，再立即灭弧，使燃

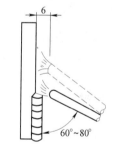

图 1 - 66　立焊挑弧法

弧、灭弧交替地进行。灭弧时间的长短根据熔池温度高低做相应的调节，燃弧时间根据熔池的熔合情况灵活掌握。

在板对接立焊的起头和接头处容易产生焊道凸起和夹渣、熔合不良等缺陷，因此，焊件起头、焊缝接头时，应采用预热法进行焊接，其方法是在起焊处引燃电弧，并将电弧拉长 3~6 mm，进行预热烘烤（一般熔滴下落 2~4 滴），当焊接部位有熔化迹象时，把电弧逐渐推向待焊处，保证熔池与焊件良好熔合。

二、立焊操作要点

1. 单面焊双面成形

单面焊双面成形时，采用向上立焊，始端在下方。

（1）打底焊

打底层焊接可以采用挑弧法，也可采用灭弧法，下面介绍挑弧法。

1）在定位焊缝上引弧，当焊至定位焊缝尾部时，应稍加预热，将焊条向根部顶一下，听到"噗噗"的击穿声（表明坡口根部已被熔透，第一个熔池已形成），此时熔池前方应有熔孔，该熔孔向坡口两侧各深入 0.5 ~ 1 mm。

2）采用月牙形或锯齿形横向运条法，短弧操作（弧长小于焊条直径）。

3）焊条的下倾斜角为 70° ~ 75°，并在坡口两侧稍停留，以利于填充金属与母材良好熔合，其交界处不易形成夹角，便于清渣。

4）操作要领归纳为一看、二听、三准。

一看：观察熔池形状和熔孔大小，并基本保持一致。当熔孔过大时，应减小焊条与试件的下倾斜角，让电弧多压向熔池，少在坡口上停留。当熔孔过小时，应压低电弧，增大焊条与试件的下倾斜角。

二听：注意听电弧击穿坡口根部发出的"噗噗"声，如没有听到这种声音则表示未焊透。一般保持焊条端部离坡口根部 1.5 ~ 2 mm 为宜。

三准：施焊时熔孔的端点位置要把握准确，焊条的中心要对准熔池前与母材的交界处，使后一个熔池与前一个熔池搭接 2/3 左右，保持电弧的 1/3 部分在试件背面燃烧，以加热和击穿坡口根部。

5）打底焊道更换焊条而停弧时，先在熔池上方做一个熔孔，然后回焊 10 ~ 15 mm 再熄弧，并使其形成斜坡形。

6）接头可分热接和冷接两种方法。

①热接法。当弧坑还处在红热状态时，在弧坑下方 10 ~ 15 mm 处的斜坡上引弧，并焊至收弧处，使弧坑根部温度逐步升高，然后将焊条沿预先做好的熔孔向坡口根部顶一下，使焊条与试件的下倾斜角增大到 90° 左右，听到"噗噗"声后，稍停顿，恢复正常焊接。停顿时间一定要适当，若过长，易使背面产生焊瘤；若过短，则不易接上头。另外，更换焊条的动作越快越好，焊条落点要准。

②冷接法。当弧坑已经冷却，用砂轮或扁铲在已焊的焊道收弧处打磨一个长 10 ~ 15 mm 的斜坡，在斜坡上引弧并预热，使弧坑根部温度逐步升高，当焊至斜坡最低处时，将焊条沿预先做好的熔孔向坡口根部顶一下，听到"噗噗"声后，稍停顿，并提起焊条进行正常焊接。

（2）填充焊

1）对打底焊焊缝仔细清渣，应特别注意死角处的焊渣清理。

2）在距离焊缝始端 10 mm 左右处引弧后，将电弧拉回到始端施焊。每次都应按此法操作，以防止产生缺陷。

3）采用横向锯齿形（见图 1 - 67）或月牙形运条法运条。焊条摆动到两侧坡口处要稍停顿或上下摆动，以利于熔合及排渣，并防止焊缝两边产生死角。

4）焊条与试件的下倾斜角为 70° ~ 80°。

5）填充层最后一层的厚度，应使其比母材表面低 0.5 ~ 1.0 mm，且应呈凹形，不得熔化坡口棱边，以利于盖面层保持平直。

（3）盖面焊

1）引弧同填充焊。采用月牙形或锯齿形运条法，焊条与试件的下倾斜角为 70° ~ 75°。

2）焊条摆动到坡口边缘 a、b 两点时，要压低电弧并稍停留，这样有利于熔滴过渡和防止咬边，盖面层焊接运条法如图 1-68 所示。焊条摆动到焊道中间的过程要快些，防止熔池外形成凸起，产生焊瘤。

3）盖面焊的焊条摆动频率应比平焊稍快些，前进速度要均匀一致，使每个新熔池覆盖前一个熔池的 2/3～3/4，以获得薄而细腻的焊缝波纹。

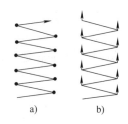

图 1-67　锯齿形运条法示意图

a）两侧稍作停顿　b）两侧稍作上下摆动

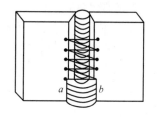

图 1-68　盖面层焊接运条法

4）更换焊条。前一根焊条收弧时，应对熔池填些熔滴，迅速更换焊条后，再在弧坑上方 10 mm 左右的填充层焊缝金属上引弧，并拉至原弧坑处填满弧坑后，继续施焊。

2. V 形坡口板对接双面立焊

根据板厚不同，可开成 60°V 形坡口和 X 形坡口，一般采用多层焊，层数要根据板厚决定。焊接包括打底层焊接、填充层焊接和盖面层焊接。打底层焊接时应选用直径为 3.2 mm 的焊条。根据焊件厚度，灵活运用操作手法。对厚焊件可采用小三角形运条法，在每个转角处应稍作停留；对中厚焊件或薄焊件，可采用小月牙形、小三角形运条法或挑弧法，如图 1-69 所示。

不论采用哪一种运条法，运条到焊道中间时应加快运条速度，以防止熔化金属下淌，使焊道外观不良。填充层、盖面层的焊接方法及注意事项与前述方法相同。

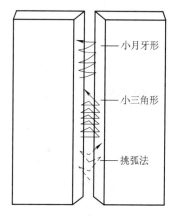

图 1-69　V 形坡口板对接立焊的运条法

任务实施

一、焊前准备

1. 试件材料

试件材料为 20 钢或 Q345 钢。

2. 试件尺寸

300 mm×100 mm×12 mm 两块，60° V 形坡口板，如图 1-64 所示。

3. 焊接要求

单面焊双面成形。

4. 焊接材料

选用 E4315 型或 E5015 型焊条，烘焙 350～400℃，并恒温 2 h，随用随取。

5. 焊机

ZX5 - 400 型或 ZX7 - 400 型焊机。

二、试件装配

1. 修磨钝边 0.5 ~ 1 mm，无毛刺。

2. 清理（参照任务 4）。

3. 装配始端间隙为 3.2 mm，终端为 4.0 mm，错边量不大于 1.0 mm。

4. 定位焊采用与焊件材料相同的焊条，在焊件反面距两端 20 mm 之内施焊，焊缝长度为 10 ~ 15 mm，并将焊件固定在焊接支架上。

5. 预置反变形量为 3° ~ 5°。

三、焊接参数

V 形坡口板对接立焊焊接参数见表 1 - 19。

表 1 - 19 V 形坡口板对接立焊焊接参数

焊道层次	焊条直径（mm）	焊接电流（A）	电弧电压（V）
打底层（1）	3.2	90 ~ 110	20 ~ 30
填充层（2、3）	4.0	120 ~ 140	20 ~ 30
盖面层（4）	4.0	120 ~ 140	20 ~ 30

四、焊接操作过程

1. 用 ϕ3.2 mm 焊条打底焊，保证背面成形。

2. 层间清理干净，用 ϕ4.0 mm 焊条进行以后几层的填充焊，采用锯齿形或月牙形运条法，两侧稍停顿，以保证焊道平整，无夹渣等缺陷。

3. 用 ϕ4.0 mm 焊条，采用锯齿形或月牙形运条法进行盖面层焊接，在焊道中间焊条摆动快些，两侧稍停顿，以保证盖面层焊缝余高、熔宽均匀，无咬边、夹渣等缺陷。

4. 焊后清理熔渣及飞溅物，检查焊接质量，总结经验，分析问题。

五、任务考核

完成 V 形坡口板对接立焊操作后，结合表 1 - 20 进行测评。

表 1 - 20 V 形坡口板对接立焊操作评分表

项目	分值	评分标准	得分	备注
正面焊缝余高 h（mm）	8	$0 \leqslant h \leqslant 3$，超差不得分		
背面焊缝余高 h'（mm）	8	$0 \leqslant h' \leqslant 2$，超差不得分		
正面焊缝余高差 h_1（mm）	8	$h_1 \leqslant 2$，超差不得分		
焊缝宽度 c（mm）	8	$c \leqslant$ 坡口宽度 + 2.5，超差不得分		
焊缝宽度差 c'（mm）	8	$c' \leqslant 2$，超差不得分		
焊后角变形 α	8	$\alpha \leqslant 3°$，超差不得分		
咬边（mm）	8	缺陷深度 $\leqslant 0.5$，缺陷长度 $\leqslant 15$，超差不得分		
未焊透	8	出现未焊透不得分		
错边量（mm）	5	$\leqslant 1$，超差不得分		

3. 盖面焊

盖面层的焊接也采用多道焊（分三道），焊条角度如图 1－75 所示。上、下边缘焊道施焊时，运条应稍快些，焊道尽可能细薄一些，这样有利于盖面焊缝与母材圆滑过渡。盖面焊缝的实际宽度以上、下坡口边缘各熔化 1.5～2 mm 为宜。如果焊件较厚，焊条较宽时，盖面焊缝也可以采用大斜圆圈形运条法焊接，一次盖面成形。

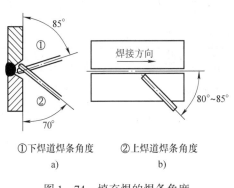

①下焊道焊条角度 ②上焊道焊条角度
a)   b)

图 1－74　填充焊的焊条角度
a) 焊条与焊件间的夹角　b) 焊条与焊缝间的夹角

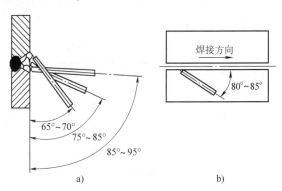

a)   b)

图 1－75　盖面焊的焊条角度
a) 焊条与焊件间的夹角　b) 焊条与焊缝间的夹角

任务实施

一、焊前准备

1. 试件材料

试件材料为 20 钢或 Q345 钢。

2. 试件尺寸

300 mm×100 mm×10 mm 两块，60° V 形坡口板，如图 1－70 所示。

3. 焊接材料

选用 E4315 型或 E5015 型焊条，烘焙 350～400℃，并恒温 2 h，随用随取。

4. 焊机

ZX5－400 型焊机或 ZX7－400 型焊机。

二、试件装配

1. 修磨钝边 1～1.5 mm，无毛刺。

2. 装配始端间隙为 3.2 mm，终端为 4.0 mm，错边量不大于 1.0 mm。

3. 采用与焊接试件相同材料的焊条，在试件坡口反面距两端 20 mm 之内施焊，焊缝长度为 10～15 mm，并将试件固定在焊接支架上，使焊接坡口处于水平位置。始端处于左侧，坡口上边缘与焊工视线平齐。

4. 预置反变形量为 4°～5°。

三、焊接参数

V 形坡口板对接横焊焊接参数见表 1－21。

四、焊接操作过程

1. 清理坡口面及坡口正反面两侧各 20 mm 范围内的油污、锈蚀、水分及其他污物，直至露出金属光泽。

2. 修磨坡口钝边，装配，进行定位焊，预置反变形。

3. 按操作要点，用 ϕ3.2 mm 焊条采用间断击穿灭弧法进行打底层焊接，保证背面成形。

表 1-21   V 形坡口板对接横焊焊接参数

焊道层次	焊条直径（mm）	焊接电流（A）	电弧电压（V）
打底层 第一层（1）	3.2	90～110	20～30
填充层 第二层（2、3） 第三层（4、5）	3.2	100～120	20～30
盖面层 第四层（6、7、8）	3.2	100～110	20～30

4. 层间清理熔渣，用 ϕ3.2 mm 焊条采用直线运条法或斜圆圈形运条法（见图 1-76），多层多道焊接填充层、盖面层。

5. 每条焊道之间的搭接要适宜，避免脱节、夹渣及焊瘤等缺陷。

6. 焊接过程中，保持熔渣对熔池的保护作用，防止熔池裸露而出现较粗糙的焊缝波纹。

7. 焊后清理熔渣及飞溅物，检查焊接质量，分析问题，总结经验。

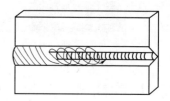

图 1-76　斜圆圈形运条法

五、任务考核

完成 V 形坡口板对接横焊操作后，结合表 1-22 进行测评。

表 1-22   V 形坡口板对接横焊操作评分表

项目	分值	评分标准	得分	备注
正面焊缝余高 h(mm)	15	$0 \leqslant h \leqslant 3$，超差不得分		
背面焊缝余高 h'(mm)	15	$0 \leqslant h' \leqslant 2$，超差不得分		
正面焊缝余高差 h_1（mm）	15	$0 \leqslant h_1 \leqslant 2$，超差不得分		
焊缝每侧增宽（mm）	10	0.5～2.5，超差不得分		
咬边（mm）	10	缺陷深度≤0.5，缺陷长度为 0～10，超差不得分		
夹渣、气孔、未熔合、焊瘤	25	应无缺陷，每出现一处扣 5 分		
焊后角变形 α	10	$0° \leqslant \alpha \leqslant 3°$，超差不得分		
合计	100	总得分		

任务 7　V 形坡口板对接仰焊

学习目标

1. 掌握焊接电源的极性及其选用。
2. 掌握 V 形坡口板对接仰焊单面焊双面成形的操作方法。

工作任务

本任务要求完成如图 1-77 所示的 V 形坡口板对接仰焊训练。

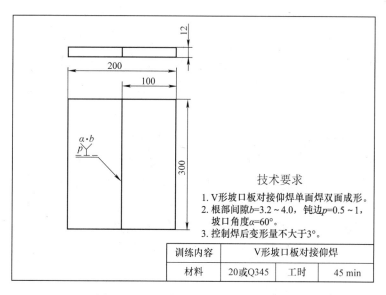

技术要求

1. V形坡口板对接仰焊单面焊双面成形。
2. 根部间隙$b=3.2 \sim 4.0$，钝边$p=0.5 \sim 1$，坡口角度$\alpha=60°$。
3. 控制焊后变形量不大于3°。

训练内容	V形坡口板对接仰焊		
材料	20或Q345	工时	45 min

图 1-77　V 形坡口板对接仰焊焊件图

相关知识

仰焊是焊条位于焊件下方，焊工仰视焊件所进行的焊接，其位置如图 1-78 所示。仰焊是各种焊接位置中操作难度最大的焊接位置。由于熔池倒悬在焊件下面，受重力作用而下坠，同时熔滴自身的重力不利于熔滴过渡，并且熔池温度越高，表面张力越小，所以仰焊时焊缝背面易产生凹陷，正面易出现焊瘤，焊缝成形较困难。

一、焊接电源的极性及选用

在焊接过程中，直流弧焊机的两个极（正极和负极）分别接到试件和焊钳上，当试件或焊钳所接的正、负极不同时，则温度也不相同。因此，在使用直流弧焊机时，应考虑选择电源的极性问题，以保证电弧稳定燃烧和焊接质量。

所谓电源极性就是在电弧焊或电弧切割时，试件与电源输出端正、负极的连接方法，它有正接法和反接法两种。

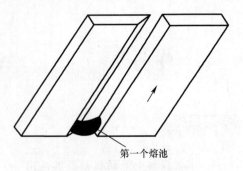

第一个熔池

图 1-78　板对接仰焊位置

正接法就是焊件接电源正极、焊钳接电源负极的接法，正接法也称正极性，如图 1-79a 所示。

反接法就是焊件接电源负极、焊钳接电源正极的接法，反接法也称反极性，如图 1-79b 所示。

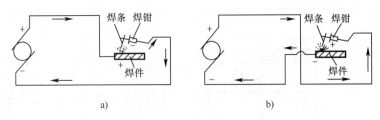

a)　　　　　　　　　　　　b)

图 1-79　正反极性接线方法

a）正接法　b）反接法

由于电弧的热量分布不同，正接时，焊件的温度较高，可以加快焊件的熔化速度和增大熔深。反接时，焊条的温度较高，熔化快，有利于电弧稳定燃烧。可根据焊条的性质和焊件所需的热量来选用正接法和反接法。如用碱性低氢型焊条焊接时，选用反接法。

板对接仰焊单面焊双面成形打底层焊接时，为了保证背面成形良好，一般采用正接法。

二、仰焊操作要点及注意事项

进行 V 形坡口板对接仰焊单面焊双面成形操作时，为防止熔化金属下坠导致焊缝正面产生焊瘤、背面产生凹陷，施焊时必须采用最短的电弧长度和多层焊或多层多道焊。

1. 打底焊

打底层焊接可采用连弧法（见图 1-80a），也可以采用灭弧法（一点法）。

（1）连弧法

1）引弧。在定位焊缝上引弧，并使焊条在坡口内做轻微横向快速摆动，当焊至定位焊缝尾部时，应稍预热，将焊条向上顶一下，听到"噗噗"声时坡口根部已被熔透，第一个熔池已形成，需使熔孔向坡口两侧各深入 0.5~1 mm。

2）运条方法。采用直线往复运条法或锯齿形运条法，当焊条摆动到坡口两侧时，需稍停顿（1~2 s），使填充金属与母材熔合良好，并应防止与母材交界处形成夹角，以免清渣困难。

3）焊条角度。焊条与焊件夹角为 90°，与焊接方向夹角为 60°～70°，如图 1－80b 所示。

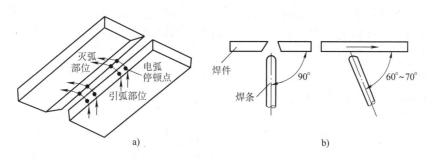

图 1－80　仰焊对接单面焊双面成形打底焊操作示意图
a）连弧法　b）焊条角度

4）焊接要点

①应采用短弧施焊，利用电弧吹力把熔化金属托住，并将部分熔化金属送到试件背面。

②应使新熔池覆盖前一熔池的 1/2～2/3，并适当加快焊接速度，以减小熔池面积和形成薄焊道，从而达到减轻焊缝金属自重的目的。

③焊道表面要平直，避免下凸，否则将给下一层焊接带来困难，并易产生夹渣、未熔合等缺陷。

5）收弧。收弧时，先在熔池前方打一熔孔，然后将电弧向后回带 10 mm 左右熄弧，并使其形成斜坡。

6）接头

①热接法接头。在弧坑后面 10 mm 处的坡口内引弧，当运条到弧坑根部时，应减小焊条与焊接方向的夹角，同时将焊条顺着原先熔孔向坡口顶一下，听到"噗噗"声后稍停，再恢复正常手法焊接。热接法更换焊条动作越快越好。

②冷接法接头。在弧坑冷却后，用砂轮和扁铲在收弧处修一个 10～15 mm 的斜坡，在斜坡上引弧并预热，使弧坑温度逐步升高，然后将焊条顺着原先熔孔迅速上顶，听到"噗噗"声后稍停顿，恢复正常手法焊接。

（2）灭弧法

1）引弧。在定位焊缝上引弧，然后焊条在始焊部位坡口内做轻微快速横向摆动，当焊至定位焊缝尾部时，应稍预热，并将焊条向上顶一下，听到"噗噗"声后，表明坡口根部已被焊透，第一个熔池已形成，并使熔池前方形成向坡口两侧各深入 0.5～1 mm 的熔孔，然后焊条向斜下方灭弧。

2）焊条角度。焊条与焊接方向的夹角为 60°～70°。采用直线往复运条法施焊。

3）焊接要点。采用两点击穿法，坡口左、右两侧钝边应完全熔化，并深入两侧母材各 0.5～1 mm。灭弧动作要快，干净利落，并使焊条总是向上探，利用电弧吹力可有效地防止背面焊缝内凹。

灭弧与接弧时间要短，灭弧频率为 30～50 次/min，每次接弧位置要准确，焊条中心要对准熔池前端与母材的交界处。

4）接头。更换焊条前，应在熔池前方打一熔孔，然后回带 10 mm 左右再灭弧。迅速更换焊条后，在弧坑后面 10～15 mm 坡口内引弧，用连弧法运条到弧坑根部时，将焊条沿着预先做好的熔孔向坡口根部顶一下，听到"噗噗"声后稍停，在熔池中部斜下方灭弧，随即恢复原来的灭弧焊手法。

2. 填充焊

可采用多层焊或多层多道焊。

（1）多层焊

应将第一层熔渣、飞溅物清除干净，若有焊瘤应修磨平整。在距焊缝始端 10 mm 左右处引弧，然后将电弧拉回到起始焊处施焊（每次接头都应如此）。采用短弧月牙形或锯齿形运条法施焊，如图 1-81 所示。焊条与焊接方向夹角为 85°～90°，焊条运条到焊道两侧一定要稍停片刻，中间摆动速度要尽可能快，以形成较好的焊道，保证熔池呈椭圆形，大小一致，防止形成凸形焊道。

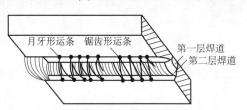

图 1-81　V 形坡口板对接仰焊填充层多层焊的运条方法

（2）多层多道焊

宜用直线运条法，焊道的排列顺序如图 1-82a 所示，焊条的位置和角度应根据每条焊道的位置进行相应的调整，如图 1-82b 所示。每条焊道要搭接 1/2～2/3，并认真清渣，以防止焊道间脱节和夹渣。

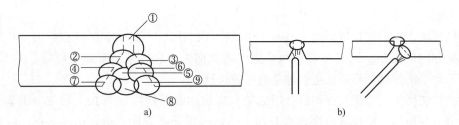

a)　　　　　　　　　　b)

图 1-82　V 形坡口板对接仰焊填充层多层多道焊示意图

a）焊道的排列顺序　b）焊条的位置和角度

填充层焊完后，其焊道表面应距试件表面 1 mm 左右，保证坡口的棱边不被熔化，以便盖面层焊接时控制焊缝的直线度。

3. 盖面焊

盖面层焊接前需仔细清理熔渣及飞溅物。焊接时可采用短弧月牙形或锯齿形运条法运条。焊条与焊接方向夹角为 85°～90°，焊条摆动到坡口边缘时稍停顿，以坡口边缘熔化 1～2 mm 为准，防止咬边。保持熔池外形平直，如有凸形出现，可使焊条在坡口两侧停留时间稍长一些，必要时做灭弧动作，以保证焊缝成形均匀平整。更换焊条时采用热接法。更换焊条前，应对熔池填几滴熔滴金属，迅速更换焊条后，在弧坑前 10 mm 左右处引弧，再把电弧拉到弧坑处划一小圆圈，使弧坑重新熔化，随后进行正常焊接。

任务实施

一、焊前准备

1. 试件材料

试件材料为20钢或Q345钢。

2. 试件尺寸

300 mm×100 mm×12 mm两块，60°V形坡口板，如图1-77所示。

3. 焊接要求

单面焊双面成形。

4. 焊接材料

选用E5015型焊条，烘焙350~400℃，恒温2 h，随用随取。

5. 焊机

ZX5-400型焊机。

二、试件装配

1. 钝边0.5~1 mm，无毛刺。

2. 清理坡口面及焊件（参照任务4中相关内容）。

3. 装配始端间隙为3.2 mm，终端为4.0 mm，可分别用ϕ3.2 mm和ϕ4.0 mm焊条夹在焊件两端。放大终端间隙是因为考虑到焊接过程中的横向收缩量，以保证熔透坡口根部所需的间隙。错边量不大于1.0 mm。

4. 采用与焊接试件材料相同的焊条，在试件反面距两端20 mm内进行定位焊。焊缝长度为10~15 mm，并固定在焊接支架上，试件水平固定，坡口向下，间隙小的始端位于远处。

5. 预置反变形量为3°~4°。

三、焊接参数

V形坡口板对接仰焊焊接参数见表1-23。

表1-23　　　　　　　　　　　　V形坡口板对接仰焊焊接参数

焊道层次	焊条直径（mm）	焊接电流（A）	电弧电压（V）
打底层（1）	3.2	100~130	20~30
填充层（2、3）	3.2	95~110	20~30
盖面层（4）	3.2	95~110	20~30

四、焊接操作过程

1. 熟悉图样，清理试件，修锉钝边0.5~1 mm，无毛刺。

2. 按要求装配，进行定位焊，预置反变形量为3°~4°，并将试件坡口向下，固定在距离地面 800～900 mm 的位置上。

3. 用 $\phi 3.2$ mm 焊条及直线往复运条法进行打底层焊接，其他各层焊接前应仔细清理层间熔渣及飞溅物。可采用多层焊，也可以根据前焊道的宽度进行多层多道焊。

4. 用 $\phi 3.2$ mm 焊条及短弧月牙形或锯齿形运条法进行盖面层焊接。

5. 焊后清理熔渣及飞溅物，检查焊接质量，分析问题，总结经验。

五、任务考核

完成 V 形坡口板对接仰焊操作后，结合表 1－24 进行测评。

表 1－24   V 形坡口板对接仰焊操作评分表

项目	分值	评分标准	得分	备注
正面焊缝余高 h（mm）	15	$0 \leqslant h \leqslant 3$，超差不得分		
背面焊缝余高 h'（mm）	15	$0 \leqslant h' \leqslant 2$，超差不得分		
正面焊缝余高差 h_1（mm）	15	$0 \leqslant h_1 \leqslant 2$，超差不得分		
焊缝每侧增宽（mm）	10	$0.5 \sim 2.5$，超差不得分		
咬边（mm）	10	缺陷深度 $\leqslant 0.5$，缺陷长度为 $0 \sim 10$，超差不得分		
夹渣、气孔、未熔合、焊瘤	25	应无缺陷，每出现一处扣 5 分		
焊后角变形 α	10	$0° \leqslant \alpha \leqslant 3°$，超差不得分		
合计	100	总得分		

任务 8   水平固定管焊

学习目标

1. 了解水平固定管焊的概念，掌握水平固定管焊的方法。
2. 合理选择水平固定管焊的焊接参数。
3. 掌握连弧焊和灭弧焊的操作方法。
4. 掌握运用月牙形或横向锯齿形运条法进行盖面焊的操作方法。

工作任务

本任务要求完成如图 1－83 所示的水平固定管焊训练。

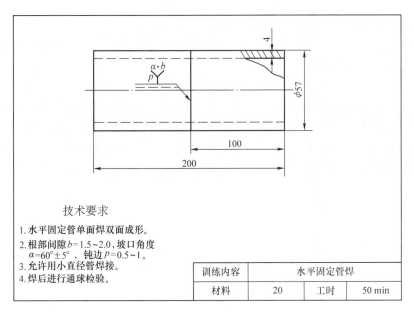

技术要求
1. 水平固定管单面焊双面成形。
2. 根部间隙 $b=1.5\sim2.0$，坡口角度
　$\alpha=60°\pm5°$，钝边 $P=0.5\sim1$。
3. 允许用小直径管焊接。
4. 焊后进行通球检验。

训练内容	水平固定管焊		
材料	20	工时	50 min

图 1-83　水平固定管焊焊件图

相关知识

一、水平固定管焊的概念

管焊形式主要有水平位置转动管的焊接、水平固定管的焊接、垂直固定管的焊接、倾斜固定管的焊接等。水平位置转动管的焊接相当于平焊的情况，由于操作简便，在此不做重点介绍。

水平固定管对接环焊缝是集平焊、立焊、仰焊三种空间位置为一体的形式，它是焊条电弧焊中进行全位置焊接的基本形式，也是难度最大的操作技术之一。只能单面焊，所以要求双面成形。

水平固定管的焊接是最常用的钢管焊接技术之一，应用极广。由于水平固定管焊接时是将管子悬吊在水平位置或接近水平位置进行焊接，所以也称吊焊。

二、水平固定管焊的操作要点

水平固定管焊常从管子仰位开始分两半周焊接。为便于叙述，将试件按钟面分成两个相同的半周进行焊接，如图 1-84 所示。先按顺时针方向焊接前半周，称前半圈；后按逆时针方向焊接后半周，称后半圈。

1. 打底焊

打底层焊接可采用连弧法，也可以采用灭弧法。运条方法采用月牙形或横向锯齿形摆动。

（1）连弧法

1）引弧及起焊。在图 1-84a 所示的 A 点坡口面上引弧至间隙内，使焊条在两钝边做微小横向摆动，当钝边熔化金属与焊条熔滴连在一起时，焊条上送，此时焊条端部到达坡口底边，整个电弧的2/3将在管内燃烧，并形成第一个熔孔。

2）仰焊及下爬坡部位的焊接。应压住电弧做横向摆动运条，运条幅度要小，速度要快，焊条与管子切线的倾斜角为80°~85°。

随着焊接向上进行，焊条角度变大，熔池深度慢慢变浅。在时钟7点位置时，焊条端部离坡口底边1 mm，焊条角度为100°~150°，这时约有1/2电弧在管内燃烧，横向摆动幅度增大，并在坡口两侧稍停顿。到达立焊位置时，焊条与管子切线的倾斜角为90°。

3）上爬坡和平焊位置的焊接。焊条继续向外带出，焊条端部离坡口底边约2 mm，这时1/3电弧在管内燃烧。上爬坡的焊条与管切线夹角为85°~90°，平焊时夹角为80°~85°，并在图1-84a所示的B点收弧。

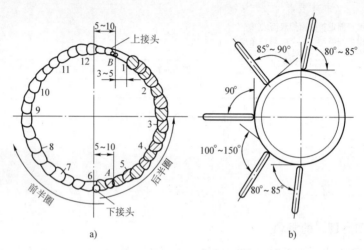

图1-84　水平固定管的焊接顺序及焊条角度
a）焊接顺序　b）焊条角度

（2）灭弧法

1）接弧位置要准确。每次接弧时，焊条要对准熔池前部约1/3处，使每个熔池覆盖前一个熔池约2/3。

2）灭弧动作要干净利落，不要拉长弧，灭弧与接弧的时间间隔要短。灭弧频率为仰焊和平焊区段35~40次/min，立焊区段40~50次/min。

3）焊接过程中要使熔池的形状和大小基本保持一致，熔池金属液清晰明亮，熔孔始终深入每侧母材0.5~1 mm。

4）在前半圈起焊区（即A点→6点区）5~10 mm范围内，焊接时焊缝应由薄变厚，形成一个斜坡；而在平焊位置收弧区（即12点→B点区）5~10 mm范围内，则焊缝应由厚变薄，形成一个斜坡，以利于与后半圈接头。

5）定位焊缝接头时，焊条运条至定位焊缝起点，将焊条向下压一下，听到"噗噗"声后快速向前施焊，到定位焊缝另一端时，焊条在接头处稍停，将焊条再向下压一下，又听到"噗噗"声后，表明根部已熔透，恢复原来的操作手法。

（3）接头

更换焊条时接头有热接法和冷接法两种方法。

1）热接法。在收弧处还保持红热状态时，立即从熔池前面引弧，迅速把电弧拉到收弧处。

2）冷接法。熔池已经凝固冷却，必须将收弧处修磨成斜坡，并在其附近引弧，再拉到修磨处稍停顿，待先焊焊缝充分熔化后，方可向前正常焊接。

（4）前半圈收弧时将焊条逐渐引向坡口斜前方，或将电弧往回拉一小段，再慢慢提高电弧，使熔池逐渐变小，填满弧坑后灭弧。

（5）后半圈的焊接与前半圈基本相同，但必须注意首尾端的接头，接头操作方法如图 1-85 所示。

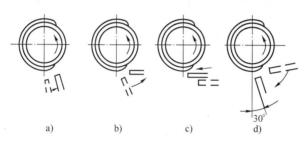

图 1-85 水平固定管仰焊位接头操作方法

1）仰焊位（下方）的接头。当接头处没有焊出斜坡时，可用砂轮打磨成斜坡，也可用焊条电弧来切割。用焊条电弧切割的方法是在距接头中心约 10 mm 的焊缝上引弧，用长弧预热接头部位，如图 1-85a 所示。当焊缝金属熔化时，迅速将焊条转成水平位置，使焊条头对准熔化金属，向前一推，形成槽形斜坡（见图 1-85b、c），然后马上把转成水平的焊条角度调整为正常焊接角度（见图 1-85d），进行仰焊位接头焊接。

如图 1-84a 所示，在时钟 6 点处引弧时，以较慢速度用连弧法焊至 A 点，把斜坡焊满。当焊至接头末端时，焊条向上顶，使电弧穿透坡口根部并有"噗噗"声后，恢复原来的正常操作手法。

2）平焊位（上方）的接头。当前半圈没有焊出斜坡时，应修磨出斜坡。如图 1-84a 所示，当运条至距 B 点 3~5 mm 时，应压低电弧，将焊条向里压一下，听到电弧穿透坡口根部发出"噗噗"声后，在接头处来回摆动几下，以保证充分熔合，填满弧坑，然后引弧到坡口一侧灭弧。

2. 盖面焊

（1）清除打底焊熔渣及飞溅物，修整局部凸起接头。

（2）在打底焊道上引弧，采用月牙形或横向锯齿形运条法焊接。

（3）焊条角度比相同位置打底焊大 5°左右。

（4）焊条摆动到坡口两侧时，要稍停留，并熔化两侧坡口边缘各 1~2 mm，以防咬边。

（5）前半圈收弧时，对弧坑多填一些液体金属，使弧坑呈斜坡状，以利于后半圈接头。在后半圈焊接前，需将前半圈两端接头部位去除 10 mm 左右，最好采用砂轮打磨成斜坡。盖面层焊接前后两半圈的操作要领基本相同，注意收弧时要填满弧坑。

任务实施

一、焊前准备

1. 试件材料

试件材料为 20 钢。

2. 试件尺寸

ϕ57 mm×100 mm×4 mm 钢管两根，开 60°±5° V 形坡口，如图 1–83 所示。

3. 焊接材料

选用 E4303 型焊条，烘焙温度为 100～150℃，恒温 2 h，随用随取。

4. 焊机

BX3–300 型或 ZX5–400 型焊机。

二、试件装配

1. 钝边 0.5～1 mm，无毛刺，错边量不大于 0.5 mm。

2. 清理坡口及其两侧内外表面各 20 mm 范围内的油污、锈蚀、水分及其他污物，直至露出金属光泽。

3. 装配间隙为 1.5～2.0 mm，上部（平焊位）为 2.0 mm，下部（仰焊位）为 1.5 mm，放大上半部间隙是为了保证焊接时焊缝的收缩量，如图 1–86 所示。

4. 试件上半部焊接时，在时钟 10 点和 2 点的位置进行定位焊，如图 1–87 所示。采用与试件相同材料的焊条，焊缝长度约为 10 mm，要求焊透，并不得有气孔、夹渣、未焊透等缺陷。焊缝两端修磨成斜坡，以利于接头。特殊情况可以采用连接块固定试件，如采用钢板制作连接块（俗称"卡马"）点焊在两根管子上，如图 1–88 所示。根据管径不同，"卡马"的数量不一样，定位焊后需逐个将"卡马"割掉。

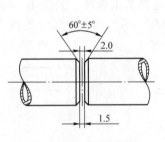

图 1–86　装配间隙

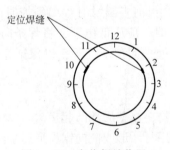

图 1–87　定位焊缝位置

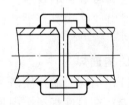

图 1–88　连接块固定示意图

三、焊接参数

水平固定管焊焊接参数见表 1–25。

表 1 - 25　　　　　　　　　　　　　水平固定管焊焊接参数

焊道层次	焊条直径（mm）	焊接电流（A）	电弧电压（V）
打底层（1）	2.5	60～90	20～30
盖面层（2）	2.5	60～90	20～30

四、焊接操作过程

1. 熟悉图样，清理坡口表面，修锉钝边。

2. 按装配要求组装试件，进行定位焊，并将试件水平固定在焊接支架距地面 800～900 mm 的高度上。

3. 从管子仰焊位起焊，按逆时针方向先焊前半圈，采用灭弧法焊至平焊位（见图 1 - 84a 中 A 点→B 点）。

4. 清理熔渣并修磨仰、平焊位接头成缓坡形。

5. 变换焊接位置，焊接后半圈，在仰焊位缓坡处起头或用电弧切割成缓斜坡再起头，用与前半圈同样的操作方法完成打底层焊接。

6. 清理熔渣及飞溅物，焊接盖面层。仍采用两半周焊法，施焊时均采用月牙形或横向锯齿形运条法，注意收弧时填满弧坑。

7. 焊接后，清理管件内外焊缝的熔渣和飞溅物，检查正反两面焊缝，分析问题，总结经验。

五、任务考核

完成水平固定管焊操作后，结合表 1 - 26 进行测评。

表 1 - 26　　　　　　　　　　　　水平固定管焊操作评分表

项目	分值	评分标准	得分	备注
焊缝表面的咬边（mm）	10	缺陷深度≤0.5，缺陷长度≤10，每超差一处扣 5 分		
焊缝余高 h（mm）	5	$0≤h≤3$，超差不得分		
焊缝宽度 c（mm）	5	c = 坡口宽度 +3，超差不得分		
未焊透	5	出现未焊透不得分		
管子的错边量（mm）	5	≤0.5，超差不得分		
未熔合	5	出现不得分		
气孔	10	每出现一处扣 5 分		
夹渣	5	出现不得分		
焊瘤	10	每出现一处扣 5 分		
背面凹坑（mm）	10	深度≤1，每超差一处扣 5 分		
通球检验	10	通球直径为管内径的 85%，球不过不得分		
焊缝表面	20	波纹细腻、均匀，成形美观，根据成形情况酌情扣分		
合计	100	总得分		

任务 9　　垂直固定管焊

学习目标

1. 了解垂直固定管焊的概念。
2. 掌握垂直固定管焊的焊接参数和焊接操作技术。

工作任务

本任务要求完成如图 1 – 89 所示的垂直固定管焊训练。

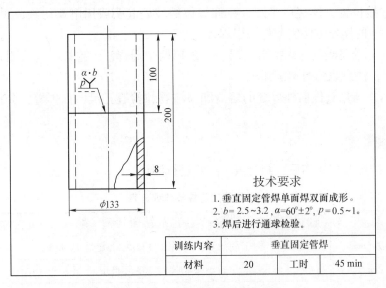

技术要求
1. 垂直固定管焊单面焊双面成形。
2. $b = 2.5 \sim 3.2$，$\alpha = 60° \pm 2°$，$p = 0.5 \sim 1$。
3. 焊后进行通球检验。

训练内容	垂直固定管焊		
材料	20	工时	45 min

图 1 – 89　垂直固定管焊焊件图

相关知识

一、垂直固定管焊的概念

使两同径管件的中心线重合，开坡口的一侧相对，且垂直于水平面叠放在一起，均不许倾斜、转动的管类固定位置的焊接称为垂直固定管焊。

垂直固定管的焊接位置为横焊，但它不同于板对接横焊的是管子有一定弧度，焊条应随弧度转动，焊接中焊工要不断按管子弧度移动身体，并调整焊接位置和焊条角度。

二、垂直固定管焊的操作要点

1. 打底焊

打底层焊接采用间断击穿灭弧法，焊条角度如图 1 – 90 所示。

（1）引弧

在两定位焊缝中部坡口面上引弧，拉长弧预热坡口，待其两侧接近熔化温度时压低电弧，待发出击穿声并形成熔池后，马上灭弧（向后下方挑动），使熔池降温。待熔池由亮变暗时，在熔池的前缘重新引燃电弧，压低电弧，由上坡口焊至下坡口，使上坡口钝边熔化 1～1.5 mm，下坡口钝边熔化略少，并形成熔孔，如图 1-91 所示。然后灭弧，如此反复地进行击穿灭弧焊接。

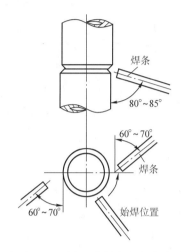

图 1-90　垂直固定管焊的焊条角度

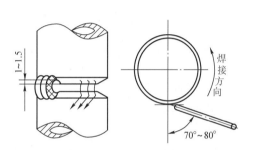

图 1-91　焊条角度、熔孔大小及电弧轨迹

施焊时需掌握三个要领：看熔池，听声音，落弧准。即观看熔池温度适宜，熔渣与熔池分明，熔池形状一致，熔孔大小均匀；听清电弧击穿坡口根部的"噗噗"声；落弧的位置要在熔池的前缘，并保持准确。每次接弧时焊条中心对准熔池前部的 1/3 处，使新熔池覆盖前一个熔池 2/3 左右，弧柱击穿后透过背面 1/3。

（2）打底层的接头

当焊条运到定位焊缝根部或焊到封闭接头时，不能灭弧，而是电弧向内压，向前顶，听到"噗噗"击穿声后，稍停 1～2 s，焊条略加摆动填满弧坑后将电弧拉向一侧灭弧。

2. 填充焊

填充层焊接采用多层焊或多层多道焊。

多层焊应用斜锯齿形运条法运条，生产效率高，但操作难度大。多数均采用多层多道焊，由下向上一道道排焊，并运用直线运条法，焊接电流比打底焊略大一些，使焊道间充分熔合。上焊道覆盖下焊道 1/2～2/3 为宜，如图 1-92 所示，以防止焊层过高或形成沟槽。焊接速度要均匀。焊条角度随焊道弧度改变而变化，下部倾斜角要大，上部倾斜角要小。填充层焊至最后一层时，不要把坡口边缘盖住（要留出少许），中间部位稍凸出，为得到凸形的盖面焊缝做准备。

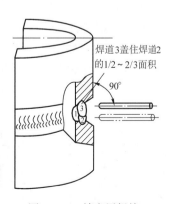

图 1-92　填充层焊接

3. 盖面焊

先采用短弧焊方法，焊接下边的焊道。焊接时，电弧应对准下坡口边缘稍做前后往复摆动运条，使熔池下沿熔合坡口下棱边（≤1.5 mm），并覆盖填充层焊道。下焊道焊接速度要快，中间焊道焊接速度要慢，使盖面层焊缝呈凸形。为保持盖面层焊缝表面的金属光泽，各焊道焊完后不要清渣，待最后一条焊道焊接结束后一并清除。焊最后一条焊道时，应适当提高焊接速度或减小焊接电流，焊条倾角要小，如图 1 – 93 所示，以防止咬边，确保整个焊缝外表宽窄一致，均匀平整。

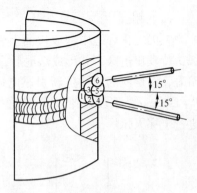

图 1 – 93　盖面层焊接的焊条角度

任务实施

一、焊前准备

1. 试件材料

试件材料为 20 钢。

2. 试件尺寸

φ133 mm×100 mm×8 mm 钢管两根，开 60°±2°V 形坡口，如图 1 – 89 所示。

3. 焊接材料

选用 E4303 型焊条，烘焙温度为 100～150℃，恒温 2 h，随用随取。

4. 焊机

BX3 – 300 型或 ZX5 – 400 型焊机。

二、试件装配

1. 钝边 0.5～1 mm，无毛刺。

2. 清理坡口及其两侧内外表面各 20 mm 范围内的油污、锈蚀、水分及其他污物，直至露出金属光泽。

3. 装配间隙为 2.5～3.2 mm，错边量≤0.8 mm。

4. 定位焊三处，如图 1 – 94 所示。焊缝长度为 10～15 mm，要求焊透，不得有气孔、夹渣、未焊透等缺陷。焊点两端修成斜坡，以利于接头。

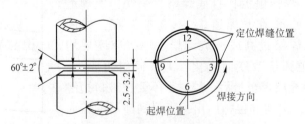

图 1 – 94　大直径管定位焊缝及起焊位置

三、焊接参数

垂直固定管焊焊接参数见表 1 – 27。

表 1 – 27　　　　　　　　　　　垂直固定管焊焊接参数

焊道层次	焊条直径（mm）	焊接电流（A）	电弧电压（V）
打底层（1）	3.2	90～110	20～30
填充层（2、3）	3.2	100～120	20～30
盖面层（4）	3.2	100～110	20～30

四、焊接操作过程

1. 熟悉图样，清理坡口表面并修磨钝边 0.5～1 mm。按要求进行装配，定位焊装配间隙为 2.5～3.2 mm，沿试件圆周均匀定位焊三处。定位焊缝端部修磨成斜坡。

2. 在两定位焊缝中间选定起焊处，用击穿灭弧法进行打底层焊接。

3. 清理熔渣及飞溅物之后，进行填充层和盖面层的多层多道焊，采用直线运条法，焊道重叠 1/2～2/3。

4. 清理熔渣及飞溅物，检查焊接质量，分析问题，总结经验。

五、任务考核

完成垂直固定管焊操作后，结合表 1 – 28 进行测评。

表 1 – 28　　　　　　　　　　　垂直固定管焊操作评分表

项目	分值	评分标准	得分	备注
焊缝表面的咬边（mm）	10	深度≤0.5，长度≤15，每超差一处扣 5 分		
焊缝余高 h（mm）	5	$0≤h≤3$，超差不得分		
焊缝宽度 c（mm）	5	$c =$ 坡口宽度 +3，超差不得分		
未焊透	5	出现未焊透不得分		
管子的错边量（mm）	5	$≤0.1δ$（$δ$ 为壁厚），超差不得分		
未熔合	5	每出现一处扣 5 分		
气孔	5	出现不得分		
夹渣	10	每出现一处扣 5 分		
焊瘤	10	每出现一处扣 5 分		
背面凹坑（mm）	10	深度≤1，每超差一处扣 5 分		
通球检验	10	通球直径为管内径的 85%，球不过不得分		
焊缝表面	20	波纹细腻、均匀，成形美观，根据成形情况酌情扣分		
合计	100	总得分		

任务 10　　小直径管对接 45°固定焊

学习目标

1. 掌握小直径管对接 45°固定焊时焊条角度的变化。
2. 掌握小直径管对接 45°固定焊的焊接操作方法。

工作任务

本任务要求完成如图 1－95 所示的小直径管对接 45°固定焊训练。

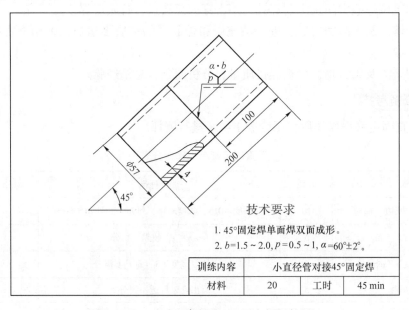

技术要求

1. 45°固定焊单面焊双面成形。
2. $b=1.5 \sim 2.0$, $p=0.5 \sim 1$, $\alpha=60°\pm2°$。

训练内容	小直径管对接45°固定焊		
材料	20	工时	45 min

图 1－95　小直径管对接 45°固定焊焊件图

对接 45°固定焊是介于垂直固定管焊和水平固定管焊之间的一种焊接操作，所以其操作要领与水平固定管焊和垂直固定管焊的操作有相似之处。

相关知识

如图 1－96 所示为对接 45°固定焊的焊接位置示意图。

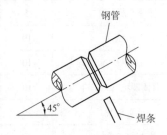

图 1－96　对接 45°固定焊的焊接位置示意图

1. 打底焊

打底焊采用连弧焊手法，运条方法采用月牙形或横向锯齿形摆动。

（1）先在仰焊 6 点钟位置前 5～10 mm 处起弧，在始焊部位坡口内上下轻微摆动，对坡口两侧预热，待管壁温度明显上升后，压低电弧，击穿钝边。此时焊条端部到达坡口底边，整个电弧的 2/3 将在管内燃烧并形成第一个熔孔。然后用挑弧法向前焊接。施焊时注意焊条的摆动幅度，应使熔孔保持深入坡口每侧 0.5～1 mm，每个熔池覆盖前一个熔池 2/3 左右。当熔池温度过高导致熔化金属下淌时，应采用灭弧法控制熔池温度。焊完前半圈，在 12 点钟位置后 5～10 mm 处灭弧。以同样方法焊接后半圈打底层焊缝，在 12 点钟处接头并填满弧坑收弧。

（2）打底层焊缝与定位焊缝接头以及更换焊条的接头，其操作方法与水平固定管焊操作相似。

2. 盖面焊

焊接盖面层与接头方法有两种。

（1）直拉法盖面焊及接头

所谓直拉法就是在盖面焊过程中，以月牙形运条法沿管子轴线方向施焊的一种方法。施焊时，从坡口上部边缘起弧并稍停留，然后沿管子的轴线方向作月牙形运条，把熔化金属带至坡口下部边缘灭弧，每个新熔池覆盖前一个熔池的 2/3 左右，如此循环。

1）斜仰焊部位的起头方法是在起弧后，先在斜仰焊部位坡口的下部依次建立三个熔池，并使其一个比一个大，最后达到焊缝宽度，如图 1-97 所示，然后进入正常焊接。施焊时，用直拉法运条。

2）前半圈的收弧方法是在灭弧前，先将几滴熔化金属逐渐斜拉，以使尾部焊缝呈三角形。焊后半圈管子斜仰焊部位的接头方法是在引弧后，先把电弧拉至接头待焊的三角形尖端建立第一个熔池，此后的几个熔池随着三角形宽度的增加逐个加大，直至将三角形填满后用直拉法运条，如图 1-98 所示。

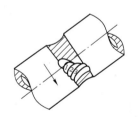

图 1-97　直拉法盖面焊斜仰焊部位的
起头方法

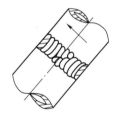

图 1-98　直拉法盖面焊斜仰焊部位的
接头方法

3）后半圈焊缝的收弧方法是运条到试件上部斜平焊部位收弧处的待焊三角区尖端时，使熔池逐个缩小，直至填满三角区后再收弧，如图 1-99 所示。

采用直拉法盖面焊时的运条位置，即接弧与灭弧位置必须准确，否则无法保证焊缝边缘平直。

（2）横拉法盖面焊及接头

所谓横拉法就是在盖面焊的过程中，以月牙形或锯齿形运条法沿水平方向施焊的一种方法。当焊条摆动到坡口边缘时，稍停顿，其熔池的上下轮廓线基本处于水平位置。

1）横拉法盖面焊斜仰焊部位的起头方法是在起弧后相继建立起三个熔池，然后从第四个熔池开始横拉运条，它的起头部位也留出一个待焊的三角区域，如图1-100所示。

2）前半圈上部斜平焊部位焊部缝收弧时也要留出一个待焊的三角区域。

3）后半圈在斜仰焊部位的接头方法是在引弧后，先从前半圈留下的待焊三角区域尖端向左横拉至坡口下部边缘，使这个熔池与前半圈起头部位的焊缝搭接上，保证熔合良好，然后用横拉法运条，如图1-101所示，至后半圈盖面焊缝收弧。后半圈斜平焊部位的收弧方法是在运条到收弧部位的待焊三角区域尖端时，使熔池逐个缩小，直至填满三角区域后再收弧。

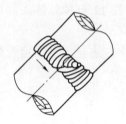 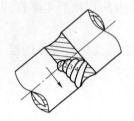 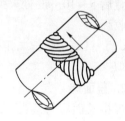

图1-99 直拉法盖面焊斜平焊部位的收弧方法　　图1-100 横拉法盖面焊斜仰焊部位的起头方法　　图1-101 横拉法盖面焊斜仰焊部位的接头方法

管子倾斜度不论大小，一律要求焊波成水平或接近水平方向，否则成形不好。因此，焊条总是保持在垂直位置，并在水平线上左右摆动，以获得较平整的盖面层焊缝。摆动到坡口两侧时，要停留足够时间，使熔化金属覆盖量增加，以防止出现咬边现象。

任务实施

小直径管对接45°固定焊的操作要领与任务8、任务9有相似之处，焊接时分为两个半圈进行。每半圈都包括斜仰焊、斜立焊和斜平焊三种位置，存在一定的焊接难度。一般在6点钟位置起焊，12点钟位置收弧。

一、焊前准备

1. 试件材料

试件材料为20钢。

2. 试件尺寸

ϕ57 mm×100 mm×4 mm钢管两根，开60°±2°V形坡口，如图1-95所示。

3. 焊接材料

选用E4303型焊条，烘焙温度为100~150℃，恒温2 h，随用随取。

4. 焊机

BX3-300型或ZX5-400型焊机。

二、试件装配

1. 钝边0.5~1 mm，无毛刺。

2. 清理（参考任务8）。

3. 装配间隙为上部（12点钟位置）2.0 mm，下部（6点钟位置）1.5 mm，放大上部间隙是为了保证焊接时焊缝的收缩量。错边量不大于 0.5 mm。

4. 采用与试件相同材料的焊条，在 10 点钟和 2 点钟位置定位焊。焊缝长度约 10 mm，要求焊透，不得有气孔、夹渣、未焊透等缺陷，焊缝两端修磨成斜坡，以利于接头。

三、焊接参数

小直径管对接 45°固定焊焊接参数见表 1−29。

表 1−29　　　　　　　　　小直径管对接 45°固定焊焊接参数

焊道层次	焊条直径（mm）	焊接电流（A）	电弧电压（V）
打底层（1）	2.5	60～90	20～30
盖面层（2）	2.5	60～90	20～30

四、焊接操作过程

1. 熟悉图样和操作要领，清理试件坡口表面，修锉钝边。

2. 按装配要求进行试件定位焊，然后将试件固定在焊接支架上成 45°，距地面 800～900 mm。

3. 从管子仰位起焊，分两半圈焊接，打底层焊缝采用连弧法，应注意接头处是否熔合良好。

4. 清理打底层焊缝熔渣或飞溅物。焊接盖面层时分别用直拉法和横拉法进行训练，无论采用哪种方法都要焊好起头和收弧的两个三角形区域，要求接头、收弧处熔合良好，不出现焊缝过高现象。

5. 焊后清理管件内外焊缝的熔渣和飞溅物，检查正反面焊缝，并分析问题，总结经验。

五、任务考核

完成小直径管对接 45°固定焊操作后，结合表 1−30 进行测评。

表 1−30　　　　　　　　　小直径管对接 45°固定焊操作评分表

项目	分值	评分标准	得分	备注
焊缝表面的咬边（mm）	10	缺陷深度≤0.5，缺陷长度≤10，每超差一处扣 5 分		
焊缝余高 h(mm)	5	$0≤h≤3$，超差不得分		
焊缝余高差 h'(mm)	5	$h'≤2$，超差不得分		
焊缝宽度 c(mm)	5	$c=$坡口宽度 $+3$，超差不得分		
未焊透	5	出现未焊透不得分		
管子的错边量（mm）	5	≤0.5，超差不得分		
未熔合	5	出现不得分		
气孔	5	出现不得分		
夹渣	5	出现不得分		

续表

项目	分值	评分标准	得分	备注
焊瘤	10	每出现一处扣5分		
背面凹坑（mm）	10	深度≤1，每超差一处扣5分		
通球检验	10	通球直径为管内径的85%，球通不过不得分		
焊缝表面	20	波纹细腻、均匀，成形美观，根据成形情况酌情扣分		
合计	100	总得分		

任务 11　骑座式管板水平固定全位置焊

学习目标

1. 掌握骑座式管板水平固定全位置焊时的焊条角度。
2. 掌握骑座式管板水平固定全位置焊的焊接操作技术。

工作任务

本任务要求完成如图 1–102 所示的骑座式管板水平固定全位置焊训练。

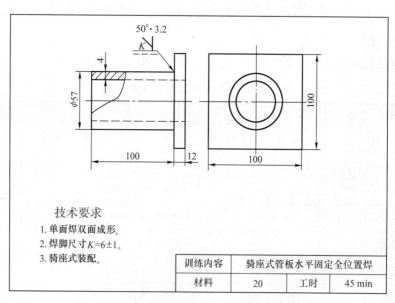

技术要求
1. 单面焊双面成形。
2. 焊脚尺寸 $K=6\pm1$。
3. 骑座式装配。

训练内容	骑座式管板水平固定全位置焊		
材料	20	工时	45 min

图 1–102　骑座式管板水平固定全位置焊焊件图

相关知识

管板接头是管件与板件连接所形成的接头，是锅炉、压力容器制造业主要的焊缝形式之一，管板类焊接接头实际上是一种 T 形环形接头。根据焊件接头形式的不同，管板接头可分为骑座式管板接头和插入式管板接头，如图 1 – 103 所示。在生产中，当管的孔径较小时，一般采用骑座式接头形式（见图 1 – 103a）进行单面焊双面成形；当管的孔径较大时，则采用插入式接头形式（见图 1 – 103b）进行单面焊双面成形。

根据焊件所在空间位置不同，管板又可分为垂直固定俯位焊、垂直固定仰位焊、水平固定全位置焊和倾斜固定焊。管板全位置焊的焊接过程包括平焊、上坡焊、下坡焊、仰焊等过程，基本涵盖了焊接所要求的全部内容。

下面将介绍骑座式管板水平固定全位置焊的操作要点。

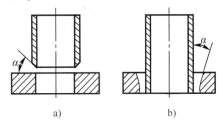

图 1 – 103　管板类焊件的接头形式

a）骑座式　b）插入式

管板水平固定焊缝施焊时，分前半圈（左）和后半圈（右），每半圈都存在仰、立、平三种不同位置的焊接。用钟面的方式表示焊接位置，焊条角度随焊接位置改变而变化，如图 1 – 104 所示。

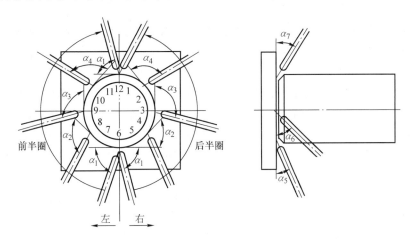

图 1 – 104　管板水平固定全位置焊的焊接位置及焊条角度

1. 打底焊

打底层的焊接可以采用连弧焊手法，也可采用灭弧焊手法。

（1）前半圈（左侧）焊接时，在仰焊 6 点钟位置前 5～10 mm 处的坡口内引弧，焊条在坡口根部管与板之间做微小横向摆动，当母材熔液与焊条熔滴连在一起后，第一个熔池形成，然后沿顺时针方向进行正常手法的焊接，直至焊道超过 12 点钟位置 5～10 mm 灭弧。

（2）连弧焊采用月牙形或锯齿形运条法；当采用灭弧焊时，灭弧动作要快，不要拉长电弧，同时灭弧与接弧时间间隔要短，灭弧频率为 50～60 次/min。每次重新引燃电弧时，焊条中心要对准熔池前缘焊接方向的 2/3 处，每接触一次，焊缝增长 2 mm 左右。

（3）因管与板的厚度差较大，焊接电弧应偏向孔板，并保证孔板边缘熔合良好。一般焊条与孔板的夹角为 30°～35°，与焊接方向的夹角随着焊接位置的不同而改变。另外，在孔板试件的 6 点钟至 4 点钟及 2 点钟至 12 点钟处，要保持熔池液面趋于水平，不使熔池金属下淌，其运条轨迹如图 1-105 所示。

（4）焊接过程中，要使熔池的形状和大小保持一致，使熔池中的熔液清晰明亮，熔孔始终深入每侧母材 0.5～1 mm。同时应始终伴有电弧击穿根部所发出的"噗噗"声，以保证根部焊透。

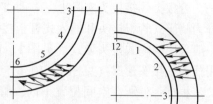

图 1-105　管板焊件斜仰焊位置及斜平焊位置的运条轨迹

（5）当运条到定位焊缝根部时，焊条要向管内压一下，听到"噗噗"声后，快速运条到定位焊缝的另一端，再次将焊条向下压一下，听到"噗噗"声后，稍停留，恢复原来的操作手法。

（6）收弧时，将焊条逐渐引向坡口斜前方，或将电弧往回拉一小段，再慢慢提高电弧，使熔池逐渐变小，填满弧坑后熄弧。

（7）更换焊条时接头有两种方法，分别为热接法和冷接法。

1）热接法。当弧坑保持红热状态时，迅速更换焊条，在熔孔下面 10 mm 处引弧，然后将电弧拉到熔孔处，焊条向里推一下，听到"噗噗"声后，稍停留，恢复原来的操作手法。

2）冷接法。当熔池冷却后，必须将收弧处打磨出斜坡。更换焊条后，在打磨处附近引弧；运条到打磨斜坡根部时，焊条向里推一下，听到"噗噗"声后，稍停留，恢复原来的操作手法。

（8）后半圈的焊接方法与前半圈基本相同，但需在仰焊接头和平焊接头处多加注意。

一般在上、下两接头处均打磨出斜坡，引弧后在斜坡后端起焊，运条到斜坡根部时，焊条向上顶，听到"噗噗"声后，稍作停顿，再进行正常手法焊接。当焊缝即将封闭收口时，焊条向下压一下，听到"噗噗"声后，稍停留，然后继续向前焊接 10 mm 左右，填满弧坑后收弧。

（9）打底焊道应尽量平整，并保证坡口边缘清晰，以便于填充层焊接。

2. 填充焊

（1）清除打底焊道熔渣，特别是死角。

（2）填充层焊接可采用连弧焊手法或灭弧焊手法施焊，其焊接顺序、焊条角度、运条方法与打底层焊接相似，但运条摆动幅度比打底层稍宽。由于焊缝两侧是不同直径的同心圆，孔板侧比管子侧圆周长，所以运条时，在保持熔池液面趋于水平时，应加大焊条在孔板侧的向前移动间距并相应地增加焊接停留时间。填充层的焊道要薄一些，管子一侧坡口要填满，孔板一侧要超出管壁约 2 mm，使焊道形成一个斜面，保证盖面焊后焊脚对称。

3. 盖面焊

骑座式管板盖面层焊缝与垂直固定管板焊盖面层焊接时的操作要点相同。

任务实施

一、焊前准备

1. 试件材料

管材：20 钢。板材：20 钢。

2. 试件尺寸

管材：ϕ57 mm×100 mm×4 mm，管子端部开 50°单边 V 形坡口。

板材：100 mm×100 mm×12 mm，板材中心按管子内径加工通孔，如图 1 – 102 所示。

3. 焊接材料

选用 E4303 型焊条，烘焙温度 100～150℃，恒温 2 h，随用随取。

4. 焊机

BX3 – 300 型或 ZX5 – 400 型焊机。

二、试件装配

1. 钝边 0.5～1 mm，无毛刺。

2. 清理板孔周边 20 mm 和管子端部、坡口内外表面 20 mm 范围内的油污、锈蚀、水分及其他污物，直至露出金属光泽。

3. 根部间隙：试件上部平位留 3.2 mm，下部仰位留 2.5 mm。上部放大间隙是为了保证焊接时焊缝的收缩量，要求管子内径与板孔同心，错边量不大于 0.4 mm，管子与孔板相垂直。

4. 采用两点固定试件上半部，即焊接 2 点钟和 10 点钟位置，定位焊缝长度为 5～10 mm，两端修磨成斜坡，便于接头。焊缝厚度为 2～3 mm，要求焊透，无夹渣、气孔缺陷。

三、焊接参数

骑座式管板水平固定全位置焊焊接参数见表 1 – 31。

表 1 – 31　　　　　　　　骑座式管板水平固定全位置焊焊接参数

焊道层次	焊条直径（mm）	焊接电流（A）	电弧电压（V）
打底层（1）	2.5	75～80	20～30
填充层（2）	3.2	100～120	20～30
盖面层（3）	3.2	100～110	20～30

四、焊接操作过程

1. 熟悉图样，修锉坡口，清理孔板。

2. 根部间隙为 2.5mm、3.2mm，在 2 点钟和 10 点钟位置实施定位焊，然后水平固定在焊接支架上，距地面 800～900 mm 高度。

3. 用直径为 2.5 mm 的焊条从试件仰位起焊，采用月牙形或锯齿形运条法，用连弧法或灭弧法进行打底焊，注意更换焊条的接头方法和封闭焊缝的接头方法，保证熔合良好，背面焊透，防止仰位出现背面内凹、平位出现焊瘤等缺陷。

4. 清理打底焊缝熔渣及飞溅物，然后用月牙形和锯齿形运条法焊接填充层及盖面层焊缝。

5. 清理试件熔渣及飞溅物，检查焊接质量和焊脚尺寸，分析问题，总结经验。

五、任务考核

完成骑座式管板水平固定全位置焊操作后，结合表 1－32 进行测评。

表 1－32　　　　　　　　　　骑座式管板水平固定全位置焊操作评分表

项目	分值	评分标准	得分	备注
焊缝余高 h（mm）	12	$0.5 \leqslant h \leqslant 2$，一侧每超差 1 扣 6 分		
接头成形	10	要求成形良好，凡脱节或超高每处扣 5 分		
焊缝成形	8	要求细腻、均匀、整齐、光滑，根据成形情况酌情扣分		
焊缝整齐	8	要求整齐，否则每处扣 4 分		
焊缝烧穿	8	每处烧穿扣 3 分		
夹渣	7	点渣 >2 mm，每处扣 4 分。条块渣 >2 mm，出现扣 7 分		
焊缝表面的咬边（mm）	8	深度 <0.5，每长 10，扣 4 分。深度 >0.5，扣 8 分		
弧坑	8	要求饱满、无焊缝缺陷，达不到要求扣 8 分		
焊件变形	4	允许变形 1°，每超差 1°扣 2 分		
引弧痕迹	4	每处扣 2 分		
焊瘤	6	每处扣 3 分		
起头	4	要求饱满、熔合良好、无缺陷，否则每处扣 4 分		
运条方法	4	选择不当而导致焊缝成形不良扣 4 分		
试件清洁	4	要求清洁，否则每处扣 2 分		
安全文明生产	5	服从劳动管理，穿戴好安全防护用品，否则扣 5 分		
合计	100	总得分		

任务 12　　垂直固定管加障碍焊

学习目标

1. 了解垂直固定管加障碍焊的概念。

2. 掌握垂直固定管加障碍焊的操作。

工作任务

本任务要求完成如图 1 – 106 所示的垂直固定管加障碍焊训练。

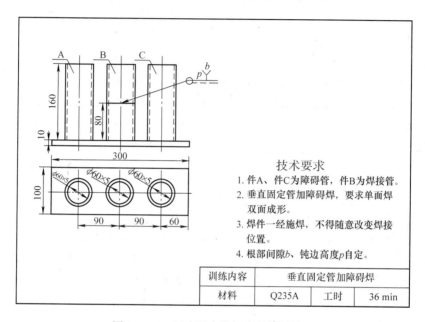

技术要求

1. 件A、件C为障碍管，件B为焊接管。
2. 垂直固定管加障碍焊，要求单面焊双面成形。
3. 焊件一经施焊，不得随意改变焊接位置。
4. 根部间隙b、钝边高度p自定。

训练内容	垂直固定管加障碍焊		
材料	Q235A	工时	36 min

图 1 – 106　垂直固定管加障碍焊焊件图

相关知识

垂直固定管加障碍焊，一般采取两层三道焊或两层四道焊。打底焊采用断弧焊法，也可采用连弧焊法。

当采用断弧焊法时，必须逐点将熔滴送到坡口根部，迅速向侧后方灭弧。灭弧与接弧时间间隔要短，灭弧动作要干净利落，不拉长弧。接弧位置要准确，每次接弧时焊条中心要对准熔池的2/3处，使新熔池覆盖前一个熔池2/3左右。

焊接过程中，为防止熔池金属下坠，电弧在上坡口停留时间要略长些，而在下坡口稍加停留，并且电弧带到下坡口时，2/3电弧在管内燃烧；电弧带到上坡口时，1/3电弧在管内燃烧。当采用连弧焊法时，应使用稍小的装配间隙（1～2 mm）与焊接电流相适应，并运用直线往复运条法，通过短弧控制熔池温度而连续完成打底焊。

提示

1. 打底焊的焊接方向从左向右，控制熔池为斜椭圆形，并始终保持短弧焊。

2. 当运条到定位焊缝根部时，焊条要前顶一下，听到"噗噗"声后，稍停留，填满弧坑后收弧，从而与定位焊缝接头。

任务实施

一、焊前准备

1. 焊机

BX3-300 型焊机。

2. 焊件

Q235A 钢板，规格为 300 mm×100 mm×10 mm，作为支架板；Q235A 钢管，ϕ60 mm×80 mm×5 mm 两段，为焊接管，分别在管的一端加工出 30°坡口；Q235A 钢管，ϕ60 mm×160 mm×5 mm 两段，为障碍管（见图 1-106）。

3. 焊条

选用 E4303 型焊条，ϕ2.5 mm、ϕ3.2 mm，烘焙温度 100~150℃，恒温 2 h，随用随取。

二、试件装配

1. 清理坡口及焊件表面两侧 15~20 mm 范围内的油锈及污物，直至露出金属光泽。

2. 锉削两段焊接管的钝边为 0.5~1 mm，装配间隙为 2.5 mm、3 mm，采用两点定位焊固定，定位焊缝长度为 10 mm 左右，要求焊透并不得有缺陷，在定位焊缝两端用手砂轮打磨出坡口，便于接头。焊接管的错边量应不大于 0.5 mm。

3. 按图装配好焊接支架，并将装配好的焊件垂直固定在焊接支架上，保持焊件与障碍管之间相距 30 mm。

三、焊接参数

焊接分前、后两个半圈进行，采用打底层和盖面层焊接，焊接参数见表 1-33。

表 1-33　　　　　　　　　　垂直固定管加障碍焊焊接参数

焊道层次	焊条直径（mm）	焊接电流（A）	运条方法
打底层	2.5	60~80	断弧焊法
盖面层	3.2	60~70	直线运条法

四、焊接操作过程

1. 打底焊

打底焊采取断弧焊法。将焊件垂直固定在焊接支架上，如图 1-107 所示。在坡口内引弧，焊条与焊管下侧的夹角为 75°~80°，沿焊接方向与管子切线夹角为 70°~75°。待坡口两侧熔化时，焊条向根部压送，熔化并击穿坡口根部，听到"噗噗"声，形成第一个熔孔。使钝边每侧熔化 0.5~1 mm，然后断弧，待熔池颜色稍暗些，马上将焊条落在原熔池的前端引燃电弧，焊接约 1 s 后断弧，如此有节奏地控制熔池温度和熔池熔化状态完成打底焊。焊接时应保持熔池形状和大小基本一致，熔池清晰明亮。

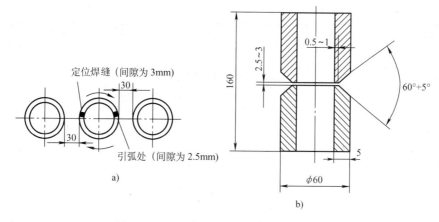

图 1 - 107　垂直固定管加障碍焊的打底焊

2. 盖面焊

盖面层分上下两道进行焊接，焊前应将打底层焊缝的熔渣及飞溅物等清除干净，并修平局部上凸的接头焊缝。采用直线运条法，自左向右、自下而上，同打底层焊道一样分前后两半圈施焊。

3. 后半圈的焊接

后半圈的焊接方法与前半圈基本相同，关键在于掌握好起弧与终端收弧接头，在完成收弧接头前应将前半圈焊缝的端部修成斜坡。

注意

垂直固定管与障碍管相邻的两个接头位置，在操作过程中焊条角度受到障碍物的影响，容易产生焊接缺陷，操作时应引起注意。其要领是在前半圈起焊时，焊条应尽量往前伸，为后半圈接头或收弧创造有利条件。盖面焊时，为保持焊缝表面的金属光泽，中途不进行敲渣，待焊接全部结束后一起除渣。

五、任务考核

完成垂直固定管加障碍焊操作后，结合表 1 - 34 进行测评。

表 1 - 34　　　　　　　　　　垂直固定管加障碍焊操作评分表

项目	分值	评分标准	得分	备注
焊件装配	5	装配符合要求，未达到要求不得分		
焊接参数	5	选择合适，未达到要求不得分		
正面焊缝余高 h(mm)	8	$1 \leqslant h \leqslant 3$，超差不得分		
背面焊缝余高 h'(mm)	8	$1 \leqslant h' \leqslant 2$，超差不得分		
正面焊缝余高差 h_1(mm)	8	$0 \leqslant h_1 \leqslant 2$，超差不得分		
正面焊缝（mm）	8	每侧比坡口宽 1~3，超差不得分		

项目	分值	评分标准	得分	备注
焊缝宽度差 c'（mm）	8	$0 \leq c' \leq 2$，超差不得分		
咬边（mm）	5	缺陷深度≤ 0.5，缺陷长度≤ 10，超差不得分		
内凹（mm）	5	$0 \leq$缺陷长度≤ 15，超差不得分		
夹渣	5	出现夹渣不得分		
焊瘤	5	出现焊瘤不得分		
未焊透	5	出现未焊透不得分		
管子错边量（mm）	5	≤ 0.5，超差不得分		
气孔	5	出现气孔不得分		
焊缝表面	15	波纹细腻、均匀，成形美观，根据成形情况酌情扣分		
合计	100	总得分		

模块二 CO₂气体保护焊

认识 CO_2 气体保护焊及其电源

学习目标

1. 了解 CO_2 气体保护焊的基本原理及分类。
2. 了解 CO_2 气体保护焊的焊接设备和工具。

工作任务

本任务是由教师带领学生参观气体保护焊生产车间，观察气体保护焊生产过程，从而比较深入地了解气体保护焊工作原理、设备及防护用具，为进一步进行焊接技能训练做准备。

相关知识

一、气体保护电弧焊概述

气体保护电弧焊（简称气体保护焊）是用外加气体作为电弧介质并保护电弧和焊接区的电弧焊方法。

1. 气体保护焊的原理

气体保护焊直接依靠从喷嘴中连续送出的气流，在电弧周围形成局部的气体保护层，使电极端部、熔滴和熔池金属处于保护气罩内，使其与空气隔绝，从而保证焊接过程稳定，并获得质量优良的焊缝。

2. 保护气体的种类及选择

气体保护焊时，保护气体在焊接区形成保护层，同时电弧又在气体中放电。因此，保护气体的性质与焊接质量有着密切的关系。

保护气体有惰性气体、还原性气体、氧化性气体和混合气体等数种。

惰性气体有氩气和氦气，其中以氩气的使用最为普遍。目前，氩弧焊已从焊接化学性质较活泼的金属发展到焊接常用金属（如低非合金钢）。氦气由于价格昂贵，而且气体消耗量大，常与氩气混合使用，较少单独使用。

还原性气体有氮气和氢气。氮气虽然是焊接中的有害气体，但它不溶于铜（对于铜，它实际上就是惰性气体），所以可专用于铜及铜合金的焊接。氢气主要用于氢原子焊，但目前应用较少。另外，氮气、氢气也常和其他气体混合使用。

氧化性气体有 CO_2，这种气体来源丰富、成本低，值得推广使用。目前，CO_2 气体主要应用于碳素钢及低合金钢的焊接。

混合气体是在一种保护气体中加入一定比例的另外一种气体，可以提高电弧稳定性和改善焊接效果。因此，采用混合气体保护的焊接方法也很普遍。

常用保护气体的选择见表 2 – 1。

表 2 – 1　　　　　　常用保护气体的选择

被焊材料	保护气体	混合比（%）	化学性质	焊接方式
铝及铝合金	Ar	—	惰性	熔化极和钨极
	Ar + He	He：10		
铜及铜合金	Ar	—	惰性	熔化极和钨极
	Ar + N_2	N_2：20	还原性	熔化极
	N_2			
不锈钢	Ar	—	惰性	钨极
	Ar + O_2	O_2：1~2	氧化性	熔化极
	Ar + O_2 + CO_2	O_2：2；CO_2：5		
非合金钢及低合金钢	CO_2	—	氧化性	熔化极
	Ar + CO_2	CO_2：10~15		
	CO_2 + O_2	O_2：10~15		
钛及钛合金	Ar	—	惰性	熔化极和钨极
	Ar + He	He：25		
镍基合金	Ar	—	惰性	熔化极和钨极
	Ar + He	He：15		
	Ar + N_2	N_2：6	还原性	钨极

3. 气体保护焊的分类

（1）根据所用的电极材料分类

根据所用的电极材料不同，气体保护焊分为非熔化极气体保护焊和熔化极气体保护焊，如图 2 – 1 所示。图 2 – 1a 中钨极 3 作为电极，本身不熔化，只起发射电子产生电弧的作用，而图 2 – 1b 中焊丝 4 既作为电极又作为填充金属，在焊接过程会不断熔化。

（2）根据焊接保护气体的种类分类

根据焊接保护气体的种类不同，气体保护焊分为 CO_2 气体保护焊、氩弧焊、氦弧焊及混合气体保护焊等。

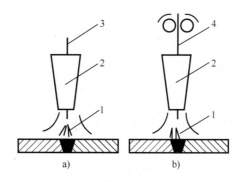

图 2-1 气体保护焊方式示意图

a）非熔化极气体保护焊 b）熔化极气体保护焊

1—电弧 2—喷嘴 3—钨极 4—焊丝

（3）根据操作方式分类

根据操作方式不同，气体保护焊分为手工气体保护焊、半自动气体保护焊和自动气体保护焊。

二、CO_2 气体保护焊基本原理及分类

CO_2 气体保护焊是众多气体保护焊中最常用的一种焊接方法。CO_2 气体保护焊是利用 CO_2 气体作为保护气体，依靠焊丝与焊件之间产生的电弧来熔化金属的气体保护焊方法（简称 CO_2 焊）。

1. CO_2 气体保护焊的基本原理

CO_2 气体保护焊的焊接过程如图 2-2 所示。焊接电源的两输出端分别接在焊枪 10 和焊件 2 上。焊丝盘由送丝机构 8 带动，盘状焊丝经送丝软管 9 与导电嘴 11 不断向电弧区域送进焊丝。同时，CO_2 气体以一定压力和流量送入焊枪 10，通过喷嘴 4 后，形成一股保护气流，使熔池和电弧与空气隔绝。随着焊枪 10 的移动，熔池金属冷却凝固形成焊缝。

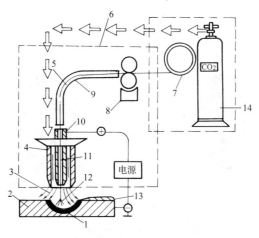

图 2-2 CO_2 气体保护焊的焊接过程

1—熔池 2—焊件 3—CO_2 气体 4—喷嘴 5—焊丝 6—焊接设备 7—焊丝盘 8—送丝机构

9—送丝软管 10—焊枪 11—导电嘴 12—电弧 13—焊缝 14—气瓶

2. CO_2 气体保护焊的分类

按所用焊丝直径不同，可分为细丝 CO_2 气体保护焊（焊丝直径为 0.5~1.2 mm）和粗丝 CO_2 气体保护焊（焊丝直径为 1.6~5.0 mm）。

按操作方式不同，又可分为 CO_2 半自动焊和 CO_2 自动焊。主要区别在于 CO_2 半自动焊是由手工操作焊枪控制焊缝成形，而送丝、送气等同 CO_2 自动焊一样，由相应的机械装置来完成。CO_2 半自动焊适用性较强，可以焊接较短的或不规则的曲线焊缝，还可以进行定位焊操作。CO_2 自动焊主要用于较长的直线焊缝和环焊缝等的焊接。

三、CO_2 气体保护焊设备

CO_2 气体保护焊设备包括半自动焊设备和自动焊设备。目前，常用的是 CO_2 半自动焊设备，其主要由焊接电源（焊机）、送丝机构及焊枪、CO_2 气瓶、减压调节器等部分组成。常用的 CO_2 半自动焊设备如图 2-3 所示。

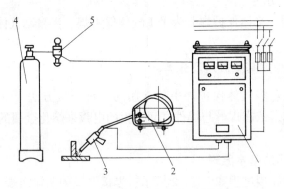

图 2-3   常用的 CO_2 半自动焊设备

1—焊机 2—送丝机构 3—焊枪 4—气瓶 5—减压调节器

1. 焊接电源（焊机）

CO_2 气体保护焊使用交流电源焊接时电弧不稳定，飞溅严重，因此，只能使用直流电源。常用的焊机有 NBC-200 型、NBC-300 型，如图 2-4 所示。

a)   b)

图 2-4 CO_2 气体保护焊机

a) NBC-200 型   b) NBC-300 型

资料卡片

CO_2 焊机的型号由字母和数字组成，如 NBC－400、NZC－1000、NDC－200 等。CO_2 焊机型号的含义见表 2－2。

表 2－2 CO_2 焊机型号的含义

第1位字母		第2位字母		第3位字母		数字
字母	含义	字母	含义	字母	含义	
N	熔化极气体保护焊	B	半自动焊	C	CO_2 气体保护焊	额定焊接电流（A）
		Z	自动焊			
		C	螺柱焊	省略	氩气或混合气体保护焊	
		D	定位焊			
		U	堆焊	M	氩气或混合气体保护脉冲焊	
		G	切割			

由表 2－2 可以知道，NBC－400 是额定电流为 400 A 的 CO_2 半自动焊机；NZC－1 000 是额定电流为 1 000 A 的 CO_2 自动焊机；NDC－200 是额定电流为 200 A 的专用 CO_2 定位焊机；NB－350 是保护气体为氩气或混合气体、额定电流为 350 A 的 CO_2 半自动焊机。

2. 送丝机构及焊枪

（1）送丝机构

CO_2 焊机的送丝系统由送丝机构、送丝软管、焊丝盘三部分组成，其外观如图 2－5 所示。

图 2－5 CO_2 焊机送丝系统的外观

CO_2 半自动焊为等速送丝，其送丝方式有推丝式、拉丝式、推拉式三种，如图 2-6 所示。其中推丝式是 CO_2 半自动焊应用最广泛的送丝方式之一，其送丝机构、焊丝盘与焊枪分离，焊丝经一段软管送到焊枪中。

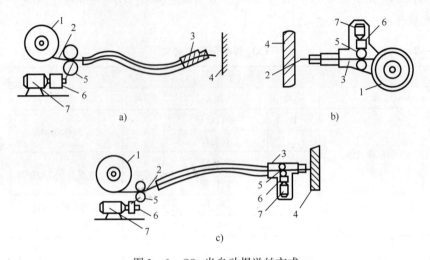

图 2-6 CO_2 半自动焊送丝方式

a）推丝式 b）拉丝式 c）推拉式

1—焊丝盘 2—焊丝 3—焊枪 4—焊件 5—送丝滚轮 6—减速器 7—电动机

（2）焊枪

按送丝方式可分为推丝式焊枪、拉丝式焊枪和推拉式焊枪。焊枪类型、外观及特点见表2-3。

表 2-3　　　　　　　　　　　　焊枪类型、外观及特点

焊枪类型	外观	特点
推丝式		这种焊枪结构的优点是焊枪不带送丝机构，简单轻便，操作维修容易，但焊丝通过送丝软管时受到的阻力大，因而软管长度受到限制，通常只能在距送丝机 2～4 m 的范围内使用
拉丝式		焊枪与送丝机构合为一体，设有送丝软管，送丝阻力小，送丝较稳定，但焊枪结构复杂，质量增加，焊工劳动强度大，只适用于细焊丝（直径为 0.5～0.8 mm）送丝

续表

焊枪类型	外观	特点
推拉式		这种结构是以上两种送丝方式的组合。送丝时以推为主，由于焊枪上装有拉丝轮，可将焊丝拉直，以减小焊丝在软管内的摩擦阻力。推拉式焊枪可使送丝软管加长至 60 m，增加了操作的灵活性

3. 焊枪中的易损件

（1）喷嘴（保护嘴）

喷嘴是指焊枪最前端的保护嘴，一般为圆柱形，内孔直径为 12~25 mm，外观如图 2-7 所示。在焊接时，它不但受到电弧的灼烧，而且还有焊接飞溅颗粒的黏附，因此其使用寿命短，需要经常更换。

图 2-7　CO$_2$焊枪喷嘴

> **注意**
>
> 为了防止飞溅物的黏附并使飞溅物易于清除，焊前最好在喷嘴的内外表面上喷一层防飞溅喷剂或刷硅油。

（2）导电嘴

焊枪中的导电嘴是导电、输送焊丝的重要零件，通常导电嘴的孔径比焊丝直径大 0.2 mm 左右，外观如图 2-8 所示。导电嘴也是极易磨损的消耗零件，要及时更换。

（3）导丝管

CO$_2$焊枪拖带的软管称为导丝管，它为焊枪输送保护气体、焊丝和焊接电流。在焊接时，导丝管会和焊丝不断摩擦，使其内径逐渐变大，形状也变得不规则，从而影响送丝的稳定性。所以导丝管也属于易损件，要及时更换。

4. CO₂ 供气系统

CO₂ 气体保护焊的供气系统由气瓶、预热器、干燥器、减压器、流量计和电磁气阀组成，如图 2 – 9 所示。供气系统的各部件名称及功能如图 2 – 10 所示。

在工作过程中，瓶装的液态 CO_2 汽化要吸收大量的热，所以在减压器减压之前需经预热器（75～100 W）加热。目前生产的 CO_2 减压流量调节器（见图 2 – 11）是将预热器、减压器和流量计合装为一体，使用起来很方便。

图 2 – 8　导电嘴

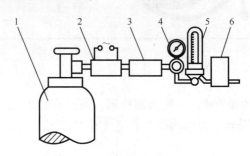

图 2 – 9　CO₂ 气体保护焊供气系统示意图

1—CO₂ 气瓶　2—预热器　3—干燥器　4—减压器　5—流量计　6—电磁气阀

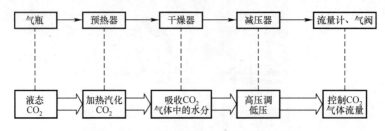

图 2 – 10　供气系统的各部件名称及功能

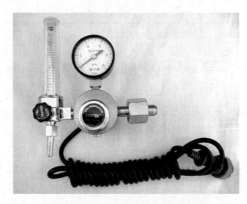

图 2 – 11　CO₂ 减压流量调节器

5. 控制系统

CO₂ 气体保护焊控制系统的作用是对供气、送丝和供电等系统实现控制。CO₂ 半自动焊的控制过程框图如图 2 – 12 所示。自动焊时，还可控制焊接小车或焊件运转。

图 2 – 12　CO₂ 半自动焊的控制过程框图

提示

1. 进行 CO_2 气体保护焊时，由于电流密度大且电弧温度高，电弧温度为 6 000 ~ 10 000℃，所以电弧光辐射比焊条电弧焊强，飞溅较多，容易引起电光性眼炎及皮肤裸露部分的灼伤，出现红斑等。因此，应加强防护。工作中必须穿帆布工作服，戴电焊手套，并要戴表面涂有氧化锌油漆的面罩，面罩上镶有 9 ~ 12 号的滤光玻璃。

2. CO_2 气体在焊接电弧高温下会分解生成对人体有害的一氧化碳气体，焊接时还排出其他有害气体和金属粉尘，所以焊接场地要安装抽风装置，加强通风，使空气对流。特别是在容器内施焊，要使用能供给新鲜空气的特殊面罩，容器外应有人监护。

3. CO_2 气体预热器所使用的电压不得高于 36 V，且外壳应接地可靠。工作结束时，立即切断电源和气源。

4. 装有液态 CO_2 的气瓶，满瓶压力为 5 ~ 7 MPa，但当遇到外加热源时，液体便能迅速汽化，使瓶内压力升高。热量越大，压力的增高越大，这样就有爆炸的危险。因此，装有 CO_2 的钢瓶不能接近热源，同时应采取降温等安全措施，避免气瓶爆炸事故发生。使用 CO_2 气瓶必须遵守《气瓶安全技术监察规程》（TSGR0006—2014）的规定。

5. 大电流粗丝 CO_2 气体保护焊时，应防止焊枪水冷系统漏水破坏绝缘，并在焊枪前加防护挡板，以免发生触电事故。

任务实施

在焊接车间，除了有焊接设备外，还有焊接常用工具及防护用具，请仔细观察并在表 2 - 4 中记录。

表 2 - 4　　　　　　　　　　参观气体保护焊生产车间记录表

设备、工具及用具名称	型号	用途

续表

设备、工具及用具名称	型号	用途
参观时间		
观后感		

任务 2　　平　敷　焊

学习目标

1. 掌握 CO_2 气体保护焊的特点和焊接参数。
2. 了解 CO_2 气体保护焊过程中的熔滴过渡。
3. 掌握 CO_2 半自动焊机的外部接线及其使用方法。
4. 掌握 CO_2 平敷焊的操作方法。

工作任务

本任务要求完成如图 2-13 所示的平敷焊训练。

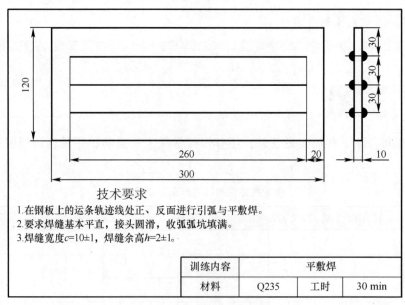

技术要求

1. 在钢板上的运条轨迹线处正、反面进行引弧与平敷焊。
2. 要求焊缝基本平直，接头圆滑，收弧弧坑填满。
3. 焊缝宽度 $c=10\pm1$，焊缝余高 $h=2\pm1$。

训练内容	平敷焊		
材料	Q235	工时	30 min

图 2-13　平敷焊焊件图

平敷焊是 CO_2 气体保护焊操作中基础的焊接操作。与焊条电弧焊相同，CO_2 气体保护焊的基础操作也需要掌握引弧、接头、收弧、运丝等技能。要保证焊接出合格的焊件，应通过平敷焊训练掌握运条方法及焊道起头、接头、收弧的方法和操作技术。

相关知识

一、CO_2 气体保护焊的特点

由于 CO_2 气体保护焊采用具有氧化性的 CO_2 活性气体作为保护气体，因此 CO_2 气体保护焊在冶金反应方面与一般气体保护电弧焊有所不同。

进行 CO_2 气体保护焊时，CO_2 气体从焊枪的喷嘴喷出，在焊接区域形成一个严实的保护气罩，如图 2 – 14 所示。

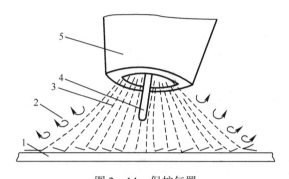

图 2 – 14　保护气罩

1—焊件　2—被排开的空气流　3—形成保护气罩的 CO_2 气流　4—焊丝　5—焊枪喷嘴

在常温下，CO_2 气体的化学性能呈中性。在电弧的高温下，CO_2 气体被分解成一氧化碳和氧。原子状态的氧呈很强的氧化性，与熔池和熔滴金属发生氧化反应：

$$2Fe + O_2 \longrightarrow 2FeO$$
$$Si + O_2 \longrightarrow SiO_2$$
$$2Mn + O_2 \longrightarrow 2MnO$$
$$2C + O_2 \longrightarrow 2CO$$

以上的氧化反应既发生于熔滴过渡过程中，也发生在熔池内，铁、锰、硅氧化生成 FeO、MnO、SiO_2 成为熔渣浮出，使合金元素大量氧化烧损，焊缝金属力学性能降低。此外，溶入金属的 FeO 与 C 元素作用产生的 CO 气体，若没有及时逸出，就会在焊缝中产生 CO 气孔；若 CO 气体在熔滴和熔池金属中发生爆破，将引起更大的飞溅。

由此可见，合金元素的烧损、严重的金属飞溅和 CO 气孔等问题，是进行 CO_2 气体保护焊时需要解决的。

为了解决这些问题，通常的脱氧措施是增加焊丝中脱氧元素含量。常用的脱氧元素是锰、硅、铝、钛等，这些元素与氧的结合能力比铁强，可降低液态金属内 FeO 的浓度，抑制碳及合金元素的氧化。

对于低非合金钢及低合金钢的焊接，主要采用锰、硅联合脱氧的措施，如常用的 H08Mn2SiA 焊丝就是采用锰、硅联合脱氧，新型焊丝 H04Mn2SiTiA 和 H04Mn2SiAlTiA 则是采用多种脱氧剂进行联合脱氧。

所以，总结 CO_2 气体保护焊的特点如下：

1. 生产效率高

CO_2 气体保护焊的焊接电流密度大，焊丝的熔敷速度高，母材的熔深较大，对于 10 mm 以下的钢板不开坡口可一次焊透，产生的熔渣极少，层间或焊后不必清渣。焊接过程中不必像焊条电弧焊那样停弧换焊条，节省了清渣时间和部分填充金属（不必丢掉焊条头），生产效率比焊条电弧焊提高 1～4 倍。

2. 抗锈能力强

由于 CO_2 气体在焊接过程中分解，氧化性较强，对焊件上的铁锈敏感性小，故对焊前清理的要求不高。

3. 焊接变形小

由于电弧热量集中、CO_2 气体有冷却作用、受热面积小，所以焊后焊件变形小，特别是薄板焊接更为突出。

4. 冷裂倾向小

CO_2 气体保护焊焊缝的扩散氢含量少，抗裂性能好，在焊接低合金高强度钢时，冷裂倾向小。

5. 采用明弧焊

熔池可见性好，观察和控制熔接过程较为方便。

6. 适用范围广

CO_2 气体保护焊可进行各种位置的焊接，不仅适用于焊接薄板，还常用于中厚板的焊接，而且也用于磨损零件的修补堆焊。

CO_2 气体保护焊的主要不足是使用大电流焊接时，飞溅较多；很难用交流电源焊接；不能在有风的地方施焊；不能焊接容易氧化的有色金属材料。

二、CO_2 气体保护焊的焊接参数

CO_2 气体保护焊的焊接参数主要包括焊丝直径、焊接电流、电弧电压、焊接速度、焊丝伸出长度、气体流量、电源极性和回路电感等。CO_2 气体保护焊选择焊接参数时应按细丝焊与粗丝焊及自动焊与半自动焊的不同形式而确定，同时要根据焊件厚度、接头形式及空间位置等来选择。

正确选择焊接参数是获得质量优良的焊缝和较高的生产效率的关键。

1. 焊丝直径

焊丝直径通常根据焊件的厚度、施焊位置及工作效率等来选择。薄板或中厚板立、横、仰焊时，多采用直径在 1.6 mm 以下的焊丝；在平焊位置焊接中厚板时，可以采用直径在 1.2 mm 以上的焊丝。焊丝直径的选择见表 2－5。

2. 焊接电流

焊接电流应根据焊件厚度、焊丝直径、施焊位置及熔滴过渡形式确定。焊接电流增大，焊缝的熔深相应加深，焊丝的熔化速度加快，生产效率提高。但焊接电流不能过大，否则会加重飞溅，产生气孔、烧穿等焊接缺陷。一般短路过渡的焊接电流为 40 ~ 230 A，细颗粒状过渡的焊接电流为 250 ~ 500 A。焊丝直径与焊接电流的关系见表 2 - 6。焊接电流对焊缝成形的影响如图 2 - 15 所示。

表 2 - 5　　　　　　　　　焊丝直径的选择

焊丝直径（mm）	熔滴过渡形式	焊件厚度（mm）	焊缝位置
0.5 ~ 0.8	短路过渡	1.0 ~ 2.5	全位置
	颗粒过渡	2.5 ~ 4.0	水平位置
1.0 ~ 1.2	短路过渡	2.0 ~ 8.0	全位置
	颗粒过渡	2.0 ~ 12.0	水平位置
1.6	短路过渡	3.0 ~ 12.0	水平、立、横、仰
>1.6	颗粒过渡	>6.0	水平位置

表 2 - 6　　　　　　　　　焊丝直径与焊接电流的关系

焊丝直径（mm）	焊接电流（A）	
	颗粒过渡（30 ~ 45 V）	短路过渡（16 ~ 22 V）
0.8	150 ~ 250	60 ~ 160
1.2	200 ~ 300	100 ~ 175
1.6	350 ~ 500	100 ~ 180
2.4	500 ~ 700	150 ~ 200

3. 电弧电压

为保证焊接过程的稳定性和良好的焊缝成形，电弧电压必须与焊接电流配合适当。通常电弧电压应随焊接电流的增大或减小而相应增大或减小。短路过渡焊接时，电弧电压为 16 ~ 24 V；颗粒过渡焊接时，对于直径为 1.2 ~ 3.0 mm 的焊丝，电弧电压为 25 ~ 36 V。短路过渡时电弧电压与焊接电流的关系如图 2 - 16 所示（图中还给出了适用焊丝直径）。

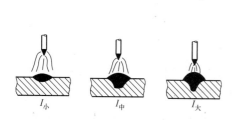

图 2 - 15　焊接电流对焊缝成形的影响

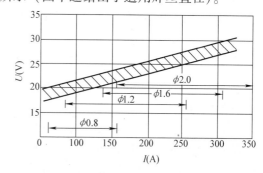

图 2 - 16　短路过渡时电弧电压与焊接电流的关系

4. 焊接速度

在一定的焊丝直径、焊接电流和电弧电压条件下，焊接速度增大，容易产生咬边、未熔合等焊接缺陷，而且使气体保护效果变差，还会出现气孔；但焊接速度过慢，生产效率降低，焊接变形会增大。一般 CO₂ 半自动焊的焊接速度为 30 ~ 60 cm/min。

5. 焊丝伸出长度

焊丝伸出长度（也称为干伸长）是指从导电嘴到焊丝端部的距离，一般约等于焊丝直径的 10 倍，且不超过 15 mm。伸出长度过大，焊丝会成段熔断，飞溅严重，气体保护效果差；伸出长度过小，不但易造成飞溅物堵塞喷嘴，影响保护效果，也影响焊工视线。焊丝伸出长度对焊缝成形的影响如图 2 – 17 所示。

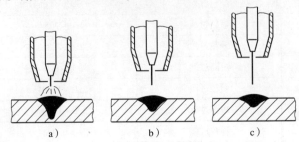

图 2 – 17　焊丝伸出长度对焊缝成形的影响

a）焊丝伸出长度过小　b）焊丝伸出长度合适　c）焊丝伸出长度过大

6. 气体流量

气体流量过小，电弧不稳，焊缝表面易被氧化成深褐色，并有密集气孔；气体流量过大，会产生涡流，焊缝表面呈浅褐色，也会出现气孔。CO_2 气体流量与焊接电流、焊丝伸出长度、焊接速度等均有关系。通常细丝焊接时，气体流量为 5 ~ 15 L/min；粗丝焊接时，气体流量为 20 ~ 30 L/min。

7. 电源极性与回路电感

为了减小飞溅，保持焊接电弧的稳定，一般应选用直流反接。焊接回路的电感值应根据焊丝直径和电弧电压选择。电感值是否合适，可通过试焊的方法确定。若焊接过程稳定，飞溅很少，说明此电感值是合适的。不同直径焊丝的相应电感值见表 2 – 7。

表 2 – 7　　　　　　　　　　　不同直径焊丝的相应电感值

焊丝直径（mm）	焊接电流（A）	电弧电压（V）	电感值（mH）
0.8	100	18	0.01 ~ 0.08
1.2	130	19	0.10 ~ 0.16
1.6	150	20	0.30 ~ 0.70

8. 焊枪倾斜角

焊枪倾斜角也是不容忽视的因素，当焊枪倾斜角小于 10° 时，不论是前倾还是后倾，对焊接过程及焊缝成形都没有影响。当焊枪与焊件成后倾斜角时，焊缝窄，余高、熔深较大，焊缝成形不好；当焊枪与焊件成前倾斜角时，焊缝宽，余高、熔深较小，焊缝成形好。焊枪倾斜角对焊缝成形的影响如图 2 – 18 所示。

9. 装配间隙与坡口尺寸

由于 CO_2 气体保护焊焊丝直径较小，焊接电流大，电弧穿透力强，电弧热量集中，一般对于板厚在 12 mm 以下的焊件不开坡口也可焊透。对于必须开坡口的焊件，一般坡口角度可由焊条电弧焊的 60° 左右减为 30° ~ 40°，钝边可相应增大 2 ~ 3 mm，根部间隙可相应减小 1 ~ 2 mm。

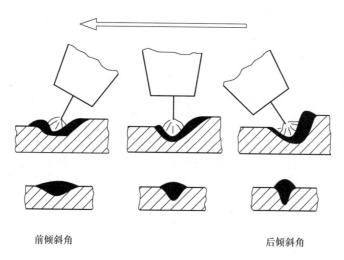

前倾斜角　　　　　　　　　　　　　后倾斜角

图 2 - 18　焊枪倾斜角对焊缝成形的影响

总之，应该根据焊件板厚、接头形式及施焊位置等因素来确定焊丝直径和焊接电流，然后确定其他参数，再通过试焊来获取合适的焊接参数。

三、CO_2 气体保护焊过程中的熔滴过渡

在 CO_2 气体保护焊过程中，电弧燃烧的稳定性和焊缝成形的好坏取决于熔滴过渡形式。熔滴过渡的形式与选择的焊接参数和相关工艺因素有关。应根据焊接构件的实际情况，确定粗、细丝 CO_2 气体保护焊的焊接方式，选择合适的焊接参数，以获得所希望的熔滴过渡形式，从而保证焊接过程的稳定性，减少飞溅。CO_2 气体保护焊的熔滴过渡形式有短路过渡、滴状过渡和潜弧射滴过渡三种。

1. 短路过渡

进行 CO_2 气体保护焊时，在采用细焊丝、小电流特别是较低电弧电压的情况下，可获得短路过渡。短路过渡电弧的燃烧、熄灭和熔滴过渡过程均很稳定，飞溅小，焊缝成形良好，在生产中多用于薄板及全位置焊缝的焊接。

2. 滴状过渡

CO_2 气体保护焊在较粗焊丝（$d > 1.6$ mm）、较大焊接电流和较高电弧电压焊接时，会出现颗粒状熔滴的滴状过渡。当电流小于 400 A 时，为大颗粒滴状过渡。此时较大的熔滴易形成偏离焊丝轴线方向的非轴向过渡，如图 2 - 19 所示，电弧不稳定，飞溅很大，焊缝成形也不好，因此，在实际生产中不宜采用。

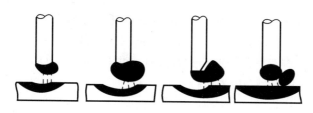

图 2 - 19　非轴线方向的颗粒过渡

当电流在 400 A 以上时，熔滴细化，过渡频率也随之增大，虽然仍为非轴向过渡，但飞溅减少，电弧较稳定，焊缝成形较好，在生产中应用较广，多用于中厚板的焊接。

3. 潜弧射滴过渡

潜弧射滴过渡是介于上述两种过渡形式之间的过渡形式，此时的焊接电流和电弧电压比短路过渡大，比细颗粒滴状过渡小。焊接时，在电弧力的作用下熔池会出现凹坑，电弧潜入凹坑中，焊丝端头在焊件表面以下，其结果使金属飞溅量大大减少，焊接过程较稳定，但焊缝深而窄，成形系数不够理想，生产中有时应用于厚板的水平位置焊接，如图 2-20 所示。

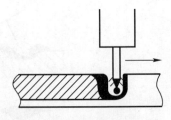

图 2-20　潜弧射滴过渡示意图

任务实施

一、焊前准备

1. 焊机

NBC-300 型 CO_2 半自动气体保护焊机。

2. 焊件

Q235 钢板，尺寸（长×宽×厚）为 300 mm×120 mm×10 mm（见图 2-13）。在钢板长度方向每隔 30 mm 用粉笔画一条线，作为焊接时的运丝轨迹线。

3. 焊丝

选用 ER50-6 型焊丝，直径为 1.0 mm。

4. CO_2 气瓶

CO_2 气体纯度≥99.5%。

二、焊机外部接线

以 NBC-300 型 CO_2 半自动气体保护焊机（见图 2-21）为例，介绍 CO_2 半自动气体保护焊机外部线路连接方法。

1. 首先将焊机的输入端与三相刀开关相连。

2. 将一体式预热减压流量调节器与 CO_2 气瓶连接，再用胶管把减压流量调节器与焊机面板上的进气嘴可靠连接，并将预热电源线与焊机相应的插头连接好。

3. 将送丝机构放置在有利于操作的位置，把绕有焊丝的焊丝盘装在送丝机构上，用两端带有七芯插头的控制电缆将焊机与送丝机构连接起来。然后把焊枪上的送丝软管电缆和两芯控制线连接在送丝机构上，并将气管与焊机下部的气阀出口接上。

4. 将焊接电缆接至焊机的负极并与焊件相连，再把连接焊枪的电缆接到焊机的正极及送丝机构与焊枪的导电块上，完成整机接线。

三、焊接参数

平敷焊焊接参数见表 2-8。

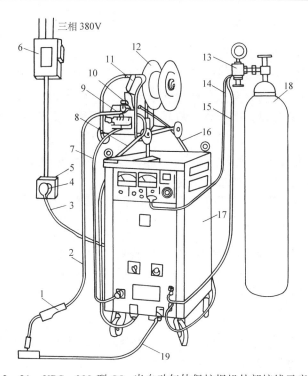

图 2-21　NBC-300 型 CO₂ 半自动气体保护焊机外部接线示意图

1—焊枪　2—软管电缆　3—电源线　4—插头　5—插座　6—刀开关　7—控制电缆　8—连接焊接电缆
9—焊枪控制线　10—送丝机构　11—压丝手柄　12—焊丝盘　13—减压流量调节器
14—预热器电源线　15、16—气管　17—焊机　18—CO₂ 气瓶　19—连接焊件的电缆

表 2-8　　　　　　　　　　　　　　　平敷焊焊接参数

焊道层次	焊丝直径 （mm）	焊接电流 （A）	电弧电压 （V）	焊丝伸出长度 （mm）	气体流量 （L/min）	电源极性
表面层	1.0	120～130	17～18	10～15	8～10	反极性

四、焊接操作过程

1. 焊机开机

（1）闭合三相电源开关，将焊机与电源接通。扳动焊机上的控制电源开关及预热器开关，预热器升温。

（2）打开 CO₂ 气瓶并合上焊机上的检测气流开关，开始旋动减压流量调节器阀门，使 CO₂ 气体流量调节合适，之后断开检测气流开关。

（3）把送丝机构上的压丝手柄扳开，将焊丝通过导丝孔放入送丝机构的 V 形槽内，再把焊丝端部推入软管，合上压丝手柄，并将压紧力调节合适，这时按动焊枪上的微动开关，送丝机构转动，焊丝经导电嘴送出。焊丝伸出长度应距导电嘴约 10 mm，多余长度用钳子剪断。

（4）合上焊机控制面板上的空载电压检测开关，调节空载电压值，之后断开检测开关，此时焊机进入准备焊接状态。

> **注意**
>
> 1. 焊接之前焊丝、焊件表面清理不干净，CO_2 气体纯度不符合要求，焊丝内含锰、硅元素不足，焊枪摆动过大扰乱气体保护效果等均会产生气孔。因此，要做好焊前清理工作，CO_2 气体做提纯处理，选择合适的焊丝，缩短焊丝伸出长度，平稳、小幅度摆动操作。
>
> 2. 焊丝伸出长度太长，导电嘴磨损，电弧摆动，焊接速度过快或过慢，操作不熟练，焊丝运行不稳等，均会使焊缝成形受到影响。

2. 直线平敷焊

CO_2 气体保护焊引弧与焊条电弧焊引弧方法稍有不同，不采用划擦引弧法，主要是直击引弧法，但引弧时不必抬起焊枪。具体操作如下：

（1）引弧前先按遥控盒上的点动开关或焊枪上的控制开关，点动送出一段焊丝，长度接近焊丝伸出长度，超长部分应剪去，如图 2-22 所示。

（2）将焊枪按合适的倾斜角和喷嘴高度放在引弧处，此时焊丝端部与焊件未接触，保持 2~3 mm 高度，如图 2-23 所示。

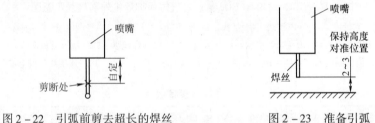

图 2-22　引弧前剪去超长的焊丝　　　　图 2-23　准备引弧

（3）按动焊枪开关，焊丝与焊件接触短路，焊枪会自动顶起，如图 2-24 所示，要稍用力压住焊枪，瞬间引燃电弧后移向焊接处，待金属熔化后进行正常的焊接。

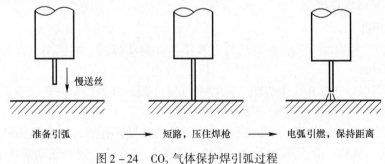

图 2-24　CO_2 气体保护焊引弧过程

（4）接头

焊缝连接时接头质量会直接影响焊缝质量，其接头方法如图 2-25 所示。

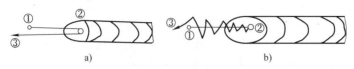

图 2 - 25　焊缝接头方法

a) 窄焊缝接头方法　b) 宽焊缝摆动接头方法

　　窄焊缝接头的方法是在原熔池前方 10 ~ 20 mm 处引弧，然后迅速将电弧引向原熔池中心，待熔化金属与原熔池边缘相吻合后，再将电弧引向前方，使焊丝保持一定的高度和角度，并以稳定的焊接速度向前移动，如图 2 - 25a 所示。

　　宽焊缝摆动接头的方法是在原熔池前方 10 ~ 20 mm 处引弧，然后以直线方式将电弧引向接头处，在接头处开始摆动，并在向前移动的同时，逐渐加大摆动幅度（保持形成的焊缝与原焊缝宽度相同），最后转入正常焊接，如图 2 - 25b 所示。

　　直线平敷焊可采取左焊法。引弧前在距焊件端部 5 ~ 10 mm 处，保持焊丝端头与焊件的间隙 2 ~ 3 mm、喷嘴与焊件的间隙 10 ~ 15 mm，按动焊枪开关用直接短路法引燃电弧，对焊缝端部适当预热，然后再压低电弧进行起始端焊接，如图 2 - 26a、b 所示，这样可以获得具有一定熔深和成形比较整齐的焊缝。如图 2 - 26c 所示，采取过短弧起焊而造成焊缝成形不整齐。当起始端焊缝形成所需宽度（8 ~ 10 mm）后，焊枪以直线运丝法匀速向前焊接，并控制整条焊缝宽度和直线度，直至焊至终端，填满弧坑进行收弧。

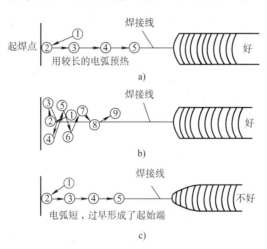

图 2 - 26　起始端运丝法对焊缝成形的影响

a) 长弧预热起焊的直线焊接　b) 长弧预热起焊的摆动焊接　c) 短弧起焊的直线焊接

　　（5）收弧

　　一条焊道焊完后或中断焊接时，必须收弧。焊机没有电流衰减装置时，焊枪在弧坑处停留一下，并在熔池凝固前间断短路 2 ~ 3 次，待熔滴填满弧坑时断电；焊机有电流衰减装置时，焊枪在弧坑处停止前进，启动开关用衰减电流将弧坑填满，然后熄弧。

3. 摆动平敷焊

　　摆动平敷焊仍然用左焊法。焊接时采用锯齿形摆动，横向运丝角度和起始焊的运丝要领与直线平敷焊相同。在横向摆动运丝时要掌握的要领是左右摆动的幅度要一致，摆动到焊缝中心时速度要稍快，而到两侧时要稍停顿；摆动的幅度不能过大，否则，熔池温度高的部分不能得到良好的保护作用。一般摆动幅度限制在喷嘴内径的 1.5 倍范围内。

在焊件上进行多条焊缝的直线焊接和摆动焊接的反复训练，从而掌握 CO_2 气体保护焊的基本操作技能。

为了控制焊缝的宽度和形成良好的焊缝，CO_2 气体保护焊枪也要进行横向摆动。常用的有直线运丝法及锯齿形、斜圆圈形、反月牙形摆动法等，见表 2 - 9。

表 2 - 9　　　　　　　　　　焊枪的摆动方法及适用范围

摆动方法	摆动形式	适用范围
直线运丝法		焊接薄板或中厚板打底层焊道
小锯齿形摆动法		焊接较小坡口或中厚板打底层焊道
锯齿形摆动法		焊接厚板多层堆焊
斜圆圈形摆动法		横角焊缝的焊接
双圆圈形摆动法		较大坡口的焊接
直线往复运丝法		薄板根部有间隙的焊接
反月牙形摆动法		焊接间隙较大的焊件或从上向下立焊

注意

焊枪的运动方向有左焊法和右焊法两种，如图 2 - 27 所示。

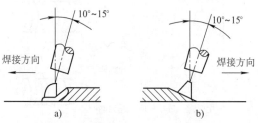

图 2 - 27　CO_2 焊时焊枪的运动方向

a）左焊法　b）右焊法

CO_2 气体保护焊多数情况下采用左焊法，前倾斜角为 $10° \sim 15°$。

左焊法操作时，焊枪自右向左移动，电弧的吹力作用在熔池及其前缘，将熔池金属向前推，由于电弧不直接作用在母材上，所以熔深较小，焊道平坦变窄，飞溅较大，保护效果好。采用左焊法时虽然观察熔池较困难，但易于掌握焊接方向，不易焊偏。

右焊法操作时，焊枪自左向右移动，电弧直接作用在母材上，熔深较大，焊道窄而高，飞溅略小，但不易准确掌握焊接方向，容易焊偏，尤其是对接焊时更为明显。

4. 结束焊接

（1）松开焊枪扳机，焊机停止送丝，电弧熄灭，滞后 2~3 s 断气，操作结束。

（2）关闭气源、预热器开关和控制电源开关，关闭总电源，拉下刀开关，松开压丝手柄，去除弹簧的压力，最后将焊机整理好。

（3）清理焊件，检查焊缝质量。

五、任务考核

完成平敷焊操作后，结合表 2-10 进行测评。

表 2-10　　　　　　　　　　平敷焊操作评分表

项目	分值	评分标准	得分	备注
操作姿势正确	10	酌情扣分		
引弧方法正确	10	酌情扣分		
运条方法正确	10	酌情扣分		
平敷焊道焊纹均匀	15	酌情扣分		
焊道起头圆滑	10	起头不圆滑不得分		
焊道接头平整	10	接头不平整不得分		
收弧无弧坑	10	出现弧坑不得分		
焊缝平直	15	焊缝不平直不得分		
焊缝宽度一致	10	焊缝宽度不一致不得分		
合计	100	总得分		

资料卡片

CO₂ 半自动气体保护焊机的常见故障及排除方法

CO₂ 半自动气体保护焊机的常见故障及排除方法见表 2-11。

表 2-11　　　　　CO₂ 半自动气体保护焊机的常见故障及排除方法

故障部位	示意图	故障特征	产生原因	排除方法
焊丝盘		1. 焊丝盘中焊丝松散 2. 送丝电动机过载；送丝不匀，电弧不稳；焊丝粘在导电嘴上	1. 焊丝盘制动轴太松 2. 焊丝盘制动轴太紧	1. 紧固焊丝盘制动轴 2. 松动焊丝盘制动轴

续表

故障部位	示意图	故障特征	产生原因	排除方法
送丝轮 V 形槽及压紧轮		1. 送丝速度不均匀 2. 焊丝变形；送丝困难；进丝嘴磨损快	1. 送丝轮 V 形槽磨损严重；压紧轮压力太小 2. 送丝轮与所用焊丝直径不匹配；压紧轮压力太大	1. 更换送丝轮；调整压紧轮压力 2. 送丝轮与所用焊丝直径要匹配；调整压紧轮压力
进丝嘴		1. 焊丝易打弯，送丝不畅 2. 摩擦阻力大，送丝受阻	1. 进丝嘴孔径太大或进丝嘴与送丝轮间距太大 2. 进丝嘴孔径太小	1. 更换进丝嘴或调整进丝嘴与送丝轮间距 2. 更换进丝嘴
弹簧软管		1. 焊丝打弯，送丝受阻 2. 摩擦阻力大，送丝受阻	1. 管内径太大；软管太短 2. 管内径太小或被脏物堵塞；软管太长	1. 更换弹簧软管 2. 更换弹簧软管或清洗弹簧软管
导电嘴		1. 电弧不稳，焊缝不直 2. 摩擦阻力大，送丝不畅	1. 导电嘴磨损，孔径太大 2. 导电嘴孔径太小	更换导电嘴
焊枪软管		焊接速度不均匀或送不出丝	焊丝在焊枪软管内摩擦阻力大，送丝受阻；焊枪软管弯曲不舒展	焊前根据焊接位置将焊枪软管铺设舒展后再施焊
喷嘴		气体保护不好，产生气孔；电弧不均匀	飞溅物堵塞出口或喷嘴松动	清理喷嘴并在喷嘴内涂防飞溅剂或紧固喷嘴

续表

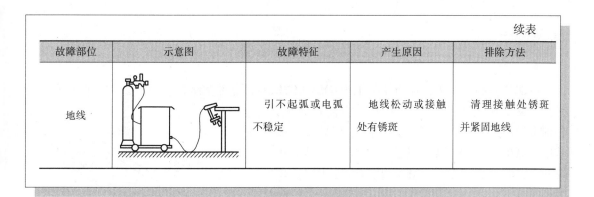

故障部位	示意图	故障特征	产生原因	排除方法
地线		引不起弧或电弧不稳定	地线松动或接触处有锈斑	清理接触处锈斑并紧固地线

任务3　T 形接头平角焊

学习目标

1. 掌握 T 形接头平角焊的正确焊丝角度及运丝方法。
2. 掌握 T 形接头平角焊的操作。

工作任务

本任务要求完成如图 2-28 所示的 T 形接头平角焊训练，操作中要保证焊脚尺寸符合技术要求，以保证焊接接头的强度。

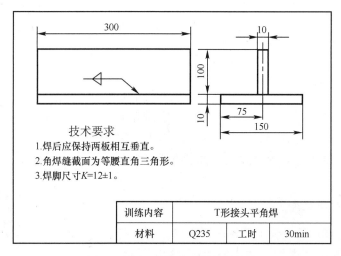

技术要求
1. 焊后应保持两板相互垂直。
2. 角焊缝截面为等腰直角三角形。
3. 焊脚尺寸 $K=12\pm1$。

训练内容	T形接头平角焊		
材料	Q235	工时	30min

图 2-28　T 形接头平角焊焊件图

相关知识

在钢结构的生产中，H 形梁和箱形梁焊接结构是常见的钢结构。如图 2-29 所示为焊接梁，该梁上装有槽钢、若干个加固隔板及底板，分别由焊缝①、②、③连接。从图中可见，这些槽钢、隔板与主梁连接的接头形式为 T 形接头角焊缝。在实际生产中，主要采用 CO_2 气体保护焊进行焊接。

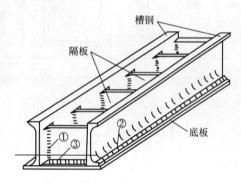

图 2-29　焊接梁

下面将介绍 CO_2 气体保护平角焊的操作要点。

进行 CO_2 气体保护平角焊时，若操作不当极易产生咬边、未焊透、焊脚下坠等缺陷。因此，施焊时，除了正确选择焊接参数外，还要根据焊件厚度和焊脚尺寸来控制焊丝角度。

一、等厚度平角焊

一般焊丝与水平板的夹角为 40°~50°，如图 2-30a 所示。

当焊脚尺寸不大于 5 mm 时，将焊丝指向夹角处（见图 2-31 中的 A 方式）。

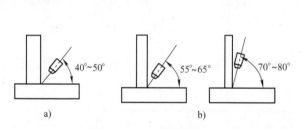

图 2-30　平角焊时焊丝角度
a）两板等厚　b）两板不等厚

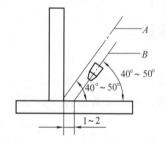

图 2-31　平角焊时的焊丝位置

当焊脚尺寸大于 5 mm 时，要使焊丝在距夹角中心线 1~2 mm 处进行焊接，这样可获得焊脚尺寸相等的角焊缝（见图 2-31 中的 B 方式），否则易使立板产生咬边和平板熔敷金属下坠。控制焊枪前倾斜角为 10°~25°，如图 2-32 所示。

二、不等厚度平角焊

焊件与焊丝的倾斜角应使电弧偏向厚板侧，焊丝与水平板的夹角比等厚度焊件大些，如图 2-30b 所示，尽量使两板受热均衡。

平角焊时，根据焊件厚度不同来选择相应的焊脚尺

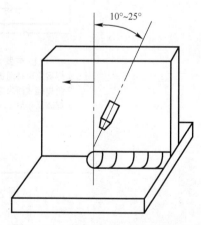

图 2-32　平角焊时的焊枪倾斜角

寸，而针对不同的焊脚尺寸要选择相应的焊接层次和运丝方法。当焊脚尺寸不大于 8 mm 时，可采用单层焊，采用直线运丝法或斜圆圈形摆动法，并以左焊法进行焊接。当焊脚尺寸大于 8 mm 时，应采用多层焊或多层多道焊。

多层焊的第一层操作与单层焊类似，焊丝距焊件夹角中心线 1～2 mm，采用左焊法，运用直线运丝法得到 6 mm 的焊脚。焊接过程中，焊接速度要均匀，注意角焊缝下边熔合一致，保证焊缝平直不跑偏。

第二层焊缝，焊接电流调小些，焊接速度要放慢一些，运用斜圆圈形摆动进行焊接。焊枪摆动到下部时，焊缝熔池要稍靠前方，熔池下缘要压住前一层焊缝的 2/3，摆动到上部时，焊丝要指向焊缝夹角，使焊接电弧在夹角处燃烧，保证夹角部位熔合好，不产生较深的死角。焊枪角度和指向位置如图 2 – 33 所示。

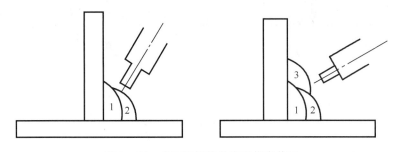

图 2 – 33　多层焊焊枪角度和指向位置

第三道盖面层焊接采用直线形摆动法。焊接速度最快，焊缝熔池下边缘要压住前一层焊缝的 1/2，上边缘要均匀熔化母材，保证焊直、不咬边。

多层多道焊在操作时，每层的焊脚尺寸应限制在 6～7 mm，以防止出现焊脚过大、熔敷金属下坠而立板咬边的缺陷。并保持每条焊道在各层中从头至尾宽窄一致，重叠量适宜，均匀平整，其起始端与收弧端的操作要领与对接平敷焊相同。

任务实施

一、焊前准备

1. 焊机

NBC – 300 型 CO₂ 半自动气体保护焊机，直流反接。

2. 焊件

Q235 钢板，尺寸（长×宽×厚）为 300 mm × 150 mm × 10 mm、300 mm × 100 mm × 10 mm，各一块（见图 2 – 28），可将其两块组成一组焊件。要求焊脚尺寸为 12 mm，如图 2 – 34a 所示。

3. 焊丝

选用 ER50 – 6 型焊丝，ϕ1.2 mm。

4. CO₂ 气瓶

CO₂ 气体纯度≥99.5%。

二、焊前清理装配及定位焊

1. 焊前清理

清理试件装配面和立板两侧 20 mm 范围内及焊丝表面的油污、锈蚀、水分，直至露出金属光泽，然后用丙酮进行清洗。

2. 装配及定位焊

装配完毕应校正焊件，保证立板与平板间的垂直度，在焊件两端对称进行定位焊，定位焊缝长度为 10~15 mm，如图 2-34b 所示。

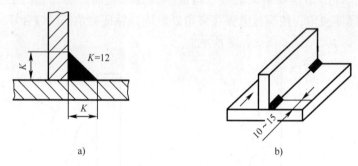

图 2-34 焊脚尺寸和定位焊位置

a）焊脚尺寸 b）定位焊位置

三、焊接参数

平角焊焊接参数见表 2-12。

表 2-12 平角焊焊接参数

焊道层次	运丝方法	焊接电流 （A）	电弧电压 （V）	焊脚尺寸 （mm）	焊接速度 （cm/s）	焊丝直径 （mm）	气体流量 （L/min）
第一层	直线 运丝法	180~200	22~24	5	0.5~0.8	1.2	10~12
第二层	斜圆圈形 摆动法	160~180	21~23	12	0.4~0.6		

四、焊接操作过程

检查试件装配符合要求后，以焊接水平位置固定在工作台上。

1. 第一层焊道焊接

采用左焊法，一层一道。焊丝与水平板夹角为 45°~50°，焊枪倾斜角为 10°~20°，焊枪角度如图 2-35 所示。操作时，将焊枪置于距起焊端 20 mm 处引弧，引燃电弧后，抬高电弧拉向焊件端头，压低电弧并控制喷嘴高度，焊丝距焊件夹角中心线约 1 mm，运用直线运丝法进行匀速焊接，焊接过程中要始终控制焊脚尺寸在 5 mm 左右，并保证焊道与焊件良好熔合。

　　焊接接头是焊接过程中不可避免的。首先将接头处杂质清理干净，然后在距接头点左边10～15 mm处引燃电弧，千万不要形成熔池，快速移至弧坑中间位置，电弧停留时间长一些，待弧坑完全熔化，焊枪再向两侧摆动，放慢焊接速度，焊过弧坑位置后，便可恢复正常焊接。

　　焊至终焊端填满弧坑，稍停片刻缓慢地抬起焊枪完成收弧。

> **提示**
>
> 　　1. 焊接过程中，如果焊枪对准的位置不正确，引弧电压过低或焊速过慢都会使熔池金属下淌，造成焊缝下垂，如图2－36a所示。
>
> 　　2. 如果引弧电压过高、焊接速度过快或焊枪朝向垂直板，致使母材温度过高，则会引起焊缝咬边，产生焊瘤，如图2－36b所示。

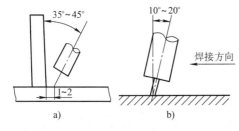

图2－35　平角焊的焊枪角度
a）正面　b）侧面

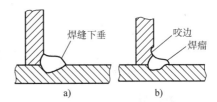

图2－36　平角焊焊缝的缺陷
a）焊缝下垂　b）咬边、焊瘤

2. 第二层焊道（盖面层）焊接

　　盖面层焊接前先将打底层焊缝周围飞溅和不平的地方修平。焊丝与水平板夹角和焊枪倾斜角与第一层相同，采用斜圆圈形运丝法，并以左焊法进行焊接，如图2－37所示。操作时，焊丝从a到b速度要慢，保证水平板有一定熔深；从b到c稍快，防止熔滴下淌并在c处要稍停顿，给予足够的熔滴以避免咬边；从c到d稍慢，使根部和水平板有一定熔深；从d到e稍快，并在e处稍加停留，如此反复地完成盖面层焊接，同时要控制焊缝宽窄一致，达到所要求的焊脚尺寸。

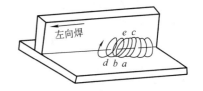

图2－37　T形接头平角焊时斜圆圈形运条法

3. 结束焊接

　　（1）松开焊枪开关，并停止送丝，待电弧熄灭后，延时2～3 s再关闭气阀，至此操作结束。

　　（2）关闭气源、预热器开关和控制电源开关后，再关闭总电源，松开压丝手柄，将焊机整理好。

　　（3）清理工作现场，清理焊件焊渣和飞溅物，检查焊缝质量。

五、任务考核

　　完成T形接头平角焊操作后，结合表2－13进行测评。

表 2 – 13　　　　　　　　　　　T 形接头平角焊操作评分表

项目	分值	评分标准	得分	备注
焊脚尺寸 K（mm）	15	$11 \leqslant K \leqslant 13$，每超差一处扣 5 分		
焊缝宽度差 c'（mm）	15	$0 \leqslant c' \leqslant 2$，每超差一处扣 5 分		
焊缝余高 h（mm）	15	$0 \leqslant h \leqslant 3$，每超差一处扣 5 分		
焊缝余高差 h'（mm）	15	$0 \leqslant h' \leqslant 2$，每超差一处扣 5 分		
咬边（mm）	10	缺陷深度 $\leqslant 0.5$，缺陷长度 $\leqslant 15$ 每超差一处扣 5 分		
未焊透	10	每出现一处扣 5 分		
焊瘤	10	每出现一处扣 5 分		
角变形 α	10	$\alpha \leqslant 3°$，超差不得分		
合计	100	总得分		

任务 4　　　　V 形坡口板对接平焊

学习目标

1. 了解 CO_2 气体的相关知识。
2. 掌握焊丝的相关知识。
3. 掌握 CO_2 气体保护焊的持焊枪姿势。
4. 掌握 V 形坡口板对接平焊单面焊双面成形的操作技术。

工作任务

　　板对接平焊在钢结构生产中是最常见的一种焊接位置，例如在造船、桥梁制造、冶金、建筑等生产制造行业中，板对接平焊的操作技术应用极为广泛。对接平焊时，焊件处于俯焊位置，与其他焊接位置相比操作较容易。但如果操作不当，也会造成许多焊接缺陷。本任务要求完成如图 2 – 38 所示的 V 形坡口板对接平焊训练。

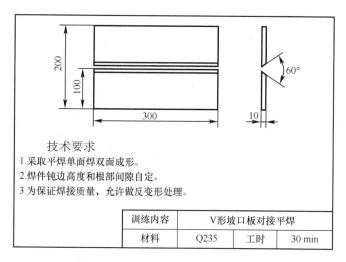

技术要求
1. 采取平焊单面焊双面成形。
2. 焊件钝边高度和根部间隙自定。
3. 为保证焊接质量，允许做反变形处理。

训练内容	V形坡口板对接平焊		
材料	Q235	工时	30 min

图 2 - 38　V形坡口板对接平焊焊件图

相关知识

一、CO₂ 气体

CO₂ 气体常以液态装入气瓶中，气瓶外表涂铝白色，并标有黑色"二氧化碳"字样，如图 2 - 39 所示。常用 CO₂ 气瓶的容量为 40 L，可装 25 kg 的液态 CO₂，占气瓶容积的 80%，20℃时瓶内压力为 5 ~ 7 MPa。还有一种轻便型 CO₂ 小气瓶，容量为 8 L 或 5 L。这种小气瓶的特点是容量小、质量轻、方便灵活，可与拉丝式 CO₂ 焊枪配套应用于焊接维修工作中。

液态 CO₂ 在常温下容易汽化。溶于液态 CO₂ 中的水分易蒸发成水汽混入 CO₂ 气体中，影响 CO₂ 气体的纯度。在气瓶内汽化 CO₂ 气体中的含水量与瓶内的压力有关，随着使用时间的增长，瓶内压力降低，水汽增多。当压力降低到 0.98 MPa 时，CO₂ 气体中含水量大大增加，不能继续使用。焊接用 CO₂ 气体的纯度应大于 99.5%，含水量不超过 0.05%。

CO₂ 气瓶也要防止烈日暴晒或靠近热源，以免发生爆炸事故。

图 2 - 39　CO₂ 气瓶

二、焊丝

1. 焊丝的分类

CO₂ 半自动焊主要采用直径为 0.5 mm、0.8 mm、1.0 mm、1.2 mm 的细焊丝。CO₂ 自动焊除采用细焊丝外，还采用直径为 1.6 ~ 5.0 mm 的粗焊丝。焊丝表面镀铜可防止焊丝生锈，并有利于焊丝的存放和改善其导电性。

CO₂ 焊丝有实心焊丝和药芯焊丝两种。

实心焊丝就是普通的 CO₂ 焊丝，是目前最常用的焊丝，是热轧线材经拉拔加工而成。药芯焊丝是将焊丝制成细的管子，在管内装入具有稳弧剂、脱氧剂、造渣剂和渗合金剂的药粉，以解决实心 CO_2 焊丝焊接时的合金元素烧损、飞溅大等问题。

药芯焊丝的截面有许多种，可分为 O 形截面和复杂截面。复杂截面焊丝的截面又可分为梅花形、T 形、E 形和双层药芯焊丝等。一般情况下，细焊丝多制成 O 形截面，粗焊丝多采用复杂截面，如图 2-40 所示。目前，CO_2 半自动焊采用药芯焊丝也较多。

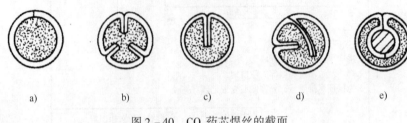

a)　　　　　　b)　　　　　　c)　　　　　　d)　　　　　　e)

图 2-40　CO_2 药芯焊丝的截面

a）O 形　b）梅花形　c）T 形　d）E 形　e）双层

2. 焊丝型号及含义

根据《气体保护电弧焊用碳钢、低合金钢焊丝》（GB/T 8110—2008）的规定，焊丝型号由三部分组成。CO_2 气体保护焊常用碳钢、低合金钢焊丝的型号及含义见表 2-14。

表 2-14　　　　CO_2 气体保护焊常用碳钢、低合金钢焊丝的型号及含义

实心焊丝型号	
按焊丝化学成分分类	按熔敷金属力学性能分类
H08MnSi	ER49-1
H08Mn2Si	ER50-2
H08Mn2SiA	ER50-3
H10MnSi	ER50-4
H11MnSi	ER50-5
H11Mn2SiA	ER50-6
含义　以 H08Mn2SiA 为例 H：焊丝 08：焊丝中碳的平均质量分数为 0.08% Mn2Si：焊丝中锰的平均质量分数约为 2%，Si 的质量分数小于 1.5% A：高级优质钢，S、P 的质量分数不大于 0.03%	以 ER50-2 为例 ER：实心焊丝，又可作为填充焊丝 50：熔敷金属抗拉强度最低值为 500 MPa 2：焊丝化学成分分类代号

注：短横线 "-" 后面的字母或数字表示焊丝化学成分分类代号，如还附加其他化学成分时，直接用元素符号表示，并以短横线 "-" 与前面数字分开。

目前常用的 CO_2 气体保护焊丝有 ER49-1、ER50-6 等。ER49-1 对应的牌号为 H08MnSi，ER50-6 对应的牌号为 H11Mn2SiA。对于低碳钢及低合金高强度钢常用焊丝 H08Mn2SiA、H10MnSiMo，它有较好的工艺性能、力学性能以及抗热裂纹能力。

3. 对焊丝的要求

对焊丝的要求主要有以下几点：

（1）焊丝必须比母材含有更多的 Mn、Si 等脱氧元素，以防止焊缝产生气孔，减少飞

溅，保证焊缝金属具有足够的力学性能。

（2）焊丝中碳的质量分数应限制在 0.10% 以下，并控制硫、磷含量。

（3）为了防止生锈，需对焊丝（除不锈钢焊丝外）表面进行特殊处理（主要是镀铜处理），不但有利于焊丝保存，而且可改善焊丝的导电性及送丝的稳定性。

资料卡片

药 芯 焊 丝

药芯焊丝是近几十年发展起来的新型焊接材料。焊接时，焊丝药芯中的药剂与焊丝一起熔化，形成熔渣，覆在熔池上面，起到保护熔池的作用。所以，CO_2 气体保护焊采用药芯焊丝实际上是一种渣和气联合保护熔池的焊接方法，它具有使焊接电弧更稳定、金属飞溅更少、气孔减少、焊缝成形美观等特点，适合全位置焊接。熔敷速度高于 CO_2 实心焊丝，是焊条电弧焊熔敷速度的 4 倍左右。但 CO_2 药芯焊丝气体保护焊也有不足之处，如药芯焊丝成本高，易生锈吸潮，还要使用专门的送丝机构，这都是焊接生产中要考虑的。

在进行 CO_2 气体保护焊时，如果采用药芯焊丝，就要使用药芯焊丝专用的送丝机构。这是因为药芯焊丝是由薄带钢卷制成的，焊丝软，易变形，要求送丝滚轮的压力不能太大。专用的送丝机构具有两对送丝滚轮，且轮缘上开有 V 形槽。焊接设备的其他部分都与 CO_2 气体保护焊设备相同。

1. 药芯焊丝的种类及其特点

（1）按焊丝结构划分

可分为有缝焊丝与无缝焊丝。

（2）按焊丝内部粉剂种类划分

可分为药粉型焊丝与金属粉型焊丝。

（3）按形成渣系碱度划分

可分为钛型（酸性）渣系焊丝、钛钙型（中性或弱碱性）渣系焊丝、钙型（碱性）渣系焊丝。

（4）按是否使用保护气体划分

可分为气体保护焊丝、自保护焊丝（熔敷效率高于焊条，抗风，缺点是焊缝金属的塑性和韧性较低）。

2. 药芯焊丝的工艺特性

（1）焊接飞溅小，稳弧，熔滴过渡均匀、平稳。

（2）具有熔渣保护溶池，焊缝成形美观。

（3）熔敷效率高，焊接电流大，熔化快。

（4）调整渣系可满足全位置焊接。

3. CO_2 气体保护焊药芯焊丝的型号及含义

目前，常用的 CO_2 气体保护焊药芯焊丝有 T492T1 - 0C1A、T492T1 - 1C1A、T49T2 - 0C1S、T49T3 - 0NS、T493T5 - 0C1A、T493T1 - 0C1A、T49TG - 0NS 等。

根据国家标准《非合金钢及细晶粒钢药芯焊丝》（GB/T 10045—2018）规定，以 T49T2－0C1S 为例，说明焊丝型号表示的含义：

T：表示药芯焊丝。

49：表示熔敷金属抗拉强度不小于 490 MPa。

T2：表示药芯类型为金红石，采用直流反接、喷射过渡等。

0：表示平焊和平角焊拉。

C1：表示气体组成为 100% CO_2。

S：表示仅适用于单道焊。

三、CO_2 气体保护焊的持焊枪姿势

根据焊件高度，焊工身体呈下蹲、坐姿或站立姿势。脚要站稳，右手握焊枪，手臂处于自然状态。焊枪软管应舒展，手腕能灵活带动焊枪平移和转动，焊接过程中能维持焊枪倾斜角不变，并可方便地观察熔池。如图 2－41 所示为焊接不同位置焊缝时的正确姿势。

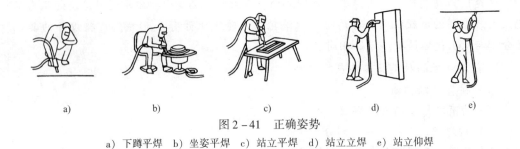

a)　　　　　b)　　　　　c)　　　　　d)　　　　　e)

图 2－41　正确姿势

a) 下蹲平焊　b) 坐姿平焊　c) 站立平焊　d) 站立立焊　e) 站立仰焊

任务实施

一、焊前准备

1. 焊机

NBC－300 型 CO_2 半自动气体保护焊机。

2. 焊件

Q235 钢板，尺寸（长×宽×厚）为 300 mm×100 mm×10 mm（见图 2－38），两块，一侧加工出 30°坡口，两块组成一组焊件。

3. 焊丝

选用 E500T－1（E500T－1M）型药芯焊丝，$\phi 1.0$ mm；或者选用 ER50－2 型实心焊丝、$\phi 1.0$ mm。

4. CO_2 气瓶

CO_2 气体纯度≥99.5%。

二、焊前清理、装配及定位焊

1. 焊前清理

焊前必须对坡口周围 20 mm 范围内进行清理，然后用锉刀将钝边修锉好。

2. 装配及定位焊

焊件装配的各项尺寸见表 2 – 15。

表 2 – 15　　　　　　　　　　　　　　　焊件装配的各项尺寸

坡口角度（°）	根部间隙（mm）		钝边（mm）	反变形角度（°）	错边量（mm）
	始焊端	终焊端			
60	2.5	3.5	0 ~ 0.5	3	≤0.5

在焊件两端进行定位焊，定位焊缝长度为 10 ~ 15 mm，将定位焊缝用角向砂轮打磨成斜坡状，并将坡口内的飞溅物清理干净。装配间隙及定位焊缝如图 2 – 42 所示，试件对接平焊的反变形如图 2 – 43 所示。

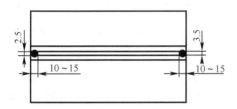

图 2 – 42　装配间隙及定位焊缝

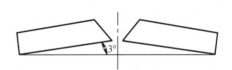

图 2 – 43　对接平焊的反变形

三、焊接参数

选用药芯焊丝时的板对接平焊焊接参数见表 2 – 16。

表 2 – 16　　　　　　　　　选用药芯焊丝时的板对接平焊焊接参数

焊道层次	电源极性	焊丝直径（mm）	焊丝伸出长度（mm）	焊接电流（A）	电弧电压（V）	气体流量（L/min）
打底层	反极性	1.2	20 ~ 23	100 ~ 120	20 ~ 22	8 ~ 15
填充层			23 ~ 25	210 ~ 230	23 ~ 25	15
盖面层				220 ~ 240	24	15

选用实心焊丝时的板对接平焊焊接参数见表 2 – 17。

表 2 – 17　　　　　　　　　选用实心焊丝时的板对接平焊焊接参数

焊道层次	电源极性	焊丝直径（mm）	焊丝伸出长度（mm）	焊接电流（A）	电弧电压（V）	气体流量（L/min）
打底层	反极性	1.0	8 ~ 10	100 ~ 120	18 ~ 20	8 ~ 15
填充层			10 ~ 12	120 ~ 140	20 ~ 22	
盖面层			10 ~ 12	140 ~ 150	22 ~ 25	

四、焊接操作过程

1. 试焊

开启焊机，并进行试焊。

2. 打底焊

采用左焊法。焊枪左焊法的运动方向如图 2-44 所示。焊前先检查装配间隙及反变形量是否合适，将焊件间隙小的一端放在右侧，将焊丝端头放在焊件右端约 20 mm 处坡口内的一侧，并与其保持 2~3 mm 的距离，按下焊枪扳机。打开气阀，提前送气 1~2 s，然后接通焊接电源，将焊丝送出，使焊丝与焊件接触，同时引燃电弧。待电弧引燃后，将焊枪迅速右

移至焊件右端头，然后开始向左焊接打底焊道，使焊枪沿坡口两侧做小幅度月牙形横向摆动，如图 2-45a 所示。当坡口根部熔孔直径为 3~4 mm 时转入正常焊接，同时严格控制喷嘴高度，既不能遮挡操作者视线，又要保证气体保护效果。

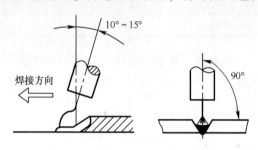

图 2-44 CO_2 气体保护焊时焊枪左焊法的角度

焊丝端部要始终在熔池前半部燃烧，不得脱离熔池（防止焊丝前移过多而通过间隙出现穿丝现象），并控制电弧在坡口根部 2~3 mm 处燃烧。电弧在焊道中心移动要快，摆动到坡口两侧要稍停留 0.5~1 s。若坡口间隙较大，应在横向摆动的同时适当地前后移动做倒退式月牙形摆动，如图 2-45b 所示，以避免电弧直接对准间隙将焊件烧穿。

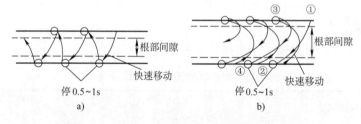

图 2-45 V 形坡口对接平焊打底层焊枪摆动方法

a) 小幅度月牙形横向摆动　b) 倒退式月牙形摆动

焊接过程中要仔细观察熔孔，并根据间隙和熔孔直径的变化调整横向摆动幅度和焊接速度，尽量维持熔孔直径不变，以保证获得宽窄一致、高低均匀的背面焊缝。

打底层焊道表面应平整而两侧稍向下凹，焊道厚度不得超过 4 mm，如图 2-46 所示。

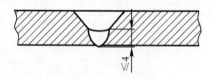

图 2-46 打底层焊道

3. 填充焊

　　将打底层焊道表面的飞溅物清理干净，调试好填充层的焊接参数后，在焊件的右端开始施焊。采用锯齿形摆动，焊枪的横向摆动幅度应稍大于打底层，并时刻注意熔池两侧的熔化情况，控制焊道厚度，使焊道表面平整并稍下凹（其高度应低于母材表面 1.5 ~ 2 mm），不准熔化坡口棱边，如图 2 – 47 所示。

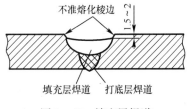

图 2 – 47　填充层焊道

4. 盖面焊

　　将填充层焊道表面的飞溅物清理干净，并将焊接电流和电弧电压调整至合适的范围内，然后在焊件的右端开始施焊，施焊时应保持喷嘴高度，焊丝伸出长度可稍大于打底焊时 1 ~ 2 mm。盖面焊时的焊枪角度及焊枪摆动方法与填充焊时相同，但焊枪摆动幅度可比填充焊时稍大。施焊时，焊枪摆动要到位，在坡口两侧时应均匀缓慢，保证熔池两侧边缘超过坡口上表面 0.5 ~ 1.5 mm，使焊道表面平整且宽窄一致，避免产生咬边等缺陷。收弧时，要填满弧坑并使弧坑尽量小些，防止弧坑处产生缺陷。

5. 结束焊接

　　（1）松开焊枪开关，并停止送丝，待电弧熄灭后，延时 2 ~ 3 s 再关闭气阀，至此操作结束。

　　（2）关闭气源、预热器开关和控制电源开关后再关闭总电源，松开压丝手柄，将焊机整理好。

　　（3）清理工作现场，清理焊件焊渣和飞溅物，检查焊缝质量。

五、任务考核

完成 V 形坡口板对接平焊操作后，结合表 2 – 18 进行测评。

表 2 – 18   V 形坡口板对接平焊操作评分表

项目	分值	评分标准	得分	备注
焊缝每侧增宽（mm）	10	$0.5 \sim 1.5$，每超差一处扣 5 分		
焊缝宽度差 c'（mm）	8	$c' \leqslant 1.5$，每超差一处扣 4 分		
焊缝余高 h（mm）	10	$0 \leqslant h \leqslant 3$，每超差一处扣 5 分		
焊缝余高差 h'（mm）	8	$h' \leqslant 2$，每超差一处扣 4 分		
焊缝直线度（mm）	8	$\leqslant 1.5$，超差不得分		
角变形 α	8	$\alpha \leqslant 3°$，超差不得分		
气孔	10	每出现一处扣 5 分		
夹渣	8	每出现一处扣 4 分		
焊瘤	10	每出现一处扣 5 分		
咬边	10	每出现一处扣 5 分		
未焊透	10	出现不得分		
合计	100	总得分		

任务 5   V 形坡口板对接立焊

学习目标

1. 掌握向上立焊和向下立焊的基本操作方法。
2. 掌握 V 形坡口板对接立焊单面焊双面成形的操作技术。

工作任务

本任务要求完成如图 2 – 48 所示的 V 形坡口板对接立焊训练。

相关知识

CO_2 半自动焊的立焊操作有向上立焊和向下立焊两种方式。

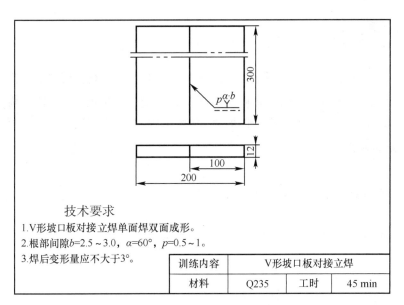

技术要求

1. V形坡口板对接立焊单面焊双面成形。
2. 根部间隙 b=2.5~3.0，α=60°，p=0.5~1。
3. 焊后变形量应不大于3°。

训练内容	V形坡口板对接立焊		
材料	Q235	工时	45 min

图2-48 V形坡口板对接立焊焊件图

进行焊条电弧焊时向下立焊需要采用薄药皮型专用焊条，才能有良好的焊道成形，故通常采用向上立焊较多。

进行 CO_2 半自动焊时，若采用短弧焊接（细丝短路过渡），焊枪向下倾斜一个角度，如图2-49所示，利用 CO_2 气体有承托熔池金属的作用，自上而下匀速运丝（焊枪不摆动），控制电弧在熔敷金属的前方，不使熔敷金属下坠。这样向下立焊操作十分方便，焊道成形也很美观，熔深较浅，适用于薄板焊接。

若像焊条电弧焊那样，采用向上立焊，则会出现重力作用下的熔敷金属下淌现象，使焊缝的熔深和熔宽不均，极易产生咬边、焊瘤等缺陷，故薄板焊接不采用这种操作方式。但焊件厚度大于 6 mm 时，为保证焊缝有一定熔深，要采用向上立焊。操作时，焊枪角度如图2-50所示，焊丝对着前进方向，保持90°±10°的角度。本文主要介绍向上立焊的操作技术。

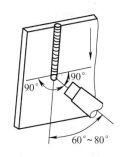

图2-49 向下立焊时焊枪角度

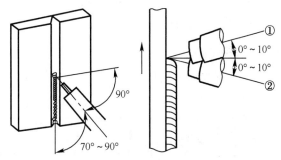

图2-50 向上立焊时焊枪角度

任务实施

CO_2 气体保护焊对接立焊时，虽然熔池的下部有焊道依托，但熔池底部是个斜面，熔融金属在重力作用下比较容易下淌，因此，很难保证焊道表面平整。为防止熔融金属下淌，要求采用比平焊稍小的焊接电流、焊枪的摆动频率稍快、锯齿形节距较小的方式进行焊接，使熔池小而薄。

一、焊前准备

1. 焊机

NBC – 300 型 CO_2 半自动气体保护焊机。

2. 焊件

Q235 钢板两块，尺寸（长×宽×厚）为 300 mm×100 mm×12 mm（见图 2 – 48），一侧加工出 30°坡口，两块组成一组焊件。

3. 焊丝

选用 ER50 – 6 型焊丝，直径为 1.2 mm。

4. CO_2 气瓶

CO_2 气体纯度≥99.5%。

二、焊前清理、装配及定位焊

1. 焊前清理

CO_2 半自动气体保护焊对铁锈、油污等十分敏感，因此，焊前必须对坡口周围 20 mm 范围内进行清理，然后用锉刀将钝边修锉好。

2. 装配及定位焊

装配及定位焊与 V 形坡口板对接平焊相似，焊件装配的各项尺寸见表 2 – 19。

表 2 – 19 焊件装配的各项尺寸

坡口角度（°）	根部间隙（mm）		钝边（mm）	反变形角度（°）	错边量（mm）
	始焊端	终焊端			
60	2.5	3.0	0.5~1	3	≤0.5

三、焊接参数

板对接立焊焊接参数见表 2 – 20。

表 2 – 20 板对接立焊焊接参数

焊道层次	电源极性	焊丝直径（mm）	焊丝伸出长度（mm）	焊接电流（A）	电弧电压（V）	气体流量（L/min）
打底层				90~110	18~20	
填充层	反极性	1.2	15~20	130~150	20~22	12~15
盖面层				130~150	20~22	

四、焊接操作过程

1. 打底焊

将焊件垂直固定在工位上，根部间隙小的一端在下面，采用向上立焊，焊枪角度如图2-50所示。

首先调试好焊接参数，检查焊接电缆是否舒展，喷嘴是否通畅。在试件下端定位焊缝处引弧，使电弧沿焊道中心做小幅度横向摆动，当电弧超过定位焊缝并形成熔池时开始进入正常焊接。

在打底焊的过程中，焊枪做小反月牙形摆动，焊丝端部始终不离开熔池的上边缘，保持钝边每侧熔化0.5~1 mm工况，如图2-51所示。当熔池温度升高时，可适当加大焊枪横向摆动幅度和向上移动速度，不能随意扩大熔孔，以免造成背面焊缝超高或成形不均匀现象。

焊到焊件最上方收弧时，待电弧熄灭，熔池完全凝固后，再移开焊枪，以防收弧保护不良产生气孔。

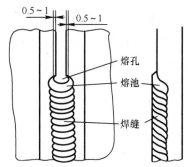

图2-51　向上立焊打底焊时的熔孔与熔池

> **提示**
>
> 1. 焊枪横向摆动的方式要正确，否则焊缝下坠，成形不好。
>
> 2. 小间距锯齿形摆动或间距稍大的上凸月牙形摆动，焊道成形较好；下凹月牙形摆动，使焊道表面下坠，是不正确的。
>
> 3. 焊接过程中要特别注意熔池和熔孔的变化，不能让熔池太大。

2. 填充焊

调试好焊接电流和电弧电压后，先清理打底焊道和坡口表面的飞溅，并用角向磨光机将局部凸起的焊道磨平，如图2-52所示。立焊接头处打磨要求如图2-53所示。

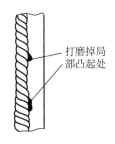

图2-52　填充焊前的修磨

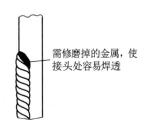

图2-53　立焊接头处打磨要求

注意

　　若焊接过程中中断熄弧，再进行接头时，需将接头处打磨成斜坡面（见图2-53），但要注意不能磨损坡口的钝边，以免造成局部间隙变大，影响背面焊缝成形。

　　焊接时，采用向上弯曲月牙形横向摆动运丝法，焊枪横向摆动幅度比打底焊时稍大。在均匀摆动的情况下，快速向上移动，如图2-54a所示。如果要求有较大的熔宽，采用反月牙形摆动，如图2-54b所示。摆动时，中间快速移动，电弧在坡口两侧稍停顿。保证焊道两侧良好熔合并使填充层焊道表面稍低于焊件表面1.5~2 mm，不允许烧伤坡口棱边。但不应采用如图2-54c所示的向下弯曲的月牙形摆动，向下弯曲摆动容易引起熔敷金属下淌和产生咬边。

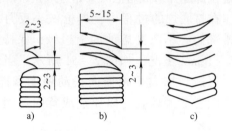

图2-54　半自动 CO_2 焊立焊横向摆动运丝法

a）小幅度摆动　b）反月牙形摆动

c）不推荐的向下弯曲的月牙形摆动

3. 盖面焊

　　先清理焊件表面的飞溅物，修磨焊道局部凸起过高部分，清理喷嘴内的飞溅熔渣，调整好焊接参数。施焊时，所用的焊枪倾斜角、摆动方法与填充层焊接相同，但摆动幅度应变宽，中间运丝时要快，两侧稍停留片刻，并保持熔化坡口边缘0.5~2.0 mm，匀速摆动上移，避免产生咬边和焊缝余高过大的现象。

　　焊到顶端填满弧坑收弧，待电弧熄灭、熔池凝固后移开焊枪，以免局部产生气孔。

操作技巧

　　盖面层焊接也可采用正三角形摆动向上立焊运条法，如图2-55所示。但要注意，操作时在三角形的三个顶点都要停留0.5~1 s，并均匀地向上移动。焊接时的焊枪角度参考图2-50。

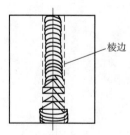

棱边

图2-55　正三角形摆动向上立焊运条法

五、任务考核

完成 V 形坡口板对接立焊操作后，结合表 2 – 21 进行测评。

表 2 – 21　　　　　　　　　　V 形坡口板对接立焊操作评分表

项目	分值	评分标准	得分	备注
焊缝每侧增宽（mm）	10	0.5～1.5，每超差一处扣 5 分		
焊缝宽度差 c'（mm）	8	$c'\leq1.5$，每超差一处扣 4 分		
焊缝余高 h（mm）	10	$0\leq h\leq4$，每超差一处扣 5 分		
焊缝余高差 h'（mm）	8	$h'\leq3$，每超差一处扣 4 分		
焊缝直线度（mm）	8	≤1.5，超差不得分		
角变形 α	8	$\alpha\leq3°$，超差不得分		
气孔	10	每出现一处扣 5 分		
夹渣	8	每出现一处扣 4 分		
焊瘤	10	每出现一处扣 5 分		
咬边	10	每出现一处扣 5 分		
未焊透	10	出现不得分		
合计	100	总得分		

任务 6　　　　　V 形坡口板对接横焊

学习目标

1. 掌握 V 形坡口板对接横焊的应用及特点。
2. 掌握 V 形坡口板对接横焊单面焊双面成形的操作技术。

工作任务

本任务要求完成如图 2 – 56 所示的 V 形坡口板对接横焊训练。

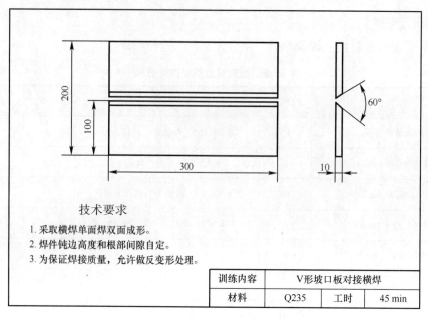

技术要求

1. 采取横焊单面焊双面成形。
2. 焊件钝边高度和根部间隙自定。
3. 为保证焊接质量，允许做反变形处理。

训练内容	V形坡口板对接横焊		
材料	Q235	工时	45 min

图2-56　V形坡口板对接横焊焊件图

相关知识

　　对接横焊是指焊件垂直而接头为水平位置时的焊接操作，它应用于钢结构、石油、化工及压力容器等制作中的拼焊。如图2-57所示是典型的球形压力容器。大型球罐一般为钢板卷制拼焊而成，多采用 CO_2 气体保护焊、焊条电弧焊等焊接方法。

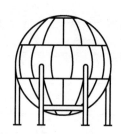

图2-57　典型的球形
压力容器

提示

　　1. 横焊时采用左焊法，三层六道，焊道分布如图2-58所示。将试板垂直固定在焊接夹具上，焊缝处于水平位置，间隙小的一端放于右侧。

　　2. 横焊时，熔池虽有下面母材支撑而较易操作，但焊道表面不易对称，所以焊接时必须使熔池尽量小。同时采用多道焊的方法来调整焊道表面形状，最后获得较对称的焊缝外形。

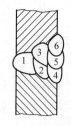

图2-58　对接横焊的
焊道分布

　　V形坡口板对接横焊时，熔融金属在重力作用下容易下坠，会导致焊缝表面不对称，在上侧产生咬边及下侧产生焊瘤，如图2-59所示。为避免这些缺陷，对于坡口较大、焊缝较宽的焊件，一般都采用多层多道焊，以通过多条窄焊道的堆积来尽量减小焊缝的缺陷，最后获得较好的焊缝表面成形。

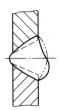

图 2 - 59 横焊时焊缝表面不对称

双点画线表示理想焊缝表面两侧对称 粗实线表示实际焊缝表面两侧不对称

任务实施

一、准备工作

1. 焊机

NBC - 300 型 CO_2 半自动气体保护焊机。

2. 焊件

Q235 钢板，尺寸（长×宽×厚）为 300 mm×100 mm×10 mm（见图 2 - 56），一侧加工出 30°V 形坡口，两块组成一组焊件。

3. 焊丝

选用 ER50 - 6 型焊丝，直径为 1.0 mm 或 1.2 mm。

4. CO_2 气瓶

CO_2 气体纯度≥99.5%。

二、焊前清理、装配及定位焊

1. 焊前清理

焊前清理干净焊件坡口及坡口正反面两侧 20 mm 范围内的铁锈、油污等污物，然后修锉钝边，在坡口上侧钝边为 0.5 mm，下侧为 1 mm。

2. 装配及定位焊

将焊件两端留出不等的根部间隙，距焊件两端 20 mm 处进行定位焊，定位焊缝长度为 10 ~ 15 mm，之后预留反变形量，并打磨定位焊缝成斜坡状。焊件装配的各项尺寸见表 2 - 22。

表 2 - 22　　　　　　　　　　焊件装配的各项尺寸

坡口角度（°）	根部间隙（mm）		钝边（mm）	反变形角度（°）	错边量（mm）
	始焊端	终焊端			
60	2.5	3.5	0.5 ~ 1	5 ~ 6	≤0.5

三、焊接参数

板对接横焊焊接参数见表2-23。

表2-23　　　　　　　　　　　　板对接横焊焊接参数

焊道层次	运丝方法	焊丝直径 （mm）	焊丝伸出长度 （mm）	焊接电流 （A）	电弧电压 （mm）	气体流量 （L/min）
打底层	小斜锯齿形 摆动法	1.0	10~15	90~100	18~26	12~15
填充层	直线运丝法或 斜圆圈形摆动法			110~125	21~23	
盖面层	直线运丝法			110~125	21~23	

四、焊接操作过程

1. 打底焊

将焊件呈横向水平位置固定，间隙小的一端为始焊端放在右侧，采用左焊法，焊枪与焊件之间的角度如图2-60所示。

首先，调试好打底焊的焊接参数，检查喷嘴、导电嘴、送丝机构，并剪断焊丝多余的伸长部分。施焊时，在试件定位焊缝处引弧，焊枪以小幅度斜锯齿形摆动从右向左进行焊接，当焊枪运行到坡口根部后会出现熔孔。焊接过程中要始终观察熔池和熔孔，并保持熔孔边缘超过坡口上下棱边0.5~1mm，如图2-61所示。焊接过程中要仔细观察熔池和熔孔，尽可能维持熔孔直径不变，根据间隙大小调整焊接速度及焊枪的摆动幅度，焊接速度不要过慢，否则熔化金属下坠，焊缝成形不好。

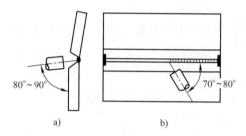

图2-60　焊枪与焊件之间的角度

a）焊枪与焊件下端的夹角　b）焊枪与焊接方向的夹角

若打底焊过程中电弧中断，应将接头处焊道用角向磨光机打磨成斜坡状，如图2-62所示。在打磨斜坡的最高处引弧后，焊枪做小幅度锯齿形摆动，当接头区前端形成熔孔后，继续向前均匀摆动焊接。

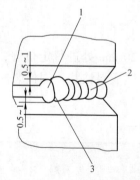

图2-61　横焊时熔孔的控制

1—熔孔　2—焊道　3—熔池

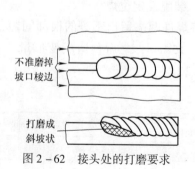

图2-62　接头处的打磨要求

不准磨掉坡口棱边

打磨成斜坡状

焊到试件左端收弧时，待电弧熄灭、熔池完全凝固以后，才能移开焊枪，以防收弧区因保护不良而产生气孔。

注意

1. 焊接参数通过试焊来确定。

2. 当焊接电流与焊接电压配合好时，则焊接过程稳定，电弧发出轻快、均匀的"噗噗"声，焊接熔池平稳、飞溅少，焊缝成形好。

3. 打底层焊缝背面余高最好为 0.5～2 mm。焊接过程中应保持正确的焊枪角度，焊缝要平整，不可出现夹沟，焊缝厚度控制在 3～4 mm。

---

2. 填充焊

填充焊前先将打底层焊道表面的飞溅物清理干净，将凸起不平的地方磨平。

调试好填充层焊接参数，采用右焊法，一层两道焊。按图 2-63a 所示的焊枪角度进行填充焊道②与③的焊接。

焊接填充焊道②时，焊枪成 0°～10°俯角，电弧以打底焊道的下缘为中心做横向斜圆圈形摆动，保证下坡口熔合好。

焊接填充焊道③时，焊枪成 0°～10°仰角，电弧以打底焊道的上缘为中心，在焊道②和上坡口面间摆动，保证熔合良好，重叠前一焊道 1/2～2/3。并注意调整好填充层焊道，使其整体平整，防止产生层间未熔合等缺陷。整个填充层焊缝高度应低于母材 1.5～2 mm，且不得熔化坡口两侧的棱边（见图 2-64），以便盖面焊时能够看清坡口，为盖面焊打好基础。

填充层接头方法与打底层不同。焊枪在试件右端距收弧位置 15～20 mm 处引燃电弧，不要形成熔池，快速移至弧坑高点位置，稍加停留，待看到熔池出现以后，再进行正常的焊接。

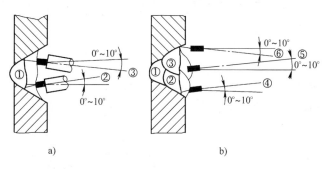

a)　　　　　　　　b)

图 2-63　对接横焊填充层和盖面层焊接时的焊枪角度
a) 填充层　b) 盖面层

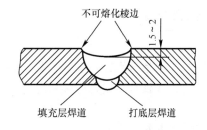

图 2-64　填充层焊接

提示

填充焊质量直接关系到表面焊缝的美观，填充层的焊缝要均匀、平整。

3. 盖面焊

盖面焊前先将填充层的飞溅、凸起不平处修平。

调试好盖面层焊接参数，采用右焊法，一层三道焊，依次从下往上进行焊接，焊枪角度如图 2-63b 所示。

焊接第一条焊道时，焊丝适当偏向于填充焊道下侧边缘，熔池边缘熔化坡口棱边 1.5 ~ 2 mm，焊枪摆动要均匀平稳，焊道一定要平直。焊接第二条焊道时，电弧深入到前一条焊道的上边缘，保持覆盖前一条焊道 1/2 ~ 2/3。第三条焊道焊接时，应注意坡口上棱边的熔化情况，控制熔化上坡口边缘 1.5 ~ 2 mm，下坡口的焊接速度要比上坡口慢，中间焊道最慢，上坡口焊道最快，从而保证焊缝表面余高圆滑过渡，并防止出现咬边及未熔合缺陷。

> **提示**
>
> 横焊时由于焊道较多，角变形较大，而角变形的大小既与焊接电流有关，又与焊道层数、焊道数目及焊道间间歇时间有关。焊道层数多、焊道数目多和焊接时焊道间间歇时间短，则层间温度高时角变形大，反之角变形小。因此，焊工应在训练过程中不断摸索角变形规律，预留反变形量，以有效地控制角变形。

五、任务考核

V 形坡口板对接横焊焊件所有检查项目以及评分标准与本模块任务 4 的要求相同。

任务 7 水平固定管焊

学习目标

1. 掌握水平固定管焊平焊、仰焊位置的焊枪角度。
2. 掌握水平固定管焊的操作方法。

工作任务

本任务要求完成如图 2-65 所示的水平固定管焊训练。

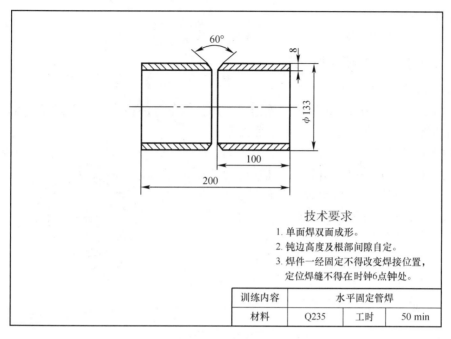

技术要求
1. 单面焊双面成形。
2. 钝边高度及根部间隙自定。
3. 焊件一经固定不得改变焊接位置，
   定位焊缝不得在时钟6点钟处。

训练内容	水平固定管焊		
材料	Q235	工时	50 min

图 2-65　水平固定管焊焊件图

相关知识

　　大直径管水平固定对接焊时，焊接过程中管子固定在水平位置，不准转动，焊接位置包括仰焊、立焊和平焊几种位置。焊接时随着管子弧度的变化，要随时调整焊枪角度和位置。

　　水平固定管 CO_2 气体保护焊时，焊接位置由仰位到平位不断发生变化，焊枪角度和焊枪横向摆动速度、幅度及在坡口两侧的停留时间均应随焊接位置的变化而变化。为保证背面焊缝的良好成形，控制熔孔大小是关键，在不同的焊接位置熔孔尺寸应有所不同。仰焊位置的熔孔应小些，以避免液态金属下坠而造成内凹；立焊位置有熔池的承托，熔孔可适当大些；平焊位置液态金属容易流向管内，熔孔应小些。

任务实施

一、焊前准备

1. 焊机

NBC-300 型 CO_2 半自动气体保护焊机。

2. 焊件

Q235 钢无缝钢管，尺寸为 ϕ133 mm × 100 mm × 8 mm（见图 2-65），管的一侧加工成 30°坡口，两段管子组成一组焊件。

3. 焊丝

选用 ER50-6 型焊丝，直径为 1.2 mm。

4. CO₂气瓶

CO_2气体纯度≥99.5%。

二、焊前清理、装配及定位焊

1. 焊前清理

焊前将焊件坡口 20 mm 范围内的铁锈、油污、水分等污物清理干净，直至露出金属光泽。然后用锉刀修磨钝边 0.5~1 mm，无毛刺。

2. 装配及定位焊

将清理干净的试件放入组装 V 形槽内，保持两管同轴，不得有错边，留出合适的间隙，在管子时钟 10 点钟和 2 点钟的位置进行定位焊（见图 2-66），每处定位焊缝长度为 10~15 mm，要求焊透，不得有气孔、夹渣、未焊透等缺陷。并将定位焊缝两端用角向砂轮打磨成斜坡状，以利于接头。焊件的装配尺寸要求见表 2-24。

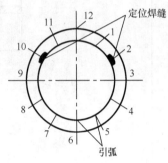

图 2-66 管件定位焊缝位置

表 2-24　　　　　　　　　　　　焊件的装配尺寸要求

坡口角度（°）	根部间隙（mm）		错边量（mm）
	仰焊位置（始焊端）	平焊位置（终焊端）	
60	2.2	3.0	≤0.5

三、焊接参数

水平固定管焊焊接参数见表 2-25。

表 2-25　　　　　　　　　　　水平固定管焊焊接参数

焊道层次	运丝方法	焊丝直径（mm）	焊丝伸出长度（mm）	焊接电流（A）	电弧电压（V）	气体流量（L/min）
打底层	小锯齿形摆动法	1.2	13~16	100~115	19~21	12~15
填充层	锯齿形摆动法			115~125	21~23	
盖面层				120~135	21~25	

四、焊接操作过程

1. 打底焊

将焊件水平固定在距地面 800~900 mm 的高度上，使焊工单腿跪地时，能从时钟 6 点钟焊至 9 点钟或 3 点钟处；焊工站着时，稍弯腰能从 9 点钟或 3 点钟焊至 12 点钟处。间隙小的一侧放在仰焊位置，先按顺时针方向（也可按逆时针方向）焊接管子前半部。焊枪与焊件的角度如图 2-67 所示。

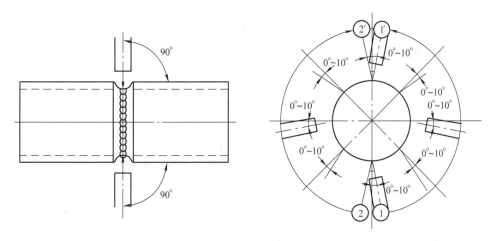

图 2 – 67　焊枪与焊件的角度

注意

　　CO₂气体保护焊的突出缺陷是飞溅较大，为便于清除飞溅物和防止堵塞喷嘴，焊接前，可在接缝两侧100～150 mm范围内涂一层飞溅防粘剂，在喷嘴内壁和导电嘴端面上涂一层喷嘴防堵剂，也可在喷嘴上涂一些硅油，以消除飞溅带来的不利影响。

　　施焊时，焊枪在5点钟与6点钟间的位置对准坡口根部一侧引弧，引燃电弧后，稍加稳弧后移向坡口另一端并稍加停顿，通过坡口两侧的熔滴搭桥建立第一个熔池，之后电弧做小幅度的横向摆动，在前方出现熔孔后即可进入正常焊接。

　　操作过程中，在仰焊位置为获得较为饱满的背面成形，焊枪做小锯齿形摆动的速度要快些，以避免局部高热熔滴下坠，熔孔比立焊位置小些，以熔化坡口钝边0.5～1.0 mm为宜；由仰位至立位时，焊枪摆动速度应逐步放慢，并增加电弧在坡口两侧的停留时间；当焊至9点钟位置时中止焊接，以调整焊工身体位置，保证以最佳的焊枪角度施焊。从立位至平位，焊枪在坡口中间摆动速度要加快，坡口两侧适当停顿，并适当减小熔孔尺寸，以防止管子背面焊缝超高；焊至顶部12点钟位置时不应停止，要继续向前施焊5～10 mm。

　　按顺时针方向焊完管子的前半部后，用角向砂轮将始焊端和终焊端打磨成斜坡状，然后再继续进行管子后半部的焊接，操作方法与前半部相同。

　　接头时，可在熔池的前端引弧，移向接头的斜坡处，待形成新的熔孔后，即可恢复正常焊接。收弧时，在坡口边缘停弧，焊枪不马上离开熔池，待熔池完全凝固后再移开焊枪。

2. 填充焊

　　填充焊前将打底层表面的飞溅物清理干净，打磨平整接头凸起处，清理喷嘴飞溅物，调试好焊接参数，即可引弧焊接。焊枪角度与打底焊基本相同，但焊枪锯齿形摆动幅度要大些，并注意在坡口两侧适当停顿，保证焊道与母材良好熔合，控制填充量，使其焊道表面低于管子表面1.5～2 mm，坡口棱边保持完好。

3. 盖面焊

盖面层焊接的操作方法与填充焊相同，因焊缝加宽，则焊枪的摆动幅度应加大，控制焊枪在坡口两侧稍停顿，回摆速度放缓，使熔池边缘熔化棱边 1 mm 左右。运丝速度要均匀，熔池间的重叠量要一致，才能保证焊缝表面平整、成形美观。

> **提示**
>
> 进行水平固定管焊操作时，焊接位置由仰位到平位会不断发生变化，当焊枪的角度不便施焊时，要中止焊接来调整焊工身体位置，此时熄弧，不必填满弧坑，焊枪暂时不能离开熔池，应迅速地转动身体到达最佳位置后，马上继续操作。

五、任务考核

完成水平固定管焊操作后，结合表 2 – 26 进行测评。

表 2 – 26　　　　　　　　　　水平固定管焊操作评分表

项目	分值	评分标准	得分	备注
焊缝每侧增宽（mm）	10	0.5～1.5，每超差一处扣 5 分		
焊缝宽度差 c'（mm）	8	$c' \leqslant 1.5$，每超差一处扣 4 分		
焊缝余高 h（mm）	10	$0 \leqslant h \leqslant 3$，每超差一处扣 5 分		
焊缝余高差 h'（mm）	8	$h' \leqslant 2$，每超差一处扣 4 分		
焊缝直线度（mm）	8	$\leqslant 1.5$，超差不得分		
咬边（mm）	8	缺陷深度$\leqslant 0.5$，缺陷长度$\leqslant 15$，每超差一处扣 4 分		
气孔	10	每出现一处扣 5 分		
夹渣	8	每出现一处扣 4 分		
焊瘤	10	每出现一处扣 5 分		
未熔合	10	出现不得分		
未焊透	10	出现不得分		
合计	100	总得分		

任务8　　垂直固定管焊

学习目标

掌握垂直固定管焊多层多道焊的焊接方法。

工作任务

本任务要求完成如图 2 – 68 所示的垂直固定管焊训练。

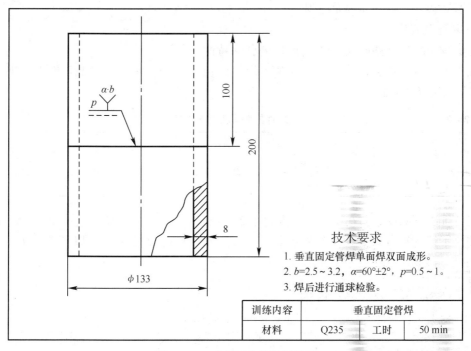

技术要求

1. 垂直固定管焊单面焊双面成形。
2. b=2.5 ~ 3.2，α=60°±2°，p=0.5 ~ 1。
3. 焊后进行通球检验。

训练内容	垂直固定管焊		
材料	Q235	工时	50 min

图 2 – 68　垂直固定管焊焊件图

任务实施

大直径管垂直固定管焊的问题主要是液态金属下坠，容易在焊缝上部产生咬边，下部成形不良。焊接过程中，焊枪要随着焊缝弧度随时变化。

一、焊前准备

1. 焊机

NBC – 300 型 CO₂ 半自动气体保护焊机。

2. 焊件

Q235 钢无缝钢管，尺寸为 ϕ133 mm × 100 mm × 8 mm，管的一侧加工成 30°坡口，两段管子组成一组焊件。V 形坡口和焊接方向如图 2 – 69 所示。

3. 焊丝

选用 ER50 – 6 型焊丝，直径为 1.2 mm。

4. CO₂ 气瓶

CO₂ 气体纯度≥99.5%。

二、焊前清理、装配及定位焊

1. 焊前清理

焊前将焊件坡口 20 mm 范围内的铁锈、油污、水分等污物清理干净，直至露出金属光泽。然后用锉刀修磨钝边 0.5～1 mm，无毛刺。

2. 装配及定位焊

将清理干净的试件放入组装 V 形槽内，保持两管同轴，不得有错边，留出合适的间隙，焊件的装配尺寸要求见表 2－27。

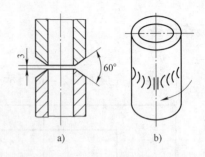

图 2－69　V 形坡口和焊接方向

表 2－27　　　　　　　　　　　　　焊件的装配尺寸要求

坡口角度（°）	根部间隙（mm）		错边量（mm）
	始焊端	终焊端	
60	2.5	3.2	≤0.8

定位焊缝按圆周方向在试件坡口内均布 2～3 处，每处定位焊缝长度为 10～15 mm，要求焊透，不得有气孔、夹渣、未焊透等缺陷。定位焊缝两端修成斜坡，以利于接头。

三、焊接参数

垂直固定管焊焊接参数见表 2－28。

表 2－28　　　　　　　　　　　　　垂直固定管焊焊接参数

焊道层次	运丝方法	焊丝直径（mm）	焊丝伸出长度（mm）	焊接电流（A）	电弧电压（V）	气体流量（L/min）
打底层	小锯齿形摆动法	1.2	10～15	110～130	18～20	10～15
填充层				130～150	20～22	
盖面层	直线运丝法					

四、焊接操作过程

1. 打底焊

将试件垂直固定在距地面 800～900 mm 高的焊接支架上，焊缝为横焊位置。间隙小的一侧放在始焊位置，采用左焊法。打底焊的焊枪角度如图 2－70 所示。

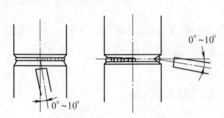

图 2－70　打底焊的焊枪角度

操作技巧

用左焊法,三层四道焊,各焊层及焊道分布如图2－71所示。

图2－71 垂直固定管焊各焊层及焊道分布

打底焊在试件右侧定位焊缝上引弧,由右向左开始焊接的过程中,焊枪做小幅度的锯齿形摆动。保证熔孔直径比间隙大 $0.5 \sim 1$ mm,两边对称。焊到不便观察处立即灭弧,然后将试件转一个角度,再引弧进行焊接,直至焊完打底焊道。

2. 填充焊

焊前清理干净打底层焊道的飞溅物,打磨平整接头凸起处,清理喷嘴飞溅物,调试好焊接参数,即可引弧焊接。适当加大焊枪摆动幅度,保证坡口两侧熔合好,焊枪角度与打底焊时相同。不准熔化坡口的棱边,保证焊缝表面平整并低于管子表面 $2.5 \sim 3$ mm。

3. 盖面焊

清理干净填充层的飞溅物,盖面层焊道分两道,焊枪角度如图2－72所示。焊接过程中,要保证焊缝两侧熔合良好,熔池边缘超过坡口棱边 $0.5 \sim 2$ mm。保证焊道表面平齐,成形美观。

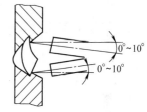

图2－72 盖面焊的焊枪角度

五、任务考核

完成垂直固定管焊操作后,结合表2－29进行测评。

表2－29　　　　　　　　　　垂直固定管焊操作评分表

项目	分值	评分标准	得分	备注
焊缝每侧增宽（mm）	10	$0.5 \sim 1.5$,每超差一处扣5分		
焊缝宽度差 c'（mm）	8	$c' \leqslant 1.5$,每超差一处扣4分		
焊缝余高 h（mm）	10	$0 \leqslant h \leqslant 3$,每超差一处扣5分		
焊缝余高差 h'（mm）	8	$h' \leqslant 2$,每超差一处扣4分		
焊缝直线度（mm）	8	$\leqslant 1.5$,超差不得分		
咬边（mm）	8	缺陷深度 $\leqslant 0.5$,缺陷长度 $\leqslant 15$, 每超差一处扣4分		

续表

项目	分值	评分标准	得分	备注
气孔	10	每出现一处扣5分		
夹渣	8	每出现一处扣4分		
焊瘤	10	每出现一处扣5分		
未熔合	10	出现不得分		
未焊透	10	出现不得分		
合计	100	总得分		

任务9　　V形坡口板对接仰焊

学习目标

1. 掌握V形坡口板对接仰焊时焊枪的正确角度及运条方法。
2. 掌握V形坡口板对接仰焊单面焊双面成形的操作技术。

工作任务

本任务要求完成如图2-73所示的V形坡口板对接仰焊训练。

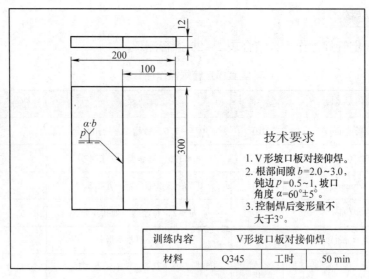

技术要求

1. V形坡口板对接仰焊。
2. 根部间隙 $b=2.0\sim3.0$，钝边 $p=0.5\sim1$，坡口角度 $\alpha=60°\pm5°$。
3. 控制焊后变形量不大于3°。

训练内容	V形坡口板对接仰焊		
材料	Q345	工时	50 min

图2-73　V形坡口板对接仰焊焊件图

相关知识

V 形坡口板对接仰焊时液态金属在重力作用下容易下坠，焊缝背面会产生凹坑、焊缝正面会产生焊瘤等缺陷。为避免这些缺陷，施焊时应尽量压低电弧，随时调整焊枪倾斜角，以获得较好的焊缝表面成形。

任务实施

一、焊前准备

1. 焊机

NBC - 300 型 CO_2 半自动气体保护焊机。

2. 焊件

Q345 钢板，尺寸（长×宽×厚）为 300 mm×100 mm×12 mm（见图 2 - 73），一侧加工出 30°坡口，两块组成一组焊件。

3. 焊丝

选用 ER50 - 6 型焊丝，直径为 1.2 mm。

4. CO_2 气瓶

CO_2 气体纯度≥99.5%。

二、焊前清理、装配及定位焊

1. 焊前清理

焊前将焊件坡口及坡口正反面两侧 20 mm 范围内的铁锈、油污等污物清理干净，然后修锉钝边 0.5~1 mm，无毛刺。

2. 装配及定位焊

将焊件两端留出不等的根部间隙（见图 2 - 74），距焊件两端 20 mm 处进行定位焊，定位焊缝长度为 10~15 mm，之后预留反变形量，并打磨定位焊缝成斜坡状。焊件装配的各项尺寸见表 2 - 30。

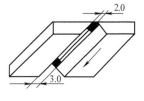

图 2 - 74　仰焊预留间隙示意图

表 2 - 30　　　　　　　　　　　焊件装配的各项尺寸

坡口角度（°）	根部间隙（mm）		钝边（mm）	反变形角度（°）	错边量（mm）
	始焊端	终焊端			
60 ± 5	2.0	3.0	0.5~1	3~4	≤1.0

三、焊接参数

V 形坡口板对接仰焊焊接参数见表 2 - 31。

表 2-31　　　　　　　　　　V 形坡口板对接仰焊焊接参数

焊道层次	焊丝直径 （mm）	焊丝伸出长度 （mm）	焊接电流 （A）	电弧电压 （V）	焊接速度 （m/h）	气体流量 （L/min）
打底层			90 ~ 100	18 ~ 20		
填充层	1.2	10 ~ 15	130 ~ 140	20 ~ 22	25 ~ 30	15 ~ 20
盖面层			120 ~ 140	20 ~ 22		

四、焊接操作过程

> **提示**
>
> 1. 对接仰焊是板对接最难的焊接位置，主要困难是熔化金属严重下坠，故必须严格控制焊接热输入和冷却速度，采用较小的焊接电流、较大的焊接速度，加大气体流量，使熔池尽可能小，凝固尽可能快，防止熔化金属下坠，保证焊缝成形美观。对接仰焊焊道分布如图 2-75 所示。
>
> 2. 焊接参数通过试焊确定。当焊接电流与电弧电压配合好时，则焊接过程稳定，电弧发出轻快、均匀的"噗噗"声，焊接熔池平稳、飞溅少，焊缝成形好。

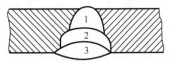

图 2-75　对接仰焊焊道分布

> **注意**
>
> 1. 焊接过程中，要保持焊丝端头对准焊接熔池，防止焊丝穿进坡口内，造成夹丝和熄弧。
>
> 2. 起弧前先将焊丝端头用钳子剪去，因为焊丝端头有很大的球形直径，容易产生飞溅。起弧时，焊丝端头距工件表面 15 ~ 20 mm，按下焊枪开关，焊机会自动送气、送电、送焊丝，直至焊丝与工件相碰而短路起弧。此时，由于焊丝与工件接触产生一个反弹力，焊工应握住焊枪，避免因受冲击力影响而拉大焊枪与试件的距离。

仰焊是难度最大的焊接位置，主要困难在于熔池由于自重下坠导致焊缝成形比较困难。施焊时应随时调整焊枪倾斜角，"顶"住熔池，防止下坠。

1. 打底焊

调试好焊接参数，将焊件呈横向水平位置固定在焊接支架上，坡口向下，间隙小的一端为始焊端放在左侧，采用右焊法，焊枪与试件表面垂直，与焊接方向成 70° ~ 90°。焊枪角度如图 2-76 所示。

焊接时尽量压低电弧，稍加停留，焊枪采用直线移动或小幅度锯齿形摆动，从始焊端（远处）开始在坡口一侧引弧再移至另一侧，保证焊透和形成坡口根部熔孔，熔孔每侧比根部间隙大 0.5 ~ 1 mm。然后匀速向近处移动，尽可能快。焊接过程中不能让电弧脱离熔池，利用电弧吹力控制电弧在熔敷金属的前方，防止熔化金属下坠。

必须注意控制熔孔的大小，既保证根部焊透，又防止焊道背面下凹、正面下坠。仰焊打底焊时的熔孔及熔池形状如图 2 – 77 所示。

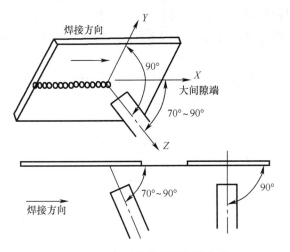

图 2 – 76　板对接仰焊的焊枪角度　　　　图 2 – 77　仰焊打底焊时的熔孔及熔池形状

焊道接头是不可避免的。首先将接头处修成斜面，然后在距斜面顶端 5 mm 处引燃电弧，产生熔池后焊到斜面顶端。此时电弧停留时间要长一些，焊枪摆动幅度要大一些。焊过斜面底端，出现新的熔孔后再进行正常焊接。

2. 填充焊

清除、打磨掉打底层焊道和坡口表面的飞溅物及熔渣，并用角向磨光机将局部凸起的焊道磨平。清理打底层焊道时不能破坏装配间隙和坡口面。

调试好填充层焊接参数。对于填充层焊道的焊接，其焊枪角度与打底焊相似，但焊丝摆动幅度比打底焊稍大，要掌握好电弧在坡口两侧的停留时间，既保证焊道两侧熔合好，又不使焊道中间下坠。

填充焊接头方法与打底焊不同。焊枪在距接头点 15 ~ 20 mm 处打底层焊缝上引燃电弧，不要形成熔池，快速移动到弧坑中间高点位置，待熔池出现后，焊枪再向坡口两侧摆动，焊过弧坑以后，再进行正常焊接。

填充层焊道不要太厚，越薄凝固越快，填充层焊道总厚度应低于母材表面 1.5 ~ 2 mm，不得熔化坡口的棱边，以便盖面焊时能看清坡口，为盖面焊打好基础。

注意

1. 填充焊质量直接关系到表面焊缝的美观。焊接时，要特别注意正确的焊枪角度和操作方法，使焊缝平整不凸起，中间略有下凹。

2. 表面焊缝要保持原始状态，清理飞溅等杂物时，不要伤及表面焊缝。表面焊缝不应有气孔、裂纹、焊瘤等超标缺陷。

---

3. 盖面焊

将填充层焊道及坡口上的飞溅物、熔渣清理干净，打磨掉焊道上局部凸起过高部分的焊瘤。

调试好盖面层焊接参数。焊接过程中应根据填充层的高度调整焊接速度，焊丝摆动幅度比填充焊稍大，焊接速度放慢，使熔池两侧超过坡口棱边 0.5~2 mm，使其熔合良好，焊缝表面成形美观。

焊接过程中尽可能地保持摆动幅度均匀，使焊道平直均匀，不产生两侧咬边、中间下坠等缺陷。

对接仰焊时，填充层和盖面层也可以采用多层多道焊。采用直线运丝或稍微摆动进行多层多道焊。焊枪角度应根据每条焊道的位置进行相应调整，每条焊道要良好搭接，以防止焊道间脱节和产生夹渣。盖面焊时注意两侧熔合情况，防止咬边。

五、任务考核

V 形坡口板对接仰焊训练的检查项目及评分标准与本模块任务 4 的要求相同。但是其背面凹坑深度不做具体规定，凹坑长度不得超过焊缝长度的 10%。

任务 10　　插入式管板垂直平焊

学习目标

1. 熟练掌握 CO_2 气体保护焊的引弧、接头、收弧等操作要领。
2. 掌握管板垂直平焊单面焊双面成形的操作方法。

工作任务

本任务要求完成如图 2-78 所示的插入式管板垂直平焊训练。

相关知识

管板垂直平焊焊缝是一条管垂直于板水平位置的角焊缝。与板板角平焊所不同的是：管板垂直平焊焊缝是有弧度的，焊枪要随焊缝弧度位置变化而变换角度进行焊接。焊接时由于管与板受热不均衡，易产生咬边、未熔合或焊瘤等缺陷。因此，要正确掌握管板垂直平焊施焊的操作要领。

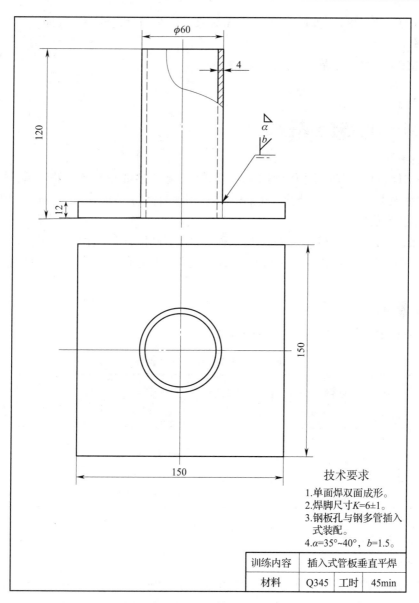

图 2-78 插入式管板垂直平焊

技术要求
1.单面焊双面成形。
2.焊脚尺寸K=6±1。
3.钢板孔与钢多管插入式装配。
4.α=35°~40°，b=1.5。

训练内容	插入式管板垂直平焊		
材料	Q345	工时	45min

任务实施

一、焊前准备

1. 焊机

NBC－300 型 CO₂ 半自动气体保护焊机。

2. 焊件

Q345 钢板，尺寸（长×宽×厚）为 150 mm×150 mm×12 mm 一块，管 φ60 mm×120 mm×

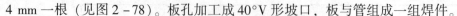

4 mm 一根（见图 2 - 78）。板孔加工成 40°V 形坡口，板与管组成一组焊件。

3. 焊丝

选用 ER50 - 6 型实心焊丝，直径为 1.2 mm。

4. CO₂ 气瓶

CO_2 气体纯度 ≥99.5%。

二、焊前清理、装配及定位焊

1. 焊前清理

焊前将试件板材坡口正反面两侧 20 mm 和管子端部 30 mm 范围内的油污、锈蚀、水分及其他污物清理干净，直至露出金属光泽，然后用锉刀修磨钝边 0.5 ~ 1 mm，无毛刺。

2. 装配及定位焊

装配间隙为 3.0 mm，管子插入孔板应垂直，四周间隙均匀，背面平齐，相差不能超过 0.4 mm，分别在管子顺时针 2 点钟和 10 点钟的位置进行定位焊。注意定位焊的焊接电流不易过大。

三、焊接参数

插入式管板垂直平焊焊接参数见表 2 - 32。

表 2 - 32　　　　　　　　　　插入式管板垂直平焊焊接参数

焊接层次	焊丝直径（mm）	焊丝伸出长度（mm）	焊接电流（A）	电弧电压（V）	焊接速度（m/h）	气体流量（L/min）
打底层			90 ~ 100	18 ~ 20		
填充层	1.2	8 ~ 15	130 ~ 140	20 ~ 22	25 ~ 30	15 ~ 20
盖面层			120 ~ 140	20 ~ 22		

四、焊接操作过程

1. 打底焊

在焊枪内焊丝端头距始焊处 2 mm 引燃电弧，自时钟 6 点钟位置始，沿圆周顺时针焊至 6 点钟位置终焊。施焊前要正确调节焊接电流与电弧电压匹配的最佳值，以获得完美的焊缝成形。施焊时，可采用锯齿形横向摆动运弧法。焊枪需要有三个运动：一是随着焊丝的熔化，焊枪及时向下给送；二是随着熔池温度和尺寸变化，焊枪向前进方向移动，形成焊缝；三是根据焊缝宽度和熔合的需要，横向摆动。电弧摆动到坡口两侧时稍停顿，注意调整焊枪与管、板之间的角，如图 2 - 79 所示。焊枪后倾夹角为 75° ~ 85°，如图 2 - 80 所示。要把焊丝送入坡口根部，以电弧能将坡口两侧钝边完全熔化为好。要认真观察熔池的温度、熔池的形状和熔孔的大小。熔孔过大，背面焊缝余高过高，甚至形成焊瘤或烧穿。熔孔过小，坡口两侧根部易造成未焊透缺陷。焊完后的背面焊缝余高为 0 ~ 3 mm。

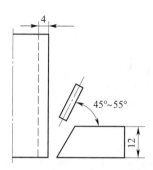

图 2 - 79　管板垂直平焊焊枪与管板角度示意图

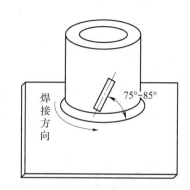

图 2 - 80　管板垂直平焊焊枪后倾夹角示意图

2. 填充焊

填充焊时，焊接电流要适当加大，电弧横向摆动的幅度视坡口宽度的增大而加大。焊完最后的填充层焊缝应比母材表面低 1 ~ 2 mm，这样使盖面层焊接时能看清坡口，保证盖面层焊缝边缘平直，焊缝与母材圆滑过渡。

3. 盖面焊

盖面焊时，电弧横向摆动的幅度应随坡口宽度的增大而继续增大，保持焊枪角度正确，防止管壁一侧产生咬边缺陷。电弧摆动到坡口两侧时应稍停顿，使坡口两侧温度均衡，焊缝熔合良好，边缘平直。焊完后的盖面层焊脚高度为管壁厚 + 0 ~ 3 mm。焊缝应宽窄整齐，高低一致，波纹均匀一致。

五、任务考核

完成插入式管板垂直平焊操作后，结合表 2 - 33 进行测评。

表 2 - 33　　　　　　　　　　　插入式管板垂直平焊操作评分表

项目	分值	评分标准	得分	备注
焊缝凸度	9	允许差 1 mm，每超差 1 mm 扣 4 分		
焊缝凹度	9	允许差 1 mm，每超差 1 mm 扣 4 分		
焊脚高度	10	允许差 1 mm，每超差 1 mm 扣 5 分		
接头成形	10	要求整齐、美观，成形良好，有一处脱节或超高扣 5 分		
焊缝直线度（mm）	10	平直，否则每处扣 5 分		
未熔合	8	不允许，否则每处扣 8 分		
咬边（mm）	8	深 <0.5，每长 10 扣 4 分；深 >0.5，每长 10 扣 8 分		
弧坑	7	出现不得分		
角变形 α	7	允许差 1°，每超差 1° 扣 3 分		
气孔	8	出现不得分		
电弧擦伤	7	出现不得分		
焊件清洁	7	清洁，否则每处扣 3 分		
合计	100	总得分		

模块三 钨极氩弧焊

任务1 认识钨极氩弧焊及其电源

学习目标

1. 了解氩弧焊的工作原理、分类及特点。
2. 了解钨极氩弧焊及其设备。
3. 了解钨极氩弧焊机的使用方法。

工作任务

本任务是由教师带领学生参观钨极氩弧焊生产车间，观察生产过程，从而比较深入地了解钨极氩弧焊的工作原理、设备构造、焊接过程等相关知识，为进一步进行焊接技能训练做准备。

相关知识

一、氩弧焊概述

氩弧焊是以氩气作为保护气体的一种气体保护电弧焊方法。

1. 氩弧焊的工作原理

氩弧焊的工作原理如图 3-1 所示。从焊枪喷嘴中喷出的氩气流，在焊接区形成厚而密的气体保护层而隔绝空气，同时，在电极与焊件之间燃烧产生的电弧热量使被焊处熔化，并填充焊丝，将被焊金属连接在一起，从而获得牢固的焊接接头。

2. 氩弧焊的分类

氩弧焊根据所用的电极材料，可分为钨极（不熔化极）氩弧焊（用 TIG 表示）和熔化极氩弧焊（用 MIG 表示）；按其操作方式，可分为手工氩弧焊、半自动氩弧焊和自动氩弧焊；若在氩弧焊电源中加入脉冲装置，又可分为钨极脉冲氩弧焊和熔化极脉冲氩弧焊。

氩弧焊的分类如图 3-2 所示。

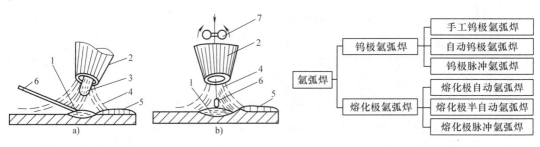

图 3 - 1 氩弧焊的工作原理

a）钨极氩弧焊 b）熔化极氩弧焊

1—熔池 2—喷嘴 3—钨极 4—气体

5—焊缝 6—焊丝 7—送丝滚轮

图 3 - 2 氩弧焊的分类

3. 氩弧焊的特点

（1）氩弧焊的优点

1）焊缝质量较高。由于氩气是惰性气体，可在空气与焊件间形成稳定的隔绝层，保证高温下被焊金属中合金元素不会氧化烧损，同时氩气不溶解于液态金属，故能有效地保护熔池金属，获得较高的焊接质量。

2）焊接变形与应力小。由于氩弧焊热量集中，电弧受氩气流的冷却和压缩作用，使热影响区窄，焊接变形和应力小，特别适宜于薄件的焊接。

3）可焊的材料范围广。几乎所有的金属材料都可进行氩弧焊。通常，氩弧焊多用于焊接不锈钢、铝、铜等有色金属及其合金，有时还用于焊件的打底焊。

4）操作技术易于掌握。采用氩气保护，焊接时无熔渣，且为明弧焊接，电弧、熔池可见性好，适合各种位置焊接，容易实现机械化和自动化。

（2）氩弧焊的缺点

1）熔池浅，熔敷速度慢，生产效率低。

2）钨极承载电流的能力较差，过大的电流会引起钨极熔化和蒸发，其微粒有可能进入熔池，造成污染（夹钨）。

3）氩气较贵，与其他电弧焊方法（如焊条电弧焊、埋弧焊、CO_2 气体保护焊等）相比较，生产成本较高。

4）不适于在有风的地方或露天施焊。

5）设备比较复杂。

本模块主要介绍钨极氩弧焊及其操作方法。

二、钨极氩弧焊概述

钨极氩弧焊又称为不熔化极氩弧焊，简称 TIG 焊。

钨极氩弧焊是使用高熔点的钨棒作为电极，在氩气流保护下，利用钨极与焊件之间的电弧热量来熔化母材及填充焊丝，形成焊缝。钨极本身不熔化，只起发射电子产生电弧的作用。其原理如图3－3所示。

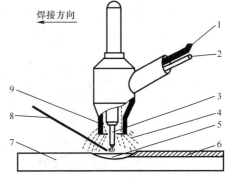

图 3 - 3 钨极氩弧焊原理图

1—电缆 2—保护气导管 3—钨极 4—保护气体

5—熔池 6—焊缝 7—焊件 8—填充焊丝 9—喷嘴

钨极氩弧焊有手工焊和自动焊两种操作方式。手工钨极氩弧焊时，焊工一手持焊枪，另一手持焊丝，随焊枪的摆动和前进，逐渐将焊丝填入熔池之中。当焊件较薄或焊缝间隙较小时也不填充焊丝，仅将母材材料熔化后形成焊缝。自动钨极氩弧焊是以传动机构带动焊枪行走，送丝机构尾随焊枪进行连续送丝的焊接方式。

进行钨极氩弧焊时，为了防止钨极的熔化和烧损，对所用焊接电流要有所限制，这样焊缝的熔池就会受到影响，因此只能用于薄板焊接，故生产效率不高。

三、钨极氩弧焊设备

手工钨极氩弧焊设备由焊接电源、控制系统、焊枪、供气系统及冷却系统等部分组成。如图 3 - 4 所示。

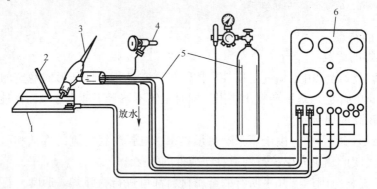

图 3 - 4　手工钨极氩弧焊设备的组成
1—焊件　2—焊丝　3—焊枪　4—冷却系统　5—供气系统　6—焊接电源

1. 焊接电源

因为手工钨极氩弧焊的电弧静特性与焊条电弧焊相似，所以任何具有陡降外特性的弧焊电源都可以作为氩弧焊电源。

钨极氩弧焊机根据其使用的电流种类不同，有直流钨极氩弧焊机、交流钨极氩弧焊机和脉冲钨极氩弧焊机三种。目前，常用的手工钨极交流氩弧焊机的型号为 WSJ - 150、WSJ - 300、WSJ - 400 和 WSJ - 500 等；手工钨极直流氩弧焊机的型号为 WS - 250、WS - 300 和 WS - 400 等；手工交直流两用氩弧焊机的型号为 WSE - 150、WSE - 400 等；脉冲氩弧焊机的型号为 WSM - 250、WSM - 400 等。常用的氩弧焊机如图 3 - 5 所示。

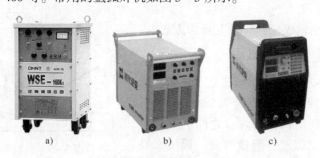

图 3 - 5　常用的氩弧焊机
a) 交直流两用氩弧焊机　b) 直流氩弧焊机　c) 脉冲氩弧焊机

资料卡片

　　直流电源电弧燃烧稳定。直流电源的连接可分为直流正接和直流反接两种。采用直流正接时，电弧燃烧稳定性更好。钨极氩弧焊电源极性如图3-6所示。

　　1. 直流正接

　　直流正接是焊件接正极、钨棒接负极的一种接线方法。直流正接如图3-6a所示。直流正接焊接时，钨极发热量小，不易过热。同样直径的钨棒可以采用较大的电流，焊件发热量大，熔池大，生产效率高。而且，由于钨棒为阴极，热电子发射能力强，电弧稳定而集中。因此，大多数金属宜采用直流正接焊接。

　　2. 直流反接

　　直流反接是焊件接负极、钨棒接正极的一种接线方法。直流反接如图3-6b所示。直流反接时，钨棒容易过热熔化。同样直径的钨棒许用电流要小得多，且焊缝宽而浅，一般不推荐使用。

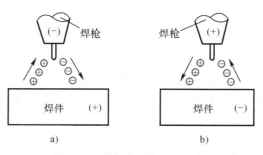

图3-6　钨极氩弧焊电源极性

a) 直流正接　b) 直流反接

　　焊机是将电能转换为焊接能量的设备，钨极氩弧焊机型号的含义见表3-1。

表3-1　　　　　　　　　　　　　钨极氩弧焊机型号的含义

第一字位		第二字位		第三字位		第四字位		第五字位	
代表字母	大类名称	代表字母	小类名称	代表字母	附注特征	代表字母	系列序号	单位	基本规格
W	TIG 焊机	Z	自动焊	省略	直流	省略	焊车式	A	额定焊接电流
						1	全位置焊车式		
		S	手工焊	J	交流	2	横臂式		
		D	点焊	E	交直流	3	机床式		
W	TIG 焊机	Q	其他	M	脉冲	4	旋转焊头式	A	额定焊接电流
						5	台式		
						6	焊接机器人		
						7	变位式		
						8	真空充气式		

焊机型号表示方法如下：

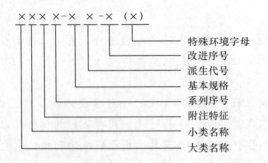

特殊环境字母
改进序号
派生代号
基本规格
系列序号
附注特征
小类名称
大类名称

2. 控制系统

氩弧焊机的控制系统主要用来控制和调节气、水、电的各个工艺参数以及启动、停止焊接。不同的操作方式有不同的控制程序，但大体上按下列程序进行。

当按下启动开关时，接通电磁气阀使氩气形成通路，经短暂延时后（延时线路的主要作用是控制气体提前输送和滞后关闭），同时接通主电路，给电极和焊件输送空载电压和接通高频引弧器，使电极和焊件之间产生高频火花并引燃电弧。电弧建立后，即进入正常的焊接过程。当焊接停止时，按下关闭开关，焊接电流衰减，经过一段延时后主电路电源切断，同时焊接电流消失，再经过一段延时，电磁气阀断开，氩气断路，此时焊接过程结束。手工钨极氩弧焊机的控制系统必须保证上述动作顺序，并做到各段延时均匀可调。如图3-7所示为交流手工钨极氩弧焊机的控制程序框图。

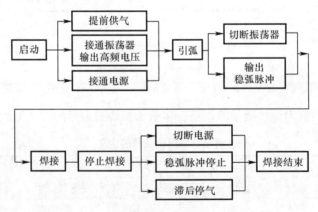

图3-7 交流手工钨极氩弧焊机的控制程序框图

3. 焊枪

焊枪主要由焊枪体、钨极夹头、进气管、电缆、喷嘴、按钮开关等组成。焊枪的作用是传导电流、夹持钨极、输送氩气。

氩弧焊焊枪分为大、中、小型三种，按冷却方式又可分为气冷式氩弧焊焊枪（见图3-8）和水冷式氩弧焊焊枪（见图3-9）。气冷式氩弧焊焊枪结构紧凑、便于操作、价格便宜，但限于小电流（150 A）焊接使用；使用的焊接电流超过150 A时，必须使用水冷式氩弧焊焊枪。水冷式氩弧焊焊枪适宜大电流和自动焊接使用。

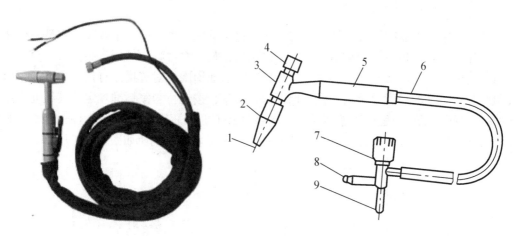

图 3 - 8　气冷式氩弧焊焊枪
1—钨极　2—陶瓷喷嘴　3—焊枪体　4—短帽　5—手把　6—电缆
7—气体开关手轮　8—通气接头　9—通电接头

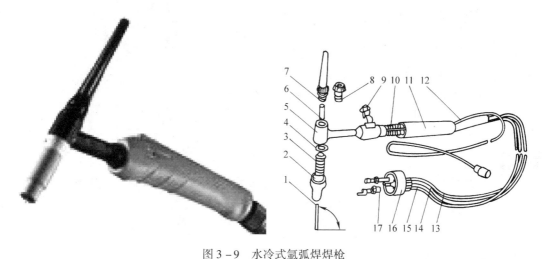

图 3 - 9　水冷式氩弧焊焊枪
1—钨极　2—陶瓷喷嘴　3—导流件　4、8—密封圈　5—焊枪体　6—钨极夹头　7—盖帽
9—船形开关　10—扎线　11—手把　12—插圈　13—进气皮管　14—出水皮管
15—水冷缆管　16—活动接头　17—水电接头

常见的喷嘴形状如图 3 - 10 所示。圆柱带锥形和圆柱带球形喷嘴的保护效果最佳，氩气流速均匀，容易保持层流，是生产中常用的形式。圆锥形喷嘴因氩气流速变快，气体挺度虽好一些，但容易造成紊流，保护效果较差。由于其操作方便，便于观察熔池，也经常使用。

4. 供气系统

供气系统包括氩气瓶、氩气流量调节器及电磁气阀等。

（1）氩气瓶

氩气是无色、无味的惰性气体，不与金属起化学反应，也不溶解于金属，它是一种理想的保护气体，一般是将空气液化后采用分馏法制取，是制氧过程中的副产品。

氩气的密度大，可形成稳定的气流层，覆盖在熔池周围，对焊接区有良好的保护作用。

氩弧焊对氩气的纯度要求很高，为保证焊接质量，按现行国家标准规定，其纯度应达到99.99%。焊接用工业纯氩气以瓶装供应，在温度20℃时满瓶压力为14.7 MPa，容积一般为40 L。氩气钢瓶外表涂灰色，并标有深绿色"氩"字样。氩气钢瓶如图3-11所示。

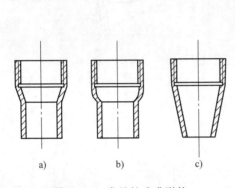

图3-10　常见的喷嘴形状

a）圆柱带锥形　b）圆柱带球形　c）圆锥形

图3-11　氩气钢瓶

注意

　　氩气瓶在使用中严禁敲击、碰撞，不得用电磁起重机搬运氩气瓶，夏季要防止日光暴晒，瓶内气体不能用尽。氩气瓶应直立放置。

（2）氩气流量调节器

氩气流量调节器不仅能起到降压和稳压的作用，而且可方便地调节氩气流量。AT-15型和AT-30型氩气流量调节器如图3-12所示。

（3）电磁气阀

电磁气阀是开闭气路的装置，由延时继电器控制，可起到提前供气和滞后停气的作用。

5. 冷却系统

冷却系统用于冷却焊接电缆、焊枪和钨极。当焊接电流小于150 A时，可以不用水冷却。

a)   b)

图 3 - 12   氩气流量调节器

a) AT - 15 型   b) AT - 30 型

任务实施

在焊接车间中除了有焊接设备外，还有焊接常用工具及防护用具，请仔细观察并在表 3 - 2 中记录。

表 3 - 2   参观钨极氩弧焊生产车间记录表

设备、工具及用具名称	型号	用途
参观时间		
观后感		

知识拓展

钨极氩弧焊机的使用

1. 使用焊机应注意的事项

（1）焊机应按外部接线图正确连接，并检查铭牌电压值与电源电压值，两者必须相符，外壳必须可靠接地。

（2）使用焊机前，必须检查水路、气路是否良好连接，以保证焊接时水、气正常供应。

（3）定期检查焊枪钨极夹头的夹紧情况，及时清理喷嘴上的渣壳。

（4）工作完毕或临时离开工作现场时，必须切断电源，关闭水源及气瓶阀门。

（5）焊工工作前，应看懂焊接设备使用说明书，熟悉焊接设备的构造，掌握正确的使用方法。

2. 钨极氩弧焊机常见故障及排除方法

钨极氩弧焊机常见故障有水路、气路堵塞或泄漏；焊枪钨极夹头未旋紧，引起电弧不稳；焊件与地线接触不良或钨极不洁引不起弧；焊机熔断器断路、焊枪开关接触不良使焊机不能正常启动等；还会有焊机内部电气元件损坏或其他机械设备故障。钨极氩弧焊机常见故障、产生原因及排除方法见表3-3。

表3-3　　　　　　　　　钨极氩弧焊机常见故障、产生原因及排除方法

故障特征	产生原因	排除方法
电源接通，指示灯不亮	（1）开关损坏 （2）熔丝烧断 （3）控制变压器损坏 （4）指示灯损坏	（1）更换开关 （2）更换熔丝 （3）更换控制变压器 （4）更换指示灯
控制线路有电，但焊机不能启动	（1）焊枪上的开关接触不良 （2）启动继电器有故障 （3）控制变压器损坏或接触不良	（1）更换焊枪上的开关 （2）检修启动继电器 （3）检修或更换控制变压器
振荡器有电，但引不起弧	（1）电源与焊件接触不良 （2）焊接电源接触器触点烧坏 （3）控制线路故障	（1）检修 （2）检修电源接触器 （3）检修控制线路
引弧后焊接过程中电弧不稳	（1）稳弧器有故障 （2）直流元件故障 （3）焊接电源线路接触不良	（1）检查稳弧器 （2）更换直流元件 （3）检修焊接电源线路
焊机启动后无氩气输出	（1）气路堵塞 （2）电磁气阀故障 （3）控制线路故障 （4）延时线路故障	（1）清理气路 （2）更换电磁气阀 （3）检修控制线路 （4）检修延时线路
无振荡或振荡火花微弱	（1）脉冲引弧器或高频振荡器故障 （2）火花放电间隙不对 （3）放电器云母击穿 （4）放电器电极烧坏	（1）检修 （2）调节放电间隙 （3）更换放电器云母 （4）更换放电器电极

任务 2　低非合金钢板对接平焊

学习目的

1. 掌握钨极氩弧焊焊接参数。
2. 掌握钨极氩弧焊基本操作技术。
3. 掌握手工钨极氩弧焊低非合金钢板对接平焊的操作。

工作任务

对接平焊是氩弧焊操作中基础的焊接操作。要想保证焊接出合格的焊件，首先应正确选择焊接参数，还应通过对接平焊的技能训练，掌握其操作技术。本任务要求完成如图 3－13 所示的低非合金钢板对接平焊训练。

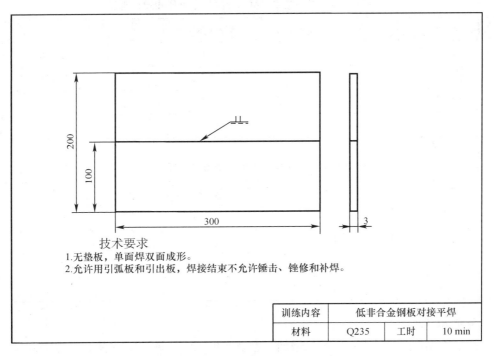

技术要求
1. 无垫板，单面焊双面成形。
2. 允许用引弧板和引出板，焊接结束不允许锤击、锉修和补焊。

训练内容	低非合金钢板对接平焊		
材料	Q235	工时	10 min

图 3－13　低非合金钢板对接平焊焊件图

相关知识

一、焊接参数

手工钨极氩弧焊的主要焊接参数有钨极直径、焊接电流、电弧电压、焊接速度、焊接电源的种类和极性、氩气流量、喷嘴直径、喷嘴与焊件间的距离、钨极伸出长度等。

1. 钨极直径与焊接电流

通常根据焊件的材质、厚度来选择焊接电流。钨极直径应根据焊接电流而定。如果钨极粗而焊接电流小，钨极端部温度不够，电弧会在钨极端部不规则地漂移，造成电弧不稳定；如果焊接电流超过钨极相应直径的许用电流时，钨极端部温度达到或超过钨极的熔点，会出现钨极端部熔化现象，甚至产生夹钨缺陷。只有钨极直径与焊接电流匹配时，电弧才会稳定燃烧。

可通过观察电弧情况来判断焊接电流是否合适。正常时，钨极端部呈熔化状的半球形，此时电弧稳定，焊缝成形良好；电流过小时，钨极端部电弧偏移，此时电弧飘移；电流过大时，钨极端部发热，钨极熔化部分脱落到熔池中形成夹钨等缺陷，并且电弧不稳，焊接质量差，如图 3 - 14 所示。

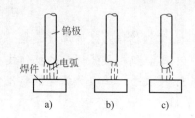

图 3 - 14　焊接电流和相应的电弧特征
a）焊接电流正常　b）焊接电流过小
c）焊接电流过大

不锈钢、耐热钢和铝合金手工钨极氩弧焊的钨极直径和焊接电流分别见表 3 - 4 和表 3 - 5。

表 3 - 4　　　　　不锈钢和耐热钢手工钨极氩弧焊的钨极直径和焊接电流

材料厚度（mm）	钨极直径（mm）	焊丝直径（mm）	焊接电流（A）
1.0	2	1.6	40 ~ 70
1.5	2	1.6	40 ~ 85
2.0	2	2.0	80 ~ 130
3.0	2 ~ 3	2.0	120 ~ 160

表 3 - 5　　　　　铝合金手工钨极氩弧焊的钨极直径和焊接电流

材料厚度（mm）	钨极直径（mm）	焊丝直径（mm）	焊接电流（A）
1.5	2	2	70 ~ 80
2.0	2 ~ 3	2	90 ~ 120
3.0	3 ~ 4	2	120 ~ 130
4.0	3 ~ 4	2.5 ~ 3	120 ~ 140

2. 电弧电压

电弧电压主要由弧长决定。弧长增加，容易产生未焊透缺陷，并使氩气保护效果变差。因此，应在电弧不短路的情况下，尽量控制弧长，一般弧长近似等于钨极直径。

3. 焊接速度

焊接速度通常是由焊工根据熔池的大小、形状和焊件熔合情况随时调节。过快的焊接速度会使气体保护氛围破坏，焊缝容易产生未焊透和气孔缺陷；焊接速度太慢时，焊缝容易烧穿和咬边。

氩气保护是柔性的，当焊接速度过快时，则氩气气流会弯曲，保护效果减弱。焊接速度对保护效果的影响如图 3-15 所示。

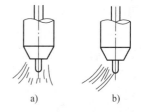

图 3-15 焊接速度对保护效果的影响
a）速度正常 b）速度过快

4. 焊接电源的种类和极性

手工钨极氩弧焊可以采用交流或直流两种焊接电源，采用哪种电源与所焊金属或合金种类有关，采用直流电源时还要考虑极性的选择，见表 3-6。

表 3-6   电源种类和极性的选择

材料	直流		交流
	正接	反接	
铝及铝合金	×	◎	△
铜及铜合金	△	×	◎
铸铁	△	×	◎
低非合金钢、低合金钢	△	×	◎
高合金钢、镍及镍合金、不锈钢	△	×	◎
钛合金	△	×	◎

注：△——最佳；◎——可用；×——最差。

5. 氩气流量与喷嘴直径

喷嘴直径直接影响保护区的范围，一般根据钨极直径来选择。可按下列经验公式确定：

$$D = 2d + 4$$

式中 D——喷嘴直径，mm；

      d——钨极直径，mm。

通常，焊枪选定之后，喷嘴直径很少改变，而是通过调整氩气流量来加强气体保护效果。流量合适时，熔池平稳，表面明亮无渣，无氧化痕迹，焊缝成形美观；流量不合适时，熔池表面有熔渣，焊缝表面发黑或有氧化皮。氩气的合适流量可按下列经验公式计算，其中 0.8~1.2 为经验系数。

$$q_v = (0.8 \sim 1.2) D$$

式中 q_v——氩气流量，L/min；

      D——喷嘴直径，mm。

D 较小时，经验系数取下限；D 较大时，经验系数取上限。

在生产实践中，孔径为 12~20 mm 的喷嘴，最佳氩气流量为 8~16 L/min。常用的喷嘴直径一般取 8~20 mm。

6. 喷嘴与焊件间的距离

喷嘴与焊件间的距离以 8~14 mm 为宜。距离过大，气体保护效果差；距离过小，虽对气体保护有利，但能观察的范围和保护区域变小。

7. 钨极伸出长度

为了防止电弧热烧坏喷嘴，钨极端部应凸出喷嘴之外，其伸出长度一般为 3 ~ 5 mm。伸出长度过小，会影响焊工的视线，不便于观察熔池状况，对操作不利；伸出长度过大，气体保护效果会受到一定的影响。

钨极伸出长度是否合适，可通过测定氩气有效保护区域的直径来判断。

测定的方法是采用交流电源在铝板上引燃电弧，焊枪固定不动，电弧燃烧 5 ~ 6 s 后切断电源。铝板上留下的银白色区域（见图 3 - 16）称为氩气有效保护区或去氧化膜区，直径越大，说明气体保护效果越好。

另外，生产实践中，可通过观察焊缝表面色泽，以及是否有气孔来判定氩气保护效果，见表 3 - 7 和表 3 - 8。

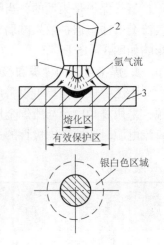

图 3 - 16　氩气有效保护区
1—钨极　2—焊枪　3—焊件

表 3 - 7　　　　　　　　　不锈钢件焊缝表面色泽与保护效果的评定

焊缝表面色泽	银白色、金黄色	蓝色	红灰色	黑灰色
保护效果	最好	良好	较好	差

表 3 - 8　　　　　　　　　铝及铝合金件焊缝表面色泽与保护效果的评定

焊缝表面色泽	银白有光泽	白色无光泽	灰白色无光泽	灰黑无光泽
保护效果	最好	较好	差	最差

二、焊接基本操作技术

手工钨极氩弧焊是一种需要焊工用双手同时操作的焊接方法。操作时，焊工双手要互相协调配合，才能焊出质量符合要求的优质焊缝，从这方面说，它的操作难度比焊条电弧焊和熔化极气体保护焊大。

手工钨极氩弧焊基本操作技术主要包括引弧、焊枪移动、送丝、收弧和焊道接头等。

1. 引弧

手工钨极氩弧焊的引弧方法有两种：一种是短路接触引弧，另一种是借助引弧器的非接触引弧。

（1）短路接触引弧

焊前用引弧板、铜板或碳块在钨极和焊件之间以短路接触直接引弧。这是气冷式焊枪常采用的引弧方法，其缺点是在引弧过程中钨极损耗大，容易使焊缝产生夹钨。同时，钨极端部形状容易被破坏，增加了磨制钨极的时间，不仅降低焊接质量，而且还使氩弧焊的效率下降。

（2）非接触引弧

有高频高压引弧和高压脉冲引弧两种方式；利用高频振荡器产生的高频电压击穿钨极与焊件之间的间隙（约 3 mm）而引燃电弧，或在钨极与焊件之间加一高压脉冲，使两极间的气体介质电离而引燃电弧。这是一种较好的引弧方法。

　　进行交流钨极氩弧焊时，往往是既用高压脉冲引弧，又用高压脉冲稳弧，引弧和稳弧脉冲由共同的主电路产生，但是又有各自的触发电路。该电路的设计是在焊机空载时，只有引弧脉冲，而不产生稳弧脉冲；电弧一旦产生，就只产生稳弧脉冲，而引弧脉冲自动消失。

　　手工钨极氩弧焊通常使用高频高压引弧或高压脉冲引弧。开始引弧时，先使钨极和焊件之间保持一定的距离，然后接通引弧器，在高频电流或高压脉冲电流的作用下，保护气体被电离而引燃电弧，开始正式焊接。

2. 焊枪摆动方式

　　手工钨极氩弧焊的焊枪运行基本动作包括焊枪沿钨极轴线的送进、沿焊缝轴线方向纵向移动和横向摆动，尽管基本动作只有三种，但焊枪摆动的方式很多，在选用时，应根据焊件材料、接头形式、装配间隙、钝边、焊接位置、焊丝直径、焊接参数和焊工操作习惯等因素而定。手工钨极氩弧焊基本的焊枪摆动方式及适用范围见表 3-9。

表 3-9　　　　　　　　　手工钨极氩弧焊基本的焊枪摆动方式及适用范围

焊枪摆动方式	摆动方式示意图	适用范围
直线形	 ←	I 形坡口对接焊 多层多道焊的打底焊
锯齿形		对接接头全位置焊 角接接头的立焊、横焊和仰焊
月牙形		
圆圈形		厚件对接平焊

3. 焊接操作手法

　　焊接操作手法有左焊法和右焊法两种，如图 3-17 所示。

　　（1）左焊法

　　左焊法应用比较普遍，焊接过程中，焊枪和焊丝都是从右端向左端移动，焊接电弧指向未焊接部分，焊丝位于电弧的前面，以点滴法加入熔池。

　　1）优点。焊接过程中，焊工视野不受阻碍，便于观察和控制熔池的情况。由于焊接电弧指向未焊部位，起到预热的作用，所以有利于焊接壁厚较薄的焊件，特别适用于打底焊。焊接操作方便简单，初学者容易掌握。

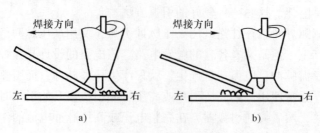

图 3 - 17　焊接操作手法

a）左焊法　b）右焊法

2）缺点。多层焊、焊大焊件时，热量利用率低，影响焊接熔敷效率的提高。

（2）右焊法

1）优点。焊接过程中，焊枪和焊丝从左端向右端移动，焊接电弧指向已焊完的部分，使熔池冷却缓慢，有利于改善焊缝组织，减少气孔、夹渣缺陷。同时，由于电弧指向已焊的金属，提高了热量利用率，在相同的焊接热输入下，右焊法比左焊法熔深大，所以特别适宜焊接厚度大、熔点较高的焊件。

2）缺点。由于焊丝在熔池的后方，焊工观察熔池不如左焊法清楚，控制焊缝熔池温度比较困难。此种焊接方法无法在管道上焊接（特别是小直径管），且焊接过程操作比较难掌握，故焊工不喜欢使用。

4. 填丝的基本操作技术

（1）连续填丝

连续填丝对保护层的扰动较少，但是操作技术较难掌握。连续填丝时，用左手的拇指、食指、中指配合送丝，无名指和小指夹住焊丝，控制送丝的方向，手工钨极氩弧焊的连续填丝操作如图 3 - 18a 所示。连续填丝时的手臂动作不大，待焊丝快使用完时才向前移动。连续填丝多用于填充量较大的焊接。

（2）断续填丝

断续填丝又称点滴送丝。焊接时，送丝末端应该始终处在氩气保护区内，靠手臂和手腕的上下反复动作，把焊丝端部的熔滴一滴一滴地送入熔池中。为了防止空气侵入熔池，送丝动作要轻，焊丝端部的动作应该始终处在氩气保护区内，不得扰乱氩气保护区，全位置焊接多用此方法填丝。手工钨极氩弧焊的断续填丝操作如图 3 - 18b 所示。

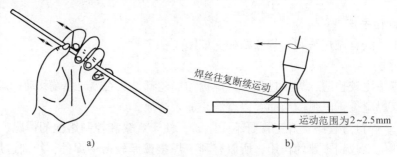

图 3 - 18　手工 TIG 焊的填丝操作

a）连续填丝　b）断续填丝

（3）焊丝紧贴坡口与钝边同时熔化填丝

焊前将焊丝弯成弧形，紧贴坡口间隙，而且焊丝的直径要大于坡口间隙。焊接时，焊丝和坡口钝边同时熔化形成打底层焊缝。此法可以避免焊丝阻碍焊工的视线，多用于可焊性较差位置的焊接。

（4）填丝操作注意事项

1）填丝时，焊丝与焊件表面成 15°夹角，焊丝准确地从熔池前缘送进，熔滴滴入熔池后迅速撤出，焊丝端头始终处在氩气保护区内，如此反复进行。

2）填丝时，仔细观察坡口两侧熔化后再进行填丝，以免出现熔合不良缺陷。

3）填丝时，速度要均匀，快慢要适当，过快，焊缝余高大；过慢，焊缝出现下凹和咬边缺陷。

4）坡口间隙大于焊丝直径时，焊丝应与焊接电弧做同步横向摆动，而且送丝速度与焊接速度要同步。

5）填丝时，不应把焊丝直接放在电弧下面，不要让熔滴向熔池"滴渡"。填丝的位置如图 3 - 19 所示。

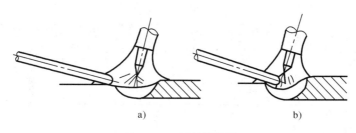

图 3 - 19　填丝的位置
a）正确　b）不正确

6）填丝操作过程中，如因焊丝与钨极相碰而导致短路，会造成焊缝污染和夹钨，此时应该立即停止焊接，将污染的焊缝打磨至露出金属光泽，同时还要重新打磨钨极端部形状。

任务实施

一、焊前准备

1. 焊机

WSJ - 300 型钨极氩弧焊机。

2. 焊枪

气冷式焊枪。

3. 氩气瓶

氩气瓶及 AT - 15 型氩气流量调节器，氩气纯度不低于 99.99%。

4. 钨极

WCe - 20 铈钨极，直径为 2.5 mm 和 3 mm，端头磨成 30°圆锥形，锥端直径为 0.5 mm。

5. 焊件

Q235 钢板，尺寸（长×宽×厚）为 300 mm×100 mm×3 mm，两块为一组。

6. 焊丝

选用 ER50-6 型焊丝，尺寸为 2.5 mm 和 3 mm。

二、焊前清理、装配及定位焊

1. 焊前清理

采用钢丝刷或砂布将焊接处和焊丝表面清理干净，直至露出金属光泽。

2. 装配及定位焊

定位焊时先焊焊件两端，然后在中间加定位焊缝。必须待焊件边缘熔化形成熔池后再加入焊丝，定位焊缝宽度应小于最终焊缝宽度。定位焊也可以不填焊丝，直接利用母材的熔合进行定位。定位焊之后必须校正焊件（保证不错边），并做适当的反变形。

三、焊接参数

对接平焊焊接参数见表 3-10。

表 3-10　　　　　　　　　　　　　　对接平焊焊接参数

焊道层次	钨极直径（mm）	喷嘴直径（mm）	钨极伸出长度（mm）	氩气流量（L/min）	焊丝直径（mm）	焊接电流（A）
打底层（1）	2.5	8～12	5～6	8～12	2.5	70～90
盖面层（2）	3	8～12	5～6	10～14	3	100～120

四、焊接操作过程

1. 调试焊机

（1）焊机的焊前检查包括检查气路和电路，分别开启气阀和电源开关，若无异常情况可进行下一步工作。

（2）在正式操作前，调整好焊接参数，通过短时焊接，对设备进行一次负载检查，检查气路和电路系统工作是否正常，进一步发现在空载时无法暴露的问题，确认无问题后准备焊接。

2. 打底焊

采用左焊法，焊枪与焊件表面成 70°～85°夹角，填充焊丝与焊件表面的夹角以 10°～15°为宜，如图 3-20 所示。

起焊时，将稳定燃烧的电弧拉向定位焊缝的边缘，用焊丝迅速触及焊接部位进行试探，当感到该部位变软开始熔化时，立即填加焊丝，焊丝的填充一般采用断续点滴填充法，即焊丝端部在氩气保护区内，向熔池边缘以滴状往复加入，焊枪向前微微摆动。焊丝的填加和焊枪的运行动作要配合协调，焊枪要保持一定的弧长，平稳而均匀地前移。填充焊丝时，焊丝端部位于钨极前下方，不可触及钨极，钨极端部要对准坡口根部的中心线，防止焊缝偏移和熔合不良。遇到

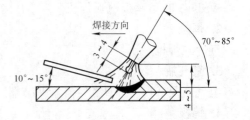

图 3-20　焊枪、焊件与焊丝的相对位置和夹角

定位焊缝时，可适当抬高焊枪，并加大焊枪与焊件间的角度，以保证焊透。

焊接过程中，若焊件间隙变小时，则应停止填丝，将电弧压低 1～2 mm，直接将间隙击穿；当间隙增大时，应快速向熔池填加焊丝，然后向前移动焊枪，以避免产生烧穿和塌陷现象。如果发现有下沉趋向时，必须断电熄弧片刻，再重新引弧继续焊接。

> **注意**
>
> 1. 将电弧引燃后，保持喷嘴至焊接处有一定距离并稍停留，使母材形成熔池后再送丝。
>
> 2. 填充焊丝时，焊丝的端头切勿与钨极接触，否则焊丝会被钨极沾染，熔入熔池后形成夹钨，并且钨极端头沾有焊丝熔化金属，端头将变为球状，影响正常焊接。

（1）焊道接头

在焊接过程中，由于某种原因，一条焊道没有焊完，中途停止（称为停弧），再引燃电弧继续焊接，就出现了焊道接头。

无论焊接打底层焊道或填充层焊道，控制接头的质量很重要，由于温度的差别和填充金属量的变化，该处易出现未焊透、夹渣、气孔和成形不良等缺陷，所以焊接过程中应尽量避免停弧，减少接头。但是在实际操作时，需要更换焊丝、钨极，并改变焊接位置，或要求对称分段焊等，此时必须停弧，因此接头是不可避免的，故应尽可能地控制接头的质量。

正确的接头方法是收弧时要加快焊接速度，收弧的焊道长度为 10～15 mm；焊枪在停弧的地方重新引燃电弧，待熔池基本形成后，再向后压 1～2 个波纹；接头起点不加或少加焊丝，即可转入正常焊接。

> **操作技巧**
>
> 一根焊丝用完后，焊枪暂不抬起，按下电流衰减开关，左手迅速更换焊丝，将焊丝端头置于熔池边缘后，使用正常焊接电流继续进行焊接。
>
> 若条件不允许，则应先使用衰减电流，停止送丝，等待熔池缩小且凝固后，再移开焊枪。进行接头时，采用与始焊时相同的方法引弧，然后将电弧拉至收弧处，压低电弧，直接击穿坡口根部，形成新的熔池后，再填丝焊接。

（2）收弧

当焊接终止时就要收弧。焊缝收弧时，要采用电流自动衰减装置控制电弧，以免形成弧坑。在使用没有引出板或焊接电流衰减装置的氩弧焊机的情况下，收弧时应该采用改变焊枪角度、拉长焊接电弧、加快焊接速度等措施。在对圆形焊缝或首尾相连的焊缝收弧时，多采用稍拉长的电弧使焊缝重叠 20～40 mm，重叠的焊缝部分可以不加焊丝或少加焊丝。焊接电弧收弧后，气路系统应该延时 10 s 左右再停止送气，防止焊缝金属在高温下继续被氧化，同时防止炽热的钨极外伸部分被氧化。

提示

1. 收弧时，不要突然拉断电弧，要往熔池里多加一些填充金属，填满弧坑（视熔池宽度而定，也可不一次填满弧坑），然后缓慢提起电弧。若还存在弧坑缺陷，可重新引弧填充焊丝，直至填满弧坑。

2. 若收弧方法不正确，在收弧处容易发生弧坑裂纹、气孔和烧穿等缺陷。因此，收弧技术的好坏将直接影响焊缝质量和成形是否美观。

3. 盖面焊

盖面层焊接要相应加大焊接电流，并要选择比打底焊时直径稍大的钨极及焊丝。操作时，焊丝与焊件间的角度尽量减小，送丝速度相对快些，并且连续均匀。焊枪做横向摆动，一般做小锯齿形摆动即可，其幅度比打底焊时稍大，在坡口两侧稍停留，熔池超过坡口棱边 $0.5 \sim 1$ mm，根据焊缝的余高决定填丝速度，保证坡口两侧熔合良好，焊缝均匀平整。

4. 结束焊接

（1）焊后关闭气路和电源，将焊枪连同输气管和控制电缆等盘好挂起，并清理工作现场。

（2）清理焊件，检查焊缝质量。

注意

1. 如果定位焊缝有缺陷，必须将缺陷磨掉，不允许用重熔的办法来处理定位焊缝上的缺陷。

2. 打底焊时，应尽量采用短弧焊接，填丝量要少，焊枪尽可能不摆动。当焊件间隙较小时，可直接进行击穿焊接。

3. 往往焊至收弧处感觉温度已提高很多，这时就应适当加快焊接速度，收弧时多送几滴熔滴填满弧坑，防止产生弧坑裂纹。

五、任务考核

完成低非合金钢板对接平焊操作后，结合表 3-11 进行测评。

表 3-11 低非合金钢板对接平焊操作评分表

项目	分值	评分标准	得分	备注
焊缝宽度 c(mm)	10	$4 \leqslant c \leqslant 6$，超差不得分		
焊缝宽度差 c'(mm)	8	$c' \leqslant 1$，超差不得分		
焊缝余高 h(mm)	10	$0 \leqslant h \leqslant 2$，超差不得分		

续表

项目	分值	评分标准	得分	备注
焊缝余高差 h'（mm）	8	$h'\leqslant1$，超差不得分		
错边量（mm）	8	$\leqslant0.5$，超差不得分		
焊后角变形 α	8	$\alpha\leqslant3°$，超差不得分		
夹渣	8	每出现一处扣4分		
气孔	8	每出现一处扣4分		
未焊透	8	每出现一处扣4分		
未熔合	8	每出现一处扣4分		
咬边	8	每出现一处扣4分		
凹陷	8	每出现一处扣4分		
合计	100	总得分		

资料卡片

氩弧焊的危害及防护

一、氩弧焊的危害

氩弧焊的危害主要有以下三方面：

1. 放射性

钍钨极中的钍是放射性元素，但钨极氩弧焊时钍钨极的放射剂量很小，在允许范围之内，危害不大。如果放射性气体或微粒进入人体作为内放射源，则会严重影响身体健康。

2. 高频电场

采用高频引弧时，产生的高频电场强度为 60～110 V/m，超过参考卫生标准（20 V/m）数倍，但由于时间很短，对人体影响不大。如果频繁起弧，或者把高频振荡器作为稳弧装置在焊接过程中持续使用，则高频电场将成为有害因素之一。

3. 有害气体

进行氩弧焊时，弧柱温度高，紫外线辐射强度远大于一般电弧焊，因此在焊接过程中会产生大量的臭氧和氮氧化物。如不采取有效通风措施，这些气体对人体健康影响很大。这是氩弧焊过程中最主要的有害因素。

二、安全防护措施

进行钨极氩弧焊时，除要防止触电外，还应注意以下几个方面：

1. 防射线

尽可能采用放射线剂量极低的铈钨极。钍钨极和铈钨极加工时，应采用密封式或抽风式砂轮磨削，操作者应佩戴口罩、手套等，加工后要洗净手脸。钍钨极和铈钨极应放在铅盒内保存。

2. 防高频

为了防备和削弱高频电场的影响，采取的措施有：

（1）使工件良好接地，焊枪电缆和地线要有金属编织线屏蔽。

（2）适当降低频率。

（3）尽量不使用高频振荡器作为稳弧装置，减少高频电场作用时间。

3. 通风

氩弧焊工作现场要有良好的通风装置，以排出有害气体及烟尘。除厂房通风外，可在焊接工作量大、焊机集中的地方安装几台轴流风机向外排风。此外，还可采用局部通风的措施将氩弧焊地点周围的有害气体抽走，如采用明弧排烟罩、排烟焊枪、轻便小风机等。

4. 其他个人防护

进行氩弧焊时，由于臭氧和紫外线作用强烈，宜穿戴非棉布工作服（如耐酸呢、柞丝绸等）。在容器内焊接又不能采用局部通风的情况下，可以采用送风式头盔、送风口罩或防毒口罩等个人防护设施。

任务 3　　小直径管水平固定氩弧焊

学习目标

1. 掌握钨极氩弧焊焊丝及钨极的相关知识。
2. 掌握小直径管水平固定氩弧焊的焊接方法及操作。

工作任务

管件水平固定焊位是将管对接试件在空间水平位置进行固定，焊接时管子不动，焊工沿着坡口自下而上进行焊接。管水平固定对接焊同时包括平焊、立焊和仰焊三种位置。小直径管水平固定对接焊操作技术难度较大。利用手工钨极氩弧焊进行全位置焊具有电弧稳定、质量优异、可控制性好、便于操作的特点，在低非合金钢、低合金高强度钢、耐热钢和不锈钢管对接焊中已得到了广泛应用。

本任务要求完成如图 3-21 所示的小直径管水平固定氩弧焊训练。

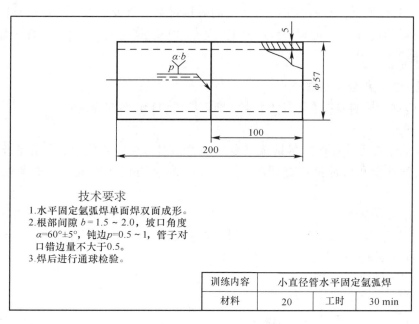

技术要求
1. 水平固定氩弧焊单面焊双面成形。
2. 根部间隙 $b = 1.5 \sim 2.0$，坡口角度 $\alpha=60°±5°$，钝边 $p=0.5 \sim 1$，管子对口错边量不大于0.5。
3. 焊后进行通球检验。

训练内容	小直径管水平固定氩弧焊		
材料	20	工时	30 min

图 3-21　小直径管水平固定氩弧焊焊件图

相关知识

　　水平固定管打底焊时，应根据焊接位置的不同变换填丝方式，在仰焊及斜仰焊爬坡位置时，宜采用内填丝法，如图 3-22 所示，即焊丝顺着坡口间隙插入管内，由管内侧向熔池过渡熔滴，这样可以避免背面焊缝产生内凹。

　　当在立焊、斜平焊及平焊位置时，恢复常用的外填丝法。

图 3-22　仰焊位置
内填丝法示意图

> **提示**
>
> 　　1. 焊接过程中，应尽量压低电弧，熔孔尺寸以熔化坡口每侧 0.5~1 mm 为宜。焊丝随着焊枪的摆动而摆动，均匀地送入熔池。焊枪摆动速度为在坡口两侧稍加停顿，中间稍快，以控制熔池温度。在斜平焊至平焊位置时，送丝速度要适当加快，以防熔池下坠。
>
> 　　2. 钨极氩弧焊要根据焊件的材质，选取不同的电源种类和极性，这对保证焊接质量很重要。
>
> 　　3. 手工钨极氩弧焊是双手同时操作，这一点有别于焊条电弧焊。操作时，双手配合协调显得尤为重要。因此，应加强这方面的基本功训练。

为了保证焊缝质量，对钨极氩弧焊所用的焊接材料（焊丝、钨极）要求是很高的。因为在钨极氩弧焊时，氩气仅起保护作用，主要靠焊丝熔化来完成合金化，以保证焊缝质量。

一、焊丝

1. 焊丝分类及牌号编制方法

钨极氩弧焊所用的焊丝主要有两大类，即钢焊丝和非铁金属焊丝。

（1）钢焊丝

钨极氩弧焊所用的焊丝应尽量选用专用焊丝，以减少主要化学成分的变化，保证焊缝金属的力学性能和熔池液态金属的流动性，获得良好的焊缝成形，避免产生裂纹等缺陷。

（2）非铁金属焊丝

焊接铝、镁、铜、钛及其合金时，一般均采用与母材相当的填充金属作为焊丝，也可采用与母材相同的薄板剪成小条当焊丝使用。

（3）焊丝牌号的编制方法

1）碳素钢和合金结构钢焊丝

①牌号前的字母 H 表示焊接用钢丝。

②前两位数字表示其含碳量（质量分数的万分数），如"08"表示该焊丝的平均含碳量（质量分数）为 0.08%。

③焊丝中化学元素采用化学符号表示，例如 Si、Mn、Cr 等。

④焊丝主要合金元素含量，除个别微量合金元素外，均为质量分数。当平均含碳量（质量分数）小于 1% 时，钢焊丝牌号中一般只标元素符号，不标含量。

⑤在牌号后加字母 A 表示优质焊丝，在牌号后加字母 E 表示高级优质焊丝。

2）不锈钢焊丝

①焊丝中含碳量（质量分数）以千分数表示，如 H1Cr17 焊丝的平均含碳量（质量分数）为 0.1%。

②焊丝中含碳量（质量分数）不大于 0.03% 或不大于 0.08% 时，H 后分别以 00 或 0 表示超低碳或低碳不锈钢焊丝，如 H00Cr19Ni12Mo2、H0Cr20Ni 等。

③其余各项表示方法同优质碳素钢和合金结构钢焊丝。

2. 焊丝的作用及要求

（1）焊丝的作用

进行手工钨极氩弧焊时，焊丝的作用是填充金属与熔化的母材混合而形成的焊缝。

（2）对焊丝的要求

1）焊丝的化学成分应与母材的化学成分相匹配，而且要严格控制其化学成分、纯度和质量。

2）为了补偿电弧燃烧过程中化学成分的损失，焊丝的主要合金成分的含量应比母材稍高。

3）焊丝应符合国家标准规定，并有厂家的质量合格证书。

4）手工钨极氩弧焊所用焊丝，一般为每根长 500～1 000 mm 的直丝。

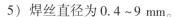

5）焊丝直径为 0.4～9 mm。

3. 焊丝的使用与保管

（1）焊丝应符合国家标准规定

氩弧焊所用的焊丝应符合国家标准规定。焊接铝及铝合金的焊丝应符合 GB/T 10858—2008《铝及铝合金焊丝》的规定；焊接不锈钢的焊丝用钛来控制气孔，用锰、铌或其组合来控制裂纹，应符合 YB/T 5092—2016《焊接用不锈钢丝》的规定；焊接铜及铜合金的焊丝应符合 GB/T 9460—2008《铜及铜合金焊丝》的规定。

（2）所用焊丝的化学成分应与母材的化学成分接近

氩弧焊所用的焊丝一般与母材的化学成分相近。但是从耐蚀性、强度及表面形状考虑，焊丝的成分也可与母材不同。异种材料焊接时，所选用的焊丝应考虑焊接接头的抗裂性和碳扩散等因素。如异种材料的组织接近，仅强度级别有差异，则选用的焊丝合金元素含量介于两者之间，当有一侧为奥氏体不锈钢时，可选用含镍量较高的不锈钢焊丝。

（3）焊丝应有质量合格证书

焊丝应有生产厂家的质量合格证书。无合格证书或对其质量有怀疑时，应按批或按盘进行检验，特别是非标准生产的专用焊丝，必须经焊接工艺性能评定合格后方可投入使用。

（4）焊丝的清理

钨极氩弧焊焊丝在使用前应采用机械方法或化学方法清除其表面的油脂、锈蚀等，并使其露出金属光泽。

二、钨极

1. 钨极的作用

钨是一种难熔的金属材料，能耐高温，其熔点高达 3 410℃，导电性好，强度高。钨极氩弧焊使用钨极作为电极，起传导电流、引燃电弧和维持电弧正常燃烧的作用。

2. 对钨极材料的要求

钨极除应耐高温、电流容量大、施焊损耗小之外，还应具有很强的电子发射能力，从而保证引弧容易、电弧稳定。

钨极必须经过清洗抛光或磨光。清洗抛光是指在拉拔或锻造加工之后，用化学清洗方法除去表面杂质。对钨极化学成分的要求见表 3 – 12。

3. 钨极的种类、牌号及规格

常用的钨极材料有纯钨极、钍钨极和铈钨极等。

（1）纯钨极

其牌号是 W1、W2，纯度为 99.85% 以上。纯钨极要求焊机空载电压较高，使用交流电时，承载电流能力较差，故目前很少采用。

（2）钍钨极

其牌号是 WTh – 7、WTh – 10、WTh – 15，是在纯钨中加入 1%～2% 的氧化钍（ThO_2）而成。钍钨极电子发射率提高，增大了许用电流范围，降低了空载电压，可改善引弧和稳弧性能，但是具有微量放射性。

表3-12 对钨极化学成分的要求

钨极类别	牌号	化学成分（质量分数,%）						
		W（≥）	ThO₂	CeO	SiO₂（≤）	Fe₂O₃、Al₂O₃（≤）	Mo（≤）	CaO（≤）
纯钨极	W1	99.92	—	—	0.03	0.03	0.01	0.01
	W2	99.85	杂质成分的总质量分数不大于0.15（%）					
钍钨极	WTh-7	余量	0.7~0.99	—	0.06	0.02	0.01	0.01
	WTh-10	余量	1.0~1.49	—	0.06	0.02	0.01	0.01
	WTh-15	余量	1.5~2.0	—	0.06	0.02	0.01	0.01
铈钨极	WCe-20	余量	—	1.8~2.2	0.06	0.02	0.01	0.01
锆钨极	WZr-15	99.63	—	—	—	—	—	—

（3）铈钨极

其牌号是WCe-20，是在纯钨中加入2%的氧化铈（CeO）而成。铈钨极比钍钨极更容易引弧，烧损率比后者低5%~50%，使用寿命长，放射性极低，是目前推荐使用的电极材料。

（4）钨极的规格

钨极的长度范围为76~610 mm，直径分为0.5 mm、1.0 mm、1.6 mm、2.0 mm、2.5 mm、3.2 mm、4.0 mm、5.0 mm、6.3 mm、8.0 mm、10 mm等多种。

为了方便使用，钨极的一端常涂有颜色，以便识别。例如，钍钨极涂红色，铈钨极涂灰色，纯钨极涂绿色。

钨极端部的质量对焊接电弧稳定性及焊缝成形有很大的影响，因此，使用前对钨极端部应进行磨削。使用交流电时，钨极端部应磨成球形，以减小极性变化对电极的损耗；使用直流电时，因电源多采用直流正接，为使电弧集中燃烧稳定，钨极端部多磨成圆台形；用小电流施焊时，可以磨成圆锥形。钨极端部的形状如图3-23所示。

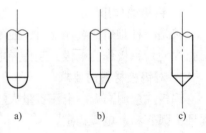

a) b) c)

图3-23 钨极端部的形状
a）球形 b）圆台形 c）圆锥形

磨削钨极应采用专用的硬磨料精磨砂轮，应保持钨极磨削后几何形状的均一性。磨削钨极时，应采用密封式或抽风式砂轮机，操作者应戴口罩，磨削完毕应洗净手脸。

任务实施

一、焊前准备

1. 焊机

WS-250型手工钨极氩弧焊机，采用直流正接。

2. 焊枪

气冷式焊枪。

3. 氩气瓶

氩气瓶及 AT - 15 型氩气流量调节器，氩气纯度不低于 99.99%。

4. 钨极

WCe - 20 铈钨极，直径为 2.5 mm，端头磨成 30°圆锥形，锥端直径 0.5 mm。

5. 焊件

20 钢管，尺寸为 φ57 mm×100 mm×5 mm，一侧加工 30°坡口，两段组成一对。

6. 焊丝

选用 ER50 -6 型焊丝，直径为 2.5 mm。

二、焊前清理、装配及定位焊

1. 焊前清理

清理坡口及其正反面两侧 20 mm 范围内和焊丝表面的油污、锈蚀、水分，直至露出金属光泽，然后用丙酮进行清洗。

2. 装配及定位焊

将清理好的焊件固定在 V 形槽焊接支架上，留出所需间隙，保证两管同轴，在时钟 10 点钟处（先逆时针进行焊接）进行一点定位焊。并保证该处间隙为 2 mm，与它相隔 180°处间隙为 1.5 mm，使管子轴线垂直并加固定点，间隙小的一侧位于右边。定位焊缝两端应先打磨成斜坡，以利于接头。焊件装配的各项尺寸见表 3 - 13。

表 3 - 13　　　　　　　　　　焊件装配的各项尺寸

坡口角度（°）	间隙（mm）	钝边（mm）	错边量（mm）	定位焊缝长度（mm）
60	1.5 ~2	0.5 ~1	≤0.5	10

三、焊接参数

小直径管水平固定氩弧焊焊接参数见表 3 - 14。

表 3 - 14　　　　　　　　小直径管水平固定氩弧焊焊接参数

焊道层次	焊枪摆动运条方法	钨极直径（mm）	喷嘴直径（mm）	钨极伸出长度（mm）	氩气流量（L/min）	焊丝直径（mm）	焊接电流（A）	电弧电压（V）
打底层	小月牙形	2.5	8 ~12	5 ~6	8 ~12	2.5	90 ~100	12 ~16
盖面层	月牙形或锯齿形	2.5	8 ~12	5 ~6	8 ~12	2.5	95 ~110	15 ~17

四、焊接操作过程

将焊件水平固定在距地面 800 ~900 mm 高的焊接支架上。焊机焊前检查步骤与板对接平焊相同。

采用两层两道焊，采用内填丝法和外填丝法，分前半圈、后半圈进行打底焊。在时钟 6 点钟位置起焊，12 点钟位置收弧。

1. 打底焊

（1）引弧

从仰焊位置过管中心线后 5～10 mm 的 A 点位置引弧起焊，按逆时针方向先焊前半圈，焊至平焊位置越过管中心线 5～10 mm 后收弧，之后再按顺时针方向焊接后半圈，如图 3-24 所示。焊接过程中，焊枪角度和填丝角度要随焊接位置的变化而变化，如图 3-25 所示。

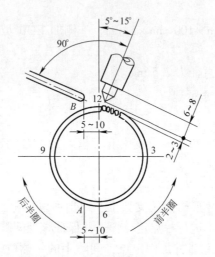

图 3-24　水平固定管打底焊时引弧和收弧操作示意图

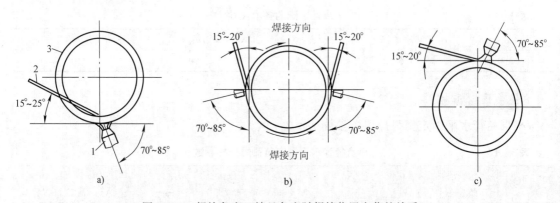

图 3-25　焊枪角度、填丝角度随焊接位置变化的关系
a）仰焊位置　b）立焊位置　c）平焊位置
1—焊枪　2—焊丝　3—水平固定管

引弧时将钨极对准坡口根部并使其逐渐接近母材引燃电弧。引弧后控制弧长为 2～3 mm，在坡口根部间隙两侧用焊枪划圈预热，待钝边熔化形成熔孔后，将伸入到管子内侧的焊丝紧贴熔孔，在钝边两侧各送一滴熔滴，通过焊枪的横向摆动，使之形成搭桥连接的第一个熔池。此时，焊丝再紧贴熔池前缘中部填充一滴熔滴，使熔滴与母材充分熔合，熔池前方出现熔孔后，再送入另一滴熔滴，如此循环。当焊至立焊位置时，由内填丝法改为外填丝法，直至焊完底层的前半圈。

（2）收弧

在图 3-24 所示的 B 点位置灭弧。灭弧前应送几滴填充金属，以防止出现冷缩孔，并将电弧移至坡口一侧，然后收弧。

操作技巧

1. 始焊时焊接速度应慢些，并多填焊丝加厚焊缝，以达到背面成形和防止裂纹的目的。

2. 送丝时，焊丝端部应始终处于氩气保护区范围内，以避免焊丝氧化，且不能直接插入熔池，应位于熔池的前方，边熔化边送丝。送丝动作干净利落，使焊丝端头呈球形。

3. 焊接过程中，电弧应交替加热坡口根部和焊丝端部，控制坡口两侧熔透均匀，以保证背面焊缝的成形。

后半圈为顺时针方向的焊接，操作方法与前半圈相同。当焊至距定位焊缝 3~5 mm 时，为保证接头焊透，焊枪应划圈，将定位焊缝熔化，然后填充 2~3 滴熔滴，将焊缝封闭后继续施焊（注意定位焊缝处不填焊丝）。当打底层焊道的后半部与前半部在距到达平焊位还差 3~4 mm 即将封口时，停止送丝，先在封口处周围划圈预热，使之呈红热状态，然后将电弧拉回原熔池填丝焊接。封口后停止送丝，继续向前施焊 5~10 mm 后停弧，不要立即移开焊枪，要待熔池凝固后再移开。打底层焊道厚度一般以 2 mm 为宜。

注意

1. 打底焊时，每半圈应一气呵成，中途尽量不停顿。若中断时，应将原焊缝末端重新熔化，使起焊焊缝与原焊缝重叠 5~10 mm。

2. 打底层焊道厚度一般为 3 mm 左右，太薄易导致在盖面焊时将焊道焊穿，使焊缝背面内凹或剧烈氧化。

3. 操作时，焊丝端头跟随电弧行走，注意不得使焊丝与钨极端部接触，以免烧毁钨极。

4. 在焊接过程中要注意焊丝不要随意移出氩气保护区。

---

2. 盖面焊

清除打底层焊道氧化物，修整局部凸起后，盖面层焊接也分前、后半圈进行。采用月牙形摆动进行盖面焊，盖面焊焊枪角度与打底焊时相同，填丝均采用外填丝法。

在打底层上位于时钟 6 点钟处引弧，焊枪做月牙形或锯齿形摆动，摆动幅度应稍大，待坡口边缘及打底层焊道表面熔化并形成熔池后，开始填丝焊接，在仰焊部位填丝量应适当少一些，以防熔敷金属下坠。焊丝与焊枪同步摆动，在坡口两侧稍加停顿，各加一滴熔滴，并使其与母材良好熔合。如此摆动、填丝，进行焊接。在立焊部位时，焊枪的摆动频率要适当加快，以防止熔滴下淌。在焊至平焊位时，每次填充的焊丝要多些，以防焊缝不饱满，同时应尽量使熄弧位置前靠，以利于后半圈收弧时接头。

整个盖面层焊接运弧要平稳，钨极端部与熔池距离保持在 2~3 mm，熔池的轮廓应对称于焊缝的中心线，若发生偏斜，随时调整焊枪角度和电弧在坡口边缘的停留时间。

后半圈的焊接方法与前半圈相同，当盖面层焊缝封闭时，应尽量继续向前施焊，并逐渐减少焊丝填充量，衰减电流熄弧。

3. 结束焊接

（1）焊后关闭气路和电源，将焊枪连同输气管和控制电缆等盘好挂起，并清理工作现场。

（2）清理焊件，检查焊缝质量。

五、任务考核

完成小直径管水平固定氩弧焊操作后，结合表 3–15 进行测评。

表 3–15　　　　　　　　　　　小直径管水平固定氩弧焊操作评分表

项目	分值	评分标准	得分	备注
焊缝宽度 c（mm）	10	$c = 6 \pm 1$，超差不得分		
焊缝宽度差 c'（mm）	10	$c' \leqslant 2$，超差不得分		
焊缝余高 h（mm）	10	$h = 2 \pm 1$，超差不得分		
焊缝余高差 h'（mm）	8	$h' \leqslant 2$，超差不得分		
错边量（mm）	8	$\leqslant 0.5$，超差不得分		
咬边（mm）	8	缺陷深度 $\leqslant 0.5$，缺陷长度 $\leqslant 15$，每出现一处扣 4 分		
夹钨	8	出现不得分		
气孔	8	出现不得分		
弧坑	6	出现不得分		
焊瘤	10	每出现一处扣 5 分		
未焊透	8	出现不得分		
未熔合	6	出现不得分		
合计	100	总得分		

任务 4　　小直径管垂直固定氩弧焊

学习目标

1. 掌握小直径管垂直固定氩弧焊的焊接工艺。
2. 掌握小直径管垂直固定氩弧焊的操作方法。

工作任务

V 形坡口小直径管对接垂直固定焊时，由于管径小，管壁薄，焊接时温度上升较快，容易造成焊穿或焊道过高，在焊缝上部产生咬边，下部成形不良，甚至出现下垂、焊瘤等缺陷，易形成泪滴形焊缝。

本任务要求完成如图 3 – 26 所示的小直径管垂直固定氩弧焊训练。

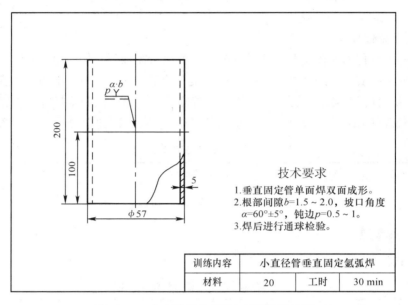

技术要求
1. 垂直固定管单面焊双面成形。
2. 根部间隙 b=1.5～2.0，坡口角度 α=60°±5°，钝边 p=0.5～1。
3. 焊后进行通球检验。

训练内容	小直径管垂直固定氩弧焊		
材料	20	工时	30 min

图 3 – 26 小直径管垂直固定氩弧焊焊件图

任务实施

一、焊前准备

1. 焊机

WS – 250 型手工钨极氩弧焊机，采用直流正接。

2. 焊枪

气冷式焊枪。

3. 氩气瓶

氩气瓶及 AT – 15 型氩气流量调节器，氩气纯度不低于 99.99%。

4. 钨极

WCe – 20 铈钨极，直径为 2.5 mm，端头磨成 30°圆锥形，锥端直径为 0.5 mm。

5. 焊件

20 钢管，尺寸为 ϕ57 mm × 100 mm × 5 mm，一侧加工 30°坡口，两段组成一组焊件。

6. 焊丝

选用 ER50 – 6 型焊丝，直径为 2.5 mm。

二、焊前清理、装配及定位焊

1. 焊前清理

清理坡口及其正反面两侧 20 mm 范围内和焊丝表面的油污、锈蚀、水分，直至露出金属光泽，然后用丙酮进行清洗。

2. 装配及定位焊

将清理好的焊件固定在 V 形槽焊接支架上，留出所需间隙，保证两管同轴，定位焊点固一点，焊缝长 10~15 mm，厚度为 3 mm 左右，定位焊后应仔细检查焊缝质量。管子的轴线必须对正，确认无任何问题后，把定位焊缝的两端修成斜坡形，以利于接头。定位焊缝如有问题，应将定位焊缝清除并打磨干净，重新进行定位焊。焊件装配的各项尺寸见表 3-16。

表 3-16　　　　　　　　　　　　焊件装配的各项尺寸

坡口角度（°）	间隙（mm）	钝边（mm）	错边量（mm）	定位焊缝长度（mm）
60	1.5~2.0	0.5~1	≤0.5	10~15

三、焊接参数

小直径管垂直固定氩弧焊焊接参数见表 3-17。

表 3-17　　　　　　　　小直径管垂直固定氩弧焊焊接参数

焊道层次	钨极直径（mm）	喷嘴直径（mm）	钨极伸出长度（mm）	氩气流量（L/min）	焊丝直径（mm）	焊接电流（A）	电弧电压（V）
打底层（1）	2.5	8~12	4~8	7~10	2.5	90~95	12~16
盖面层（2、3）	2.5	8~12	4~8	7~10	2.5	90~100	12~16

四、焊接操作过程

将组装好的试件垂直固定在焊接支架上。焊接操作采用两层三道焊，打底焊为一层一道，盖面焊为上、下两道。

1. 打底焊

打底层焊接从右向左开始施焊，在定位焊缝对面坡口内引燃电弧，带至上坡口根部，先不加焊丝只作试探，待坡口根部熔化形成熔滴后，将焊丝轻轻地向熔池里送一下，并向管坡口内摆动，将液态金属送到坡口根部，以保证背面焊缝的高度。填充焊丝的同时，焊枪在坡口根部做适当斜向环形摆动并向右均匀移动，使熔孔直径保持在 3 mm 左右。打底焊焊枪角度如图 3-27 所示。

在焊接过程中，填充焊丝以往复运动方式间断地送入电弧内的熔池前方，在熔池前呈滴状加入。填丝速度视熔孔尺寸而定，当熔孔缩小时，应减慢填丝速度，并加大焊枪与焊接方向的夹角。焊丝送进要有规律，不能时快时慢，以保证焊缝成形美观。

当操作中因移动位置暂停焊接时，应按收弧要点操作。继续焊接时，焊前应将收弧处修磨成斜坡并清理干净，在斜坡上引弧，移至离接头 8~10 mm 处，焊枪不动，当获得明亮清晰的熔池后，即可填加焊丝，继续从右向左进行焊接。

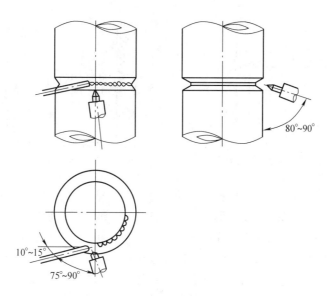

图 3 - 27　垂直固定管焊打底焊焊枪角度

焊接时，当遇到定位焊缝时，应该停止送丝或减少送丝，让电弧将定位焊缝及坡口根部充分熔化并和熔池连成一体后，再送焊丝继续焊接。

封口接头，当打底层焊道焊完一周将要封口时，应在距接头部位 3 ~ 4 mm 处停止送丝，压低电弧，减小焊枪角度进行焊接，使封口熔合，完成接头后恢复焊枪角度继续向前施焊 6 ~ 8 mm 后收弧。

操作技巧

1. 小直径管垂直固定打底焊时，熔池的热量要集中在坡口的下部，以防止上部坡口过热，母材熔化过多，产生咬边或焊缝背面的余高下坠。

2. 焊缝起头时要略薄，焊至 2 ~ 3 mm 以后开始加宽加厚，根据管子的弧度，随时调整焊枪、焊丝的角度，使其保持一致。

---

2. 盖面焊

盖面层焊缝由上、下两道组成，先焊下面的焊道，后焊上面的焊道，焊缝层次分布如图 3 - 28 所示，焊枪角度如图 3 - 29 所示。

盖面焊时，先焊下面的焊道 2，焊接电弧对准打底焊缝的下缘，使熔池下缘超出管子坡口边缘 0.5 ~ 1.5 mm，熔池上缘覆盖打底焊道的 1/2 ~ 2/3。

当第一滴熔滴和上坡口边熔合时，应马上将电弧拉至下坡口。注意过渡时一定要带住熔池熔滴，稍加停顿形成第一个熔池后，钨极按锯齿形上下摆动。当钨极摆动到焊丝位置时，钨极端部要稍稍抬起，以防送丝时造成钨极与焊丝碰撞，影响焊接。

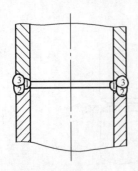
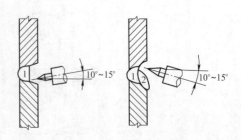

图 3 – 28　垂直固定管焊焊缝层次分布示意图　　　图 3 – 29　垂直固定管焊盖面焊焊枪角度

在正常的焊接过程中，要尽量保持焊枪垂直于焊缝，焊枪角度过大会造成预热面积过大，熔池温度过高，不利于表面焊接及成形。当电弧移动到上坡口时，同时也熔化了焊丝及上坡口边，这时焊丝应向熔池里均匀送入，不能造成断丝。熔滴和上坡口熔合后，应马上将电弧移动到下坡口，中间过渡过快，坡口两侧停留的时间要稍长，并压低电弧，以防焊缝表面下坠，造成咬边。在焊接过程中，熔滴送给要少而勤，加快焊接频率及焊接速度，同时要根据焊缝的长度调整，特别是焊至最后一段时，更要加快焊接速度，控制表面温度，以防焊缝表面过烧。

焊上面的盖面焊道 3 时，将电弧对准打底焊道的上缘，使熔池上缘超出管子坡口 0.5 ~ 1.5 mm，熔池下缘与焊道 2 圆滑过渡，焊接速度可适当加快，送丝频率也要加快，但是，送丝量要适当减少，防止熔池金属下淌和产生咬边。

焊到最后与起头处接头收弧时，焊丝给得要少，电弧略抬起，使其熔池边缘与起头焊缝最高点完全熔合。焊缝过渡要圆滑，填满熔池，按正确的收弧方法快速将电弧收掉。

> **注意**
>
> 1. 在焊接过程中要注意，无论是打底焊还是盖面焊，焊丝的端部始终要处于氩气的保护区范围之内，严禁钨极的端部与焊丝、焊件相接触，防止产生夹钨。
>
> 2. 对于氩弧焊小直径管盖面层的焊接，焊缝不宜太宽，坡口两侧压住坡口边 0.5 ~ 1 mm 即可，否则焊缝的直线度就不好控制，影响焊缝的整体效果。

3. 结束焊接

（1）焊后关闭气路和电源，将焊枪连同输气管和控制电缆等盘好挂起，并清理工作现场。

（2）清理焊件，检查焊缝质量。

> **注意**
>
> 1. 焊接过程中需要改变焊接位置时，根据焊道所处的位置应及时改变站位，此时要稳住电弧，停止送丝。到合适的操作位置后，要及时压低电弧，对熔池重新加热，待根部熔化形成新的熔池后，再送丝焊接。

2. 当焊丝用完收弧时，按下衰减电流开关，使电弧能量衰减，从而使熔池温度降低，左手迅速更换焊丝，然后按动控制开关，恢复正常焊接；若焊接设备没有衰减电流装置时，需熄弧，熄弧前向熔池内补充一滴熔滴，停弧 2~3 s 再移开焊枪。接头时，将电弧引燃，焊枪移至接头处不动，待获得明亮清晰的熔池后，可填加焊丝继续焊接。

五、任务考核

小直径管垂直固定氩弧焊的评分标准与本模块任务 3 相同。

知识拓展

受焊缝变化的影响，垂直固定焊时，要随时变换焊枪角度和焊丝位置。由于液态金属始终处于垂直的位置，容易造成焊缝成形偏下，甚至出现焊瘤等缺陷。钨极氩弧焊产生的焊接缺陷，如咬边、烧穿、未焊透、表面成形不良等，与一般电弧焊方法产生的焊接缺陷相似，产生的原因也大体相似。钨极氩弧焊的缺陷、产生原因及防止措施见表 3 - 18。

表 3 - 18　　　　　　　钨极氩弧焊的缺陷、产生原因及防止措施

缺陷	产生原因	防止措施
夹钨	1. 接触引弧 2. 钨极熔化	1. 采用高频振荡器或高压脉冲发生器引弧 2. 减小焊接电流或加大钨极直径，旋紧钨极夹头和减小钨极伸出长度，更换有裂纹或撕裂的钨极
气体保护效果差	氢气、氮气、空气、水蒸气等有害气体污染	1. 采用纯度为 99.99%（体积分数）的氩气 2. 有足够的提前送气和滞后停气时间 3. 正确连接气管和水管，不可混淆 4. 做好焊前清理工作 5. 正确选择保护气流量、喷嘴尺寸、电极伸出长度等
电弧不稳	1. 焊件上有油污 2. 接头坡口太窄 3. 钨极污染 4. 钨极直径过大 5. 弧长过长	1. 做好焊前清理工作 2. 加宽坡口，缩短弧长 3. 去除污染部分 4. 使用尺寸正确的钨极及夹头 5. 压低喷嘴
钨极损耗过多	1. 气体保护不好，钨极氧化 2. 反极性连接 3. 夹头过热 4. 钨极直径过小	1. 清理喷嘴，缩短喷嘴距离，适当增加氩气流量 2. 增大钨极直径或改为正极性连接 3. 磨光钨极端头，更换夹头 4. 调大钨极直径

任务 5　小直径管对接水平固定加障碍管焊

学习目标

1. 掌握混合气体保护焊的设备、种类及应用。
2. 掌握小直径管对接水平固定加障碍管手工 TIG 焊的操作。

工作任务

本任务要求完成如图 3 – 30 所示的小直径管对接水平固定加障碍管焊训练。

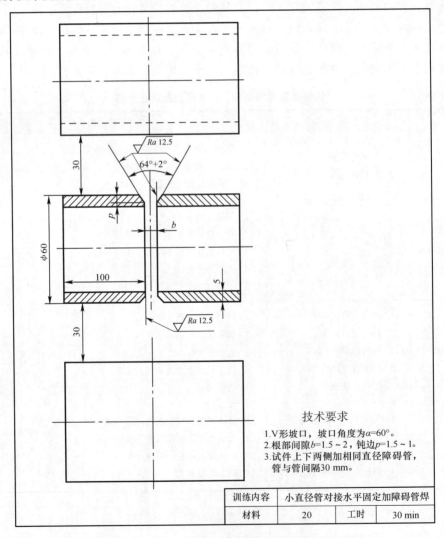

技术要求

1. V 形坡口，坡口角度为 $\alpha=60°$。
2. 根部间隙 $b=1.5\sim2$，钝边 $p=1.5\sim1$。
3. 试件上下两侧加相同直径障碍管，管与管间隔 30 mm。

训练内容	小直径管对接水平固定加障碍管焊		
材料	20	工时	30 min

图 3 – 30　小直径管对接水平固定加障碍管焊焊件图

相关知识

障碍管的焊接位置与一般管对接焊的位置完全相同，所以操作技能也基本相同。不同的是由于障碍管的存在，焊接运条时受障碍管的影响不能顺利地焊完两个半圈，必须根据障碍管的位置选择起弧和收弧点，并适当增加接头，以完成整个管子的焊接。因此，加障碍管的焊接是焊接技能相当熟练的焊工进行技能训练时的训练项目。障碍管的焊接位置有以下两种情况：

（1）垂直固定加障碍管的焊接。

（2）水平固定加障碍管的焊接。

以上两种障碍管的焊接又可分为两种情况：

（1）加两根障碍管

垂直固定加障碍管时，左、右各加一根障碍管；水平固定加障碍管时，上、下各加一根障碍管。

（2）加四根障碍管

垂直固定加障碍管时，左、右、前、后各加一根障碍管；水平固定加障碍管时，上、下、左、右各加一根障碍管。

任务实施

一、焊前准备

1. 焊机

WS - 250 型手工钨极氩弧焊机，采用直流正接。

2. 焊枪

气冷式焊枪。

3. 氩气瓶

氩气瓶及 AT - 15 型氩气流量调节器，氩气纯度不低于 99.99%。

4. 钨极

WCe - 20 铈钨极，直径为 2.5 mm，端头磨成 30°圆锥形，锥端直径为 0.5 mm。

5. 焊件

20 钢管，尺寸为 ϕ60 mm × 100 mm × 5 mm，一侧加工 30°坡口，两段组成一组焊件。

6. 焊丝

选用 ER50 - 6 型焊丝，直径为 2.5 mm。

二、焊前清理、装配及定位焊

1. 焊前清理

清理焊件坡口及其正反面两侧 20 mm 范围内和焊丝表面的油污、锈蚀、水分，直至露出金属光泽，然后用丙酮进行清洗。

2. 装配及定位焊

将清理好的焊件固定在 V 形槽焊接支架上，留出所需间隙，保证两管同轴，定位焊缝为两点，第一处在管件剖面圆周的时钟 10 点钟处，顺时针方向（由下向上）焊接第一点定位焊缝，焊缝长度为 5 ~ 10 mm，焊缝质量要完全符合正式焊缝质量标准，并保证定位焊缝下方焊件间隙在 2 mm 左右，在定位焊缝上方焊件间隙在 1.5 mm 左右。第二处定位焊缝在管件剖面圆周的时钟 2 点钟处按逆时针方向（由下向上）进行焊接，焊缝长度为 5 ~ 10 mm，焊缝质量要完全符合正式焊缝质量标准，并保证定位焊缝下方的焊件间隙在 2 mm 左右，在定位焊缝上方的焊件间隙在 1.5 mm 左右，也就是说下部间隙大于上部间隙（上小下大）。定位焊缝两端应先打磨成斜坡，以利于接头。焊件装配的各项尺寸见表 3 – 19。

表 3 – 19　　　　　　　　　　　　　焊件装配的各项尺寸

坡口角度（°）	间隙（mm）	钝边（mm）	错边量（mm）	定位焊缝长度（mm）
60	1.5 ~ 2.0	0.5 ~ 1	≤0.5	5 ~ 10

三、焊接参数

小直径管对接水平固定加障碍管焊焊接参数见表 3 – 20。

表 3 – 20　　　　　　　　小直径管对接水平固定加障碍管焊焊接参数

焊道层次	焊枪摆动运条方法	钨极直径（mm）	喷嘴直径（mm）	钨极伸出长度（mm）	氩气流量（L/min）	焊丝直径（mm）	焊接电流（A）	电弧电压（V）
打底层	小月牙形	2.5	8 ~ 12	5 ~ 6	8 ~ 12	2.5	90 ~ 100	12 ~ 16
盖面层	月牙形或锯齿形	2.5	8 ~ 12	5 ~ 6	8 ~ 12	2.5	95 ~ 110	15 ~ 17

四、焊接操作过程

1. 障碍设置及试件固定

将焊件水平固定在距地面 800 ~ 900 mm 高的带有上下两个障碍管的焊接支架上。焊件外壁与两边障碍物的距离各为 30 mm，焊机焊前检查步骤与本模块中板对接平焊任务相同。

采用两层两道焊，采用内填丝法和外填丝法，按照管剖面圆周方向分前、后半圈两部分进行打底焊。前半圈在时钟 7 点钟位置起焊（让过 6 点钟位置，便于后半部焊接接头），经 3 点钟位置，在 11 点钟至 12 点钟位置收弧；后半圈焊接在 7 点钟位置起弧，焊至时钟 12 点钟位置焊缝收弧。

2. 打底焊

（1）引弧

启动焊枪上的引弧开关，在母材上剖面圆周时钟 7 点钟位置引弧起焊，按逆时针方向先焊前半圈，焊至平焊位置越过管中心线 5 ~ 10 mm 后收弧，之后再按顺时针方向焊接后半圈。

引弧时，首先将氩弧焊焊帽戴在头上并将观察窗打开，右手持焊枪，保持焊枪主体与管件轴线垂直，为了保证焊接质量，尽量要求焊枪与管件圆周切线成 80° ~ 90° 夹角，但是由于障碍管的存在，在时钟 7 点钟位置，焊枪体与管件圆周切线尽量成 50° ~ 60° 夹角，焊丝与焊枪体夹角为 160° ~ 170°。同时将钨极对准坡口根部时钟 7 点钟位置，并使钨极端部接触到一侧的母材坡口根部，左手放下观察窗并持焊丝从管件上方伸入到钨极上方大概位置准备好。

　　引弧时将钨极对准坡口根部并使其逐渐接近母材引燃电弧。引弧后控制弧长为2～3 mm，在坡口根部间隙两侧用焊枪划圈预热，待钝边熔化形成熔孔后，利用电弧亮光把焊丝端部伸进焊接区域，将伸入到管子内侧的焊丝紧贴熔孔，在钝边两侧各送一滴熔滴，通过焊枪的横向摆动，使之形成搭桥连接的第一个熔池。此时，焊丝再紧贴熔池前缘中部填充一滴熔滴，使熔滴与母材充分熔合，熔池前方出现熔孔后，再送入另一滴熔滴，如此循环。当焊至立焊（时钟3点钟）位置时，由内填丝法改为外填丝法，直至焊完打底层的前半圈。焊接过程中，焊枪角度和填丝角度要随焊接位置的变化而变化，如图3-31所示。

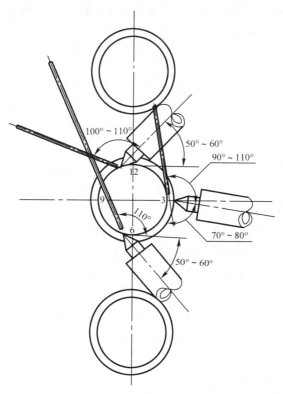

图3-31　打底焊时焊枪角度和填丝角度示意图

　　（2）收弧

　　在图3-31中的时钟11点钟位置灭弧；焊枪与管件渐开线夹角为50°～60°，焊枪与焊丝夹角为100°～110°，焊枪与管壁保持垂直。灭弧前应送几滴填充金属，以防止出现冷缩孔，并将电弧移至坡口一侧，松开启动开关衰减电弧，直至熄弧。

> **操作技巧**
>
> 　　1. 始焊时焊接速度应慢些，并多填焊丝加厚焊缝，以达到背面良好成形和防止裂纹的目的。
>
> 　　2. 送丝时，焊丝端部应始终处于氩气保护区范围内，以避免焊丝氧化，且不能直

接插入熔池，应位于熔池的前方，边熔化边送丝。送丝动作干净利落，使焊丝端头呈球形。

3. 焊接过程中，电弧应交替加热坡口根部和焊丝端部，控制坡口两侧熔透均匀，以保证背面焊缝的成形。

4. 为了保护焊接区域，焊枪垂直或接近垂直于焊件表面，焊枪尽量采用短尾帽配相应的短钨极，可以在障碍管处灵活转动焊枪角度。

5. 熄弧后焊枪原处停留 2~3 s，让滞后的氩气对焊接区域进行保护，防止氧化，使熔池缓冷，防止产生冷缩孔。

后半圈为顺时针方向的焊接，操作方法与前半圈相同。当焊至距定位焊缝 3~5 mm 时，为保证接头焊透，焊枪应划圈将定位焊缝熔化，然后填充 2~3 滴熔滴，将焊缝封闭后继续施焊（注意定位焊缝处不填焊丝）。当打底层焊道的后半圈与前半圈在水平位还差 1~2 mm 即将封口时，停止送丝，先在封口处周围划圈预热，使之呈红热状态，然后将电弧拉回原熔池填丝焊接。封口后停止送丝，继续向前施焊 5~10 mm 后停弧，不要立即移开焊枪，要待熔池凝固后再移开。打底层焊道厚度一般以 2 mm 为宜。

3. 盖面焊

清除打底层焊道氧化物，修整局部凸起后，盖面层焊接也分前、后半圈进行。采用月牙形摆动进行盖面焊，盖面焊焊枪角度与打底焊时相同，填丝均为外填丝法。

在打底层上时钟 7 点钟处引弧，焊枪做月牙形或锯齿形摆动，摆动幅度应稍大，待坡口边缘及打底层焊道表面熔化并形成熔池达到要求后，开始填丝焊接，在仰焊部位填丝量应适当少一些，以防熔敷金属下坠。焊丝与焊枪同步摆动，在坡口两侧稍加停顿，各加一滴熔滴，并使其与母材良好熔合。在立焊部位时，焊枪的摆动频率要适当加快，以防止熔滴下淌。在焊到平焊部位时，每次填充的焊丝要多些，以防焊缝不饱满，同时应尽量使熄弧位置靠前，以利于后半圈收弧时接头。

整个盖面层焊接运弧要平稳，钨极端部与熔池距离保持为 2~3 mm，熔池的轮廓应对称于焊缝的中心线，若发生偏斜，随时调整焊枪角度和电弧在坡口边缘的停留时间。

后半圈的焊接方法与前半圈相同，当盖面层焊缝封闭时，应尽量继续向前施焊，并逐渐减少焊丝填充量，衰减电流熄弧。

4. 结束焊接

（1）焊后关闭气路和电源，将焊枪连同输气管和控制电缆等盘好挂起，并清理工作现场。

（2）清理焊件，检查焊缝质量。

注意

1. 打底焊时，每半圈应一气呵成，中途尽量不停顿。若中断时，应将原焊缝末端重新熔化，使起焊焊缝与原焊缝重叠 5~10 mm。

2. 打底层焊道厚度一般为 2 mm 左右，太薄易导致在盖面焊时将焊道焊穿，或使焊缝背面过热内凹或剧烈氧化。

3. 在焊接过程中要注意焊丝不应该伸出氩气保护区。操作时，焊丝端头跟随电弧行走，注意不得使焊丝与钨极端部接触，以免烧毁钨极及造成焊缝夹钨。

4. 焊接过程中，注意空气流动情况，风力大于 2 级应停止焊接，焊机排风口应避让焊接区。

5. 焊接过程中，出现气孔缺陷应停止焊接，打磨缺陷区及前后 10 mm 内区域，直至缺陷全部清除方可继续施焊。

6. 盖面焊时，焊丝应与焊枪摆动同步，焊丝摆动幅度略大于焊枪摆动幅度，防止焊缝咬边现象发生。

五、任务考核

完成小直径管对接水平固定加障碍管焊操作后，结合表 3－21 进行测评。

表 3－21　　　　　小直径管对接水平固定加障碍管焊操作评分表

项目	分值	评分标准	得分	备注
焊缝宽度 c（mm）	10	$c = 6 \pm 1$，超差不得分		
焊缝宽度差 c'（mm）	10	$c' \leqslant 2$，超差不得分		
焊缝余高 h（mm）	10	$h = 2 \pm 1$，超差不得分		
焊缝余高差 h'（mm）	8	$h' \leqslant 2$，超差不得分		
错边量（mm）	8	$\leqslant 0.5$，超差不得分		
咬边（mm）	8	缺陷深度 $\leqslant 0.5$，缺陷长度 $\leqslant 15$ 每出现一处扣 4 分		
夹钨	8	出现不得分		
气孔	8	出现不得分		
弧坑	6	出现不得分		
焊瘤	10	每出现一处扣 5 分		
未焊透	8	出现不得分		
未熔合	6	出现不得分		
合计	100	总得分		

知识拓展

随着熔化极氩弧焊应用范围的扩大，仅仅使用纯氩气保护常常不能得到满意的结果。例如，采用纯氩气作为保护气体焊接低非合金钢、低合金结构钢以及不锈钢时，会出现电弧不稳和熔滴过渡不良等现象，使焊接过程很难正常进行。通过研究发现，在氩气中加入一定比例的其他某种气体，可以克服纯氩弧焊和 CO_2 气体保护焊的一些缺点，具有电弧稳定、飞溅少、熔敷效率高、易控制焊缝冶金质量、焊缝成形好等优点。在惰性气体氩气（Ar）中加入一定量的活性气体（如 O_2、CO_2 等）作为保护气体的熔化极气体保护焊方法，即熔化极活性混合气体保护焊，又常称为富氩混合气体保护焊，简称 MAG 焊。目前，以混合气体为保护气体的焊接方法得到了十分广泛的应用。

一、混合气体保护焊的设备

混合气体保护焊的设备与 CO_2 气体保护焊的设备类似，只是在 CO_2 气体保护焊的设备中加入了混合气体配比器而已。目前瓶装的氩气和二氧化碳混合气体在市场上已有供应，使用很方便，如图 3-32 所示。

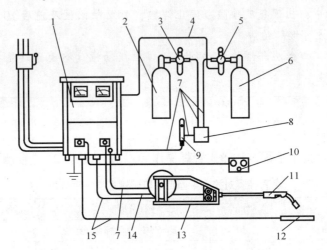

图 3-32　混合气体保护焊的设备组成示意图

1—焊接电源　2—氩气瓶　3—减压器　4—预热器连线　5—减压器（带预热器）
6—CO_2 气瓶　7—送气软管　8—混合气体配比器　9—气体流量计　10—遥控盒
11—焊枪　12—焊件　13—送丝机　14—控制电缆　15—焊接电缆

二、混合气体的种类及应用

1. 氩气 + 氦气（Ar + He）

氦气与氩气均为惰性气体，氦气的密度比空气小，热导率比氩气高得多，对于给定的电弧长度和焊接电流，氦弧的电弧电压比氩弧高，因而氦弧的电弧温度和能量密度高。在氩气中以一定的配比加入氦气后，即可得到具有两者优点的混合气体，可实现稳定的轴向射流过渡，又可提高电弧温度，使焊件熔深增加，飞溅减少，焊缝成形得到改善。

2. 氩气 + 氮气（Ar + N_2）

这种混合气体主要用于焊接具有高热导率的铜及铜合金。氮气对铜是一种惰性气体，有良好的保护作用，电弧的温度比纯氩气保护时高，焊缝熔深大。采用 Ar（80%）+ N_2（20%）混合气体焊接铜及铜合金时，往往可降低焊前的预热温度。但会导致射流过渡、熔滴变粗，会产生飞溅，还伴有一定的烟尘，焊缝表面较粗糙，外观不如采用 Ar + He 混合气体保护时好。

当采用 Ar（99% ~ 96%）+ N_2（1% ~ 4%）混合气体焊接奥氏体不锈钢时，对提高电弧的挺度及改善焊缝成形有一定的效果。

3. 氩气 + 氧气（Ar + O_2）

用纯氩气焊接不锈钢、低非合金钢及低合金结构钢时，经常会出现一些问题，如熔滴过渡过程不够稳定，出现所谓的"阴极漂移"现象（即阴极斑点在焊件表面漂移不定）等，导致电弧稳定性较差，焊缝成形不规则，易产生咬边、未熔合、气孔、蘑菇指状熔深等缺陷。实践表明，在氩气中加入体积分数为 1%~5% 的氧气，上述两种情况即可得到明显改善。另外，在纯氩气中加入少量的氧化性气体，对于防止或消除焊缝中的氢气孔是很有效的。

4. 氩气 + 二氧化碳气体（$Ar + CO_2$）

$Ar + CO_2$ 混合气体广泛用于非合金钢和低合金结构钢的焊接。$Ar + CO_2$ 混合气体同 $Ar + O_2$ 作用类似，而且混合气体中的 CO_2 对电弧有一定的冷却作用，可使电弧收缩。为实现射流过渡，氩气中加入 CO_2 的比例以 5%~30% 为宜。在此混合比例下，也可实现脉冲射流过渡以及短路过渡。当 CO_2 混合比例大于 30%，常用于钢材的短路过渡焊接，以获得较大的熔深和较小的飞溅。例如用纯 CO_2 焊接非合金钢，飞溅率可在 10% 以上，而 $Ar + CO_2$ 混合气体的焊接，飞溅率一般在 2% 左右。

另外，还可以用 $Ar + CO_2$ 混合气体焊接耐蚀性要求较低的不锈钢工件，但二氧化碳气体的加入比例不能超过 5%。

5. 氩气 + 二氧化碳气体 + 氧气（$Ar + CO_2 + O_2$）

试验证明，Ar（80%）$+ CO_2$（15%）$+ O_2$（5%）的混合气体对于焊接低非合金钢、低合金结构钢是最适宜的。在焊缝成形、接头质量、金属熔滴过渡和电弧稳定性方面都可获得满意的结果，比用其他混合气体获得的焊缝都要理想。

任务 6　大直径管对接水平固定组合焊（TIG 焊 + 焊条电弧焊）

学习目标

1. 掌握大直径管对接水平固定钨极氩弧焊打底、焊条电弧焊盖面的焊接工艺及操作要领。

2. 掌握大直径管对接水平固定时钨极氩弧焊、焊条电弧焊的焊接参数选择。

工作任务

通过前面焊条电弧焊和手工钨极氩弧焊等焊接方法的单项训练，学生已经掌握了固定管对接的不同位置的焊接操作技能，在此基础上，进行手工钨极氩弧焊打底、焊条电弧焊盖面的组合焊训练。

水平固定管钨极氩弧焊打底，可以保护管子内壁焊缝成形均匀，避免出现焊瘤或未熔合等缺陷。采用焊条电弧焊进行大直径管的盖面焊，可以保证焊件得到良好熔合，提高焊接效率。

本任务要求完成如图 3-33 所示的大直径管对接水平固定组合焊训练。

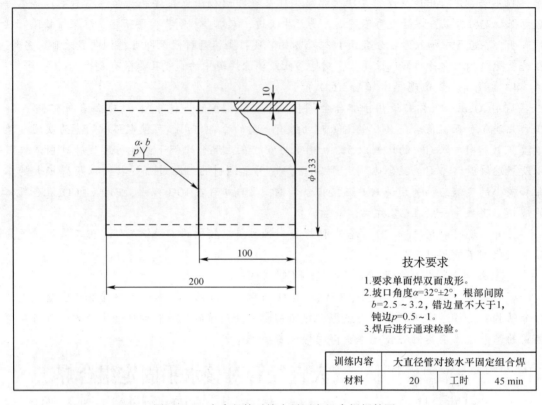

图 3 – 33　大直径管对接水平固定组合焊焊件图

技术要求

1. 要求单面焊双面成形。
2. 坡口角度 α=32°±2°，根部间隙 b=2.5 ~ 3.2，错边量不大于1，钝边 p=0.5 ~ 1。
3. 焊后进行通球检验。

训练内容	大直径管对接水平固定组合焊		
材料	20	工时	45 min

任务实施

一、焊前准备

1. 焊机

WS – 250 型手工钨极氩弧焊机，ZX5 – 300 型直流弧焊机，直流正接或交流。

2. 焊枪

气冷式焊枪。

3. 氩气瓶

氩气瓶及 AT – 15 型氩气流量调节器，氩气纯度不低于 99.99%。

4. 钨极

WCe – 20 铈钨极，直径为 3 mm，端头磨成 45°圆锥形，锥端直径为 0.6 mm。

5. 焊件

20 钢管，尺寸为 ϕ133 mm × 100 mm × 10 mm，一侧加工 30°坡口，两段组成一组焊件。

6. 焊丝

选用 ER50 – 6 型焊丝，直径为 2.5 mm。

二、焊前清理、装配及定位焊

1. 焊前清理

清理坡口及其正反面两侧 20 mm 范围内和焊丝表面的油污、锈蚀、水分，直至露出金属光泽，然后用丙酮进行清洗。

2. 装配及定位焊

将清理好的两段管件固定在 V 形槽焊接支架上，留出所需间隙，并保证两管同轴，进行定位焊。采用 TIG 焊 3 点定位焊，如图 3-34 所示，定位焊缝长度为 10~15 mm，厚度为 3 mm 左右。要求焊透、无焊接缺陷，定位焊之后要用角向砂轮将定位焊缝两端修成斜坡状，以利于接头。定位焊缝如有问题，应将定位焊缝清除并打磨干净，重新进行定位焊。焊件装配的各项尺寸见表 3-22。

图 3-34　定位焊缝的位置

表 3-22　　　　　　　　　　焊件装配的各项尺寸

坡口角度（°）	间隙（mm）	钝边（mm）	错边量（mm）	定位焊缝长度（mm）	定位焊缝间距（mm）
60	始焊处 2.5 终焊处 3.2	0.5~1	≤1	10~15	1/3 管周长

三、焊接参数

大直径管对接水平固定组合焊焊接参数见表 3-23。

表 3-23　　　　　　　　大直径管对接水平固定组合焊焊接参数

焊道层次		焊丝（焊条）直径（mm）	焊接电流（A）	电弧电压（V）	氩气流量（L/min）	钨极直径（mm）	喷嘴直径（mm）	喷嘴至工件距离（mm）
TIG 焊打底层（1）		2.5	85~105	10~12	8~10	3	8	≤10
焊条 电弧焊	填充层（2） 盖面层（3）	3.2	90~115	22~26	—	—	—	—

四、焊接操作过程

将按要求组装好的试件水平固定于焊接支架上，两定位焊缝的位置在两向上爬坡处，注意在时钟 6 点钟位置应无定位焊缝，且间隙为 2.5 mm。

采用三层三道焊接，其焊接方法与顺序为以 TIG 焊实施打底焊，以焊条电弧焊实施填充焊和盖面焊。

焊接分左、右两个半圈进行，在仰焊位置起焊，平焊位置收弧，每个半圈都存在仰、立、平三种不同位置。

1. 打底焊

打底层焊接采用 TIG 焊。

（1）引弧

从时钟 6 点钟至 7 点钟位置之间起头，逆时针方向焊接。引弧后，先不加焊丝，待坡口根部钝边形成熔池后，即可填丝焊接。为使焊缝背面成形良好，熔化金属应送至坡口根部。

焊接过程中，焊枪摆动的幅度增大，电弧在坡口两侧停留的时间增长。随着管径的增大，仰位焊缝的长度也随之增加，因此在焊接时，电弧要尽量压低，焊丝从间隙内挑住熔池，不能断丝，尽量缩短电弧在焊缝熔池中间停留的时间，以免造成焊缝中间熔池下坠，影响下一层的焊接。打底焊时焊枪、焊丝的角度如图3-35所示。

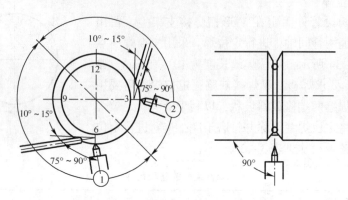

图3-35　打底焊时焊枪、焊丝的角度

（2）收弧

按逆时针方向焊完右半圈，在过时钟12点钟位置8～10 mm处收弧。注意收弧时，填加焊丝不应使焊缝过高，以利于左半圈接头；也不应太薄，以防止产生弧坑裂纹。

左半圈为顺时针方向的焊接，操作方法与右半圈相同。在右半圈始焊处引弧，先不加焊丝，待接头端熔化并形成熔池后，再填加焊丝。填加焊丝有外填丝法和内填丝法两种方法，如图3-36所示。

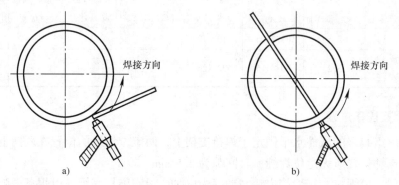

图3-36　填加焊丝的方法
a）外填丝法　b）内填丝法

操作技巧

1. 焊接过程中在管道根部横截面上时钟4点钟至8点钟位置采用内填丝法，即焊丝处于坡口钝边内。在焊接横截面上时钟4点钟至12点钟和8点钟至12点钟位置，则应采用外填丝法。若全部采用外填丝法，则坡口间隙应适当减小，一般为 1.5~2.5 mm。

2. 钨极与管子轴线成 90°，焊丝沿管子切线方向与钨极成 100°~110°。当焊至横截面上时钟 10 点钟至 12 点钟和 2 点钟至 12 点钟的斜平焊位置时，焊枪略后倾，此时焊丝与钨极成 100°~120°。

（3）封口接头

当焊至封口处时，先停止填加焊丝，待原焊缝端部熔化后，再填加焊丝并填满熔池后收弧。当焊至横截面上时钟 12 点钟位置收弧时，应与右半圈焊缝重叠 5~10 mm。

> **注意**
>
> 1. 打底层焊接时，每半圈最好一气呵成，若中断时，应将焊缝末端重新熔化，并重叠 5~10 mm。
> 2. 打底层焊缝的厚度应为 4~5 mm，不宜太薄，以免焊填充层时烧穿。
> 3. 为防止始焊处产生裂纹，始焊速度要慢些，并多填加焊丝，使焊缝加厚。

2. 填充焊

清理和修整打底焊道氧化物及局部凸起的接头，填充层焊接采用焊条电弧焊。

填充层施焊顺序与打底层相同，同样分两半圈进行焊接，采用锯齿形或月牙形运条法。填充焊时的焊条角度如图 3-37 所示。

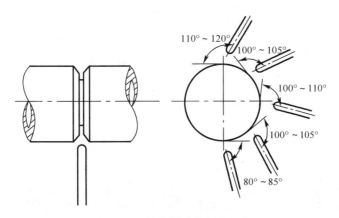

图 3-37　填充焊时的焊条角度

（1）起头、收弧时应过时钟 6 点钟位置和 12 点钟位置中心线 10 mm 左右。操作过程中，焊到坡口两侧时稍停顿，中间过渡稍快，以防焊缝与母材交界处产生夹角。焊接速度应均匀一致，以保持填充层焊缝平整。填充层焊缝应低于母材表面 1~1.5 mm，并不得熔化坡口棱边。

（2）中间接头时，更换焊条要迅速，应在弧坑上方 10 mm 处引弧，然后把焊条拉至弧坑处，填满弧坑，再按正常方法施焊。不得直接向弧坑填加熔化金属，以使弧坑成斜坡状（也可打磨两端使接头部位成斜坡状），并将其起始端焊渣敲掉 10 mm，焊缝收弧时要填满弧坑。

3. 盖面焊

清理和修整填充层焊道氧化物及熔渣，采用焊条电弧焊。

盖面层焊接时的运条方法、焊条角度与填充层焊接相同。不过焊条的摆动幅度应适当加大，并使两侧坡口棱边各熔化 1～2 mm，在坡口两侧应稍停留，以防咬边。

盖面层焊道接头时应特别注意，当焊接位置偏下时，则使接头过高；当焊接位置偏上时，则造成焊缝脱节。盖面层焊道接头的方法同填充层。

4. 结束焊接

（1）焊后关闭气路和电源，将焊枪盘好挂起，并清理工作现场。

（2）清理焊件，检查焊缝质量。

五、任务考核

完成大直径管对接水平固定组合焊操作后，结合表 3－24 进行测评。

表 3－24 　　　　　　　　　大直径管对接水平固定组合焊操作评分表

项目	分值	评分标准	得分	备注
焊缝每侧增宽（mm）	10	0.5～2，超差不得分		
焊缝宽度差 c'（mm）	10	$c' \leq 2$，超差不得分		
焊缝余高 h（mm）	10	$0 \leq h \leq 3$，超差不得分		
焊缝余高差 h'（mm）	6	$h' \leq 2$，超差不得分		
错边量（mm）	6	≤ 0.5，超差不得分		
咬边	8	每出现一处扣 4 分		
夹钨	6	出现不得分		
气孔	6	每出现一处扣 3 分		
弧坑	6	每出现一处扣 3 分		
焊瘤	10	每出现一处扣 5 分		
未焊透	6	每出现一处扣 3 分		
未熔合	6	出现不得分		
裂纹	10	出现不得分		
合计	100	总得分		

任务7　　小直径铝合金管水平固定氩弧焊

学习目标

1. 熟悉铝及铝合金的焊接性能及焊接方法。

2. 掌握铝合金管焊前的装配定位方法。

3. 掌握小直径铝合金管水平固定氩弧焊的操作。

工作任务

本任务要求完成如图 3 – 38 所示的小直径铝合金管水平固定氩弧焊训练。

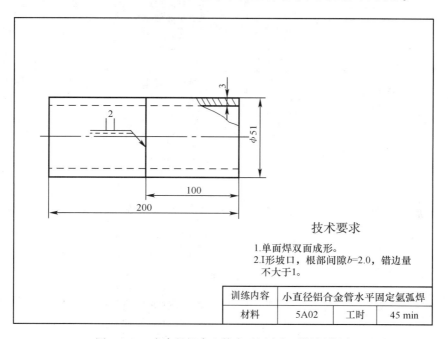

技术要求

1. 单面焊双面成形。
2. I形坡口，根部间隙 $b=2.0$，错边量不大于1。

训练内容	小直径铝合金管水平固定氩弧焊		
材料	5A02	工时	45 min

图 3 – 38 小直径铝合金管水平固定氩弧焊焊件图

铝合金管对接焊是氩弧焊操作中比较有难度的焊接操作。由于铝及铝合金具有独特的物理、化学性能，因而给焊接带来了一定的困难。所以必须了解其焊接特点及可能出现的问题，针对这些特点和问题，正确选择焊接方法和材料、焊接参数，采用合理的工艺措施，才能获得质量优良的焊接接头。

相关知识

一、铝及铝合金概述

铝（Al）是银白色的轻金属，熔点低（660℃），密度小（2.7g/cm³），具有良好的塑性、导电性（仅次于金、银、铜而位居第四位）、导热性和耐蚀性。在纯铝中加入镁（Mg）、锰（Mn）、硅（Si）、铜（Cu）及锌（Zn）等元素，即形成铝合金。铝合金与纯铝相比，其强度显著提高，目前在航空航天、汽车、电工、化工、交通运输、国防等工业部门被广泛应用。

由于纯铝的强度较低，因此，在工业上应用较少。纯铝中，铝的质量分数为98.8% ~ 99.7%。纯铝按其所含杂质的多少分级，常用的牌号为 1070A、1060、1050、1035，其中 1070A 含杂质最少。

铝合金按其成分和工艺特点不同，可分为变形铝合金和铸造铝合金，其具体分类见表3－25。

表3－25 铝合金的分类

类别		合金名称	合金主要成分 （合金系）	性能特点	举例
铸造铝合金		简单铝硅铸造合金	Al－Si	不能热处理强化，力学性能较差，铸造性好	ZL102
		特殊铝硅铸造合金	Al－Si－Mg	可热处理强化，力学性能较好，铸造性良好	ZL101
			Al－Si－Cu		ZL107
			Al－Si－Mg－Cu		ZL105、ZL110
			Al－Si－Mg－Cu－Ni		ZL109
		铝铜铸造合金	Al－Cu	可热处理强化，耐热性好，铸造性和耐蚀性差	ZL201
		铝镁铸造合金	Al－Mg	力学性能好，耐蚀性好	ZL301
		铝锌铸造合金	Al－Zn	耐热性好，耐蚀性好	ZL401
		铝稀土铸造合金	Al－RE	能自动淬火，宜于压铸	ZL109RE
变形铝合金	不能热处理强化铝合金	工业纯铝	Al≥99.90%	塑性好，耐蚀性好，力学性能差	1A99、1050、1200
		防锈铝	Al－Mn	力学性能较差，耐蚀性好，可焊，压力加工性能好	3A21
			Al－Mg		5A05
	可热处理强化铝合金	硬铝	Al－Cu－Mg	力学性能好	2A11、2A12
		超硬铝	Al－Cu－Mg－Zn	室温强度最高	7A04、7A09
		锻铝	Al－Mg－Si－Cu	锻造性好，耐热性好	6A02、2A70、2A80

不能热处理强化铝合金的特点是强度中等、塑性及耐蚀性好，焊接性也较好，是目前铝合金焊接结构中应用最广的铝合金。

可热处理强化铝合金经热处理后强度高，但焊接性能差，特别是在熔焊时裂纹倾向较大。

二、铝及铝合金的焊接性能

铝及铝合金具有熔点低、导热性好、热膨胀系数大、易氧化、高温强度低等特点，因而给焊接带来一定困难。

1. 铝的氧化

铝和氧的化学结合力很强，常温下铝能被氧化而在表面生成一层致密的氧化膜（Al_2O_3），厚度为0.1～0.2 mm，熔点可达2 050℃（而纯铝只有660℃），而且密度大，约为纯铝的1.4倍。在焊接过程中，这层难熔的氧化膜容易在焊缝中形成夹渣。而且氧化膜不导电，影响焊接电弧的稳定性。同时，氧化膜还吸附一定量的结晶水，使焊缝产生气孔。因此，焊前必须清除氧化膜，但在焊接过程中铝会在高温下继续氧化，因而还必须采取措施破坏和清除氧化

膜，如气焊加气焊熔剂（CJ401）、TIG 焊采用交流焊机等。

2. 气孔

液态铝及铝合金溶解氢的能力强，在焊接高温下熔池会溶入大量的氢，加上铝的导热性好，熔池凝固快，气体常来不及析出而易形成氢气孔。因此，焊接时应严格清理，加强保护，选择合理的焊接工艺，以防止气孔产生。

3. 热裂纹

铝的热膨胀系数比钢大一倍，而凝固收缩率比钢大两倍，焊接时会产生较大的焊接应力。当成分中的杂质含量超过规定范围时，在熔池凝固过程中将形成较多的低熔点共晶体，两者共同作用的结果是使焊缝产生热裂纹。为了防止热裂纹，焊前应进行预热和调整焊丝成分。

4. 塌陷

铝和铝合金熔点低，高温强度低（铝在 370℃时的强度仅为 10 MPa），而且熔化时没有显著的颜色变化，因此，焊接时常因温度过高无法察觉而导致塌陷。为了防止塌陷，可在焊件坡口下面放置垫板，同时控制好焊接参数。

5. 接头强度不等

焊接铝及铝合金时，由于热影响区受热而发生软化，强度降低而使焊接接头和母材无法达到等强度。为了减小强度不等对焊接质量的影响，焊接时，可采用小线能量焊接或焊后进行热处理。

6. 焊接接头的耐蚀性

铝及铝合金焊接后，焊接接头的耐蚀性一般都低于母材。影响焊接接头耐蚀性的主要因素有：

（1）由于焊接接头组织的不均匀性，焊接接头各部位的电极电位会产生不均匀性。因此，焊前、焊后的热处理情况会对接头的耐蚀性产生影响。

（2）杂质较多、晶粒粗大以及脆性相的析出等，都会使耐蚀性明显下降。所以，焊缝金属的纯度和致密性也是影响接头耐蚀性的原因之一。

（3）焊接应力也是影响接头耐蚀性的原因之一。

三、铝及铝合金的焊接方法

铝及铝合金的焊接方法很多，有熔焊（如气焊、焊条电弧焊、氩弧焊、等离子弧焊、电子束焊、激光焊等）、压焊（如电阻焊、摩擦焊、超声波焊等）和钎焊。

目前，国内外焊接铝及铝合金用得最多的方法是氩弧焊（TIG 焊和 MIG 焊）。氩弧焊的保护效果好、焊接质量高，是目前焊接化学性质活泼的金属（如铝及铝合金等）最合适的焊接方法，作为生产手段，已逐渐替代气焊及焊条电弧焊。

铝及铝合金可采用多种焊接方法进行焊接，由于铝合金的组成成分不同，所以，焊接性能也不同，如铝锰合金、铝镁合金焊接性能良好，铝铜合金焊接性能较差。因此，每种焊接方法适用的铝合金种类也不同，应根据母材的种类、牌号（化学成分）、焊件厚度、焊件的形状与结构、对焊接质量的要求、生产条件以及经济条件等进行综合考虑而确定。铝及铝合金的焊接方法比较见表 3 - 26。

表 3 – 26　　　　　　　　　　　铝及铝合金的焊接方法比较

焊接方法	工业纯铝 1035、1200、8A06	铝锰合金 3A21	铝镁合金		铝铜合金 2A11、2A12	适宜厚度范围（mm）	简要说明
			5A05、5A06	5A02、5A03			
钨极氩弧焊	优	优	优	优	差	1～10	交流电源，薄板（厚板需要预热），主要用于一些重要结构，较常用
熔化极氩弧焊	优	优	优	优	尚可	≥3.0	直流反接，厚板需预热和保温，适用于焊接中厚板
熔化极脉冲氩弧焊	优	优	优	优	尚可	≥2.0	直流脉冲电源，适用于焊接薄板
气焊	较好	较好	优	优	差	2～10	中性焰焊接，厚板需预热，无氩弧焊条件时使用
焊条电弧焊	较好	较好	差	差	差	3.0～8.0	接头质量差，在工业中的应用较少，无氩弧焊条件时使用
电子束焊 激光焊	优	优	优	优	较好	3.0～75	能量集中，焊接质量好，适用于焊接大厚度板
等离子弧焊	优	优	优	优	尚可	1.0～10	热源能量密度大、热量集中，被焊工件加热范围小，焊接速度快，因此焊接变形和应力小。另外，热影响区窄，晶粒细化、抗气孔性好，所以接头性能比一般氩弧焊好，但设备及工艺复杂
钎焊	优	优	差	差	很差	>0.15	铝镁合金的钎焊性与合金中镁的含量有关。含镁量小于1.5%时，钎焊性较好；含镁量大于1.5%时，钎焊性变差；含镁量大于2.5%时，钎焊困难，不推荐使用

任务实施

一、焊前准备

1. 焊机

WSE - 315 型手工交直流钨极氩弧焊机。

2. 焊枪

气冷式焊枪。

3. 氩气瓶

氩气瓶及 AT - 15 型氩气流量调节器,氩气纯度不低于 99.99%。

4. 钨极

WCe - 20 铈钨极,直径为 2.5 mm,端头磨成 30°圆锥形,锥端直径为 0.5 mm。

5. 焊件

5A02 铝合金管,尺寸为 $\phi51$ mm × 100 mm × 3mm,加工成 I 形坡口,两段组成一组焊件。

6. 焊丝

选用 ER50 - 6 型焊丝,直径为 3.0 mm。

7. 辅助工具和量具

钢丝刷、焊缝万能量规、锤子、钢直尺、划针、样冲、三角刮刀、不锈钢丝轮。

二、焊前清理、装配及定位焊

1. 焊前清理

采用不锈钢丝轮打磨或用三角刮刀刮削焊件表面,并清除焊件坡口及两侧各 15 mm 范围内的氧化膜,或用化学溶液进行清理。铝合金化学清理溶液成分见表 3 - 27。用丙酮擦拭焊丝表面的油迹、污垢等。在距坡口边缘 60 mm 处的表面,用划针划上与坡口边缘平行的平行线,并打上样冲眼,作为焊后测量焊缝坡口每侧增宽的基准线。

表 3 - 27　　　　　　　　　　　　　铝合金化学清理溶液成分

金属	腐蚀溶液	中和溶液
铝合金	每升水中:H_3PO_4,110 ~ 155 g;$K_2Cr_2O_7$ 或 $Na_2Cr_2O_7$,0.8 ~ 1.5 g 温度为 30 ~ 50℃	每升水中:HNO_3,15 ~ 25 g 温度为20 ~ 25℃

> **注意**
>
> 焊件、焊丝清洗后到焊接前的存放时间应尽量缩短,在环境潮湿的情况下,一般应在清理后 4 h 内施焊,若清理后存放时间过长,需重新处理。

2. 装配及定位焊

把磨好的焊件装配成 I 形坡口的对接接头,间隙为 2 mm,在时钟 10 点钟和 2 点钟位置进行定位焊，定位焊缝长 20 mm。装配间隙及定位焊缝如图 3 – 39 所示。

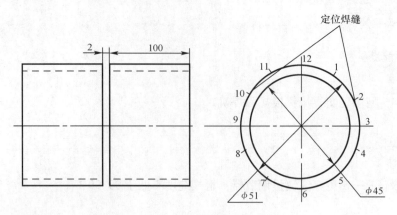

图 3 – 39　装配间隙及定位焊缝

三、焊接参数

小直径铝合金管水平固定氩弧焊焊接参数见表 3 – 28。

表 3 – 28　　　　　　　　　小直径铝合金管水平固定氩弧焊焊接参数

焊道层次	钨极型号及规格（mm）	钨极伸出长度（mm）	喷嘴直径（mm）	气体流量（L/min）	氩气纯度（%）	焊丝直径（mm）	焊接电流（A）	电弧电压（V）
1	WCe - 20，ϕ2.5	4 ~ 6	10	8 ~ 12	99.99	3.0	90 ~ 110	12 ~ 14

四、焊接操作过程

将组装好的试件水平固定在适当的高度（采用蹲位焊接），水平管的焊缝按时钟的相对位置表示。焊接时的具体操作步骤如下：

采用蹲位焊接，将焊缝分为两个半圈，先焊左半圈焊缝（沿顺时针方向焊接）还是先焊右半圈焊缝（沿逆时针方向焊接），由操作者自行决定。先焊右半圈时，起弧点在时钟 6 点钟附近，如图 3 – 40a 所示。

1. 引弧

调整好角度后，从时钟 6 点钟附近开始引弧，进行前半圈的焊接，焊接电弧应控制在 3 ~ 4 mm，当被加热的焊件表面熔化后，向熔池填加 1 ~ 2 滴焊丝熔滴，待电弧停留 8 ~ 10 s 后，再填加焊丝，熔池的直径应控制在 7 ~ 9 mm。引燃焊接电弧后，焊枪沿着焊缝向上做平稳的匀速直线移动并实施焊接。

2. 仰焊段的焊接

由时钟 6 点钟位置向 4 点钟位置（或者由 6 点钟位置向 8 点钟位置）焊接时（见图 3 – 40b），为了防止焊缝根部下塌，焊丝应送入熔池内 1/3 处，并且要有向上推的动作。

3. 立焊段的焊接

由时钟 4 点钟位置向 2 点钟位置（或者由 8 点钟位置向 10 点钟位置）焊接时，焊丝应送入熔池的 1/4 处，而且焊接速度要比仰焊段的焊接速度快些，以防止熔化的铝液下淌。

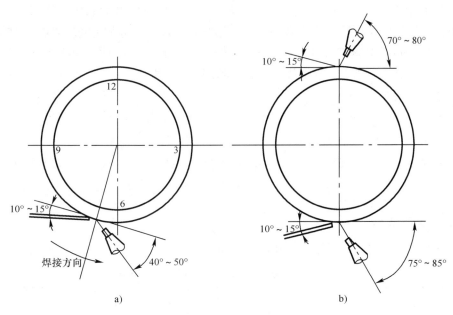

图 3 - 40　焊接操作

a）焊枪引弧示意图　b）仰焊与平焊示意图

> **提示**
>
> 　　在焊接过程中最好不要采取向下压送焊丝端部的方法，以防止背面焊缝余高过高或出现夹焊丝现象。

4. 平焊段的焊接

　　由时钟 2 点钟位置向 12 点钟位置（或者由 10 点钟位置向 12 点钟位置）焊接时（见图 3 - 40b），焊丝应送入熔池的 1/5 处，而且焊接速度要比立焊段的焊接速度稍快些，以避免背面焊缝下塌及正面焊缝余高过高。

　　当两个半圈的焊缝都焊至时钟 12 点钟位置时，两半圈的焊缝应重叠 10 ~ 12 mm，并利用焊机的衰减装置，逐渐减小焊接电流收弧，此时应控制熔池的温度，防止焊缝因温度过高而烧穿或导致背面焊缝下塌。

> **提示**
>
> 　　断弧后不能立即关闭氩气，为了防止钨极氧化和保证收弧质量，需要等钨极呈暗红色后（一般为 5 ~ 10 s）再关闭氩气。

5. 结束焊接

（1）焊后关闭气路和电源，将焊枪盘好挂起，并清理工作现场。

（2）焊后用不锈钢丝轮打磨焊缝，清除留在焊缝及邻近区域的氧化膜和焊接时飞溅的金属。通常是将焊件放在质量分数为 10% 的硝酸溶液中浸洗。可采用处理温度为 15~20℃、时间为 10~20 min 或处理温度为 60~65℃、时间为 5~15 min 的两种浸洗方式。浸洗后用冷水冲洗一次，然后用热空气吹干或在 100℃ 的干燥箱内烘干。

（3）检查焊缝质量。

> **注意**
>
> 因为焊渣在空气、水分的参与下会腐蚀焊件，因此，焊后必须及时清理干净。

五、任务考核

完成小直径铝合金管水平固定氩弧焊操作后，结合表 3-29 进行测评。

表 3-29 小直径铝合金管水平固定氩弧焊操作评分表

项目	分值	评分标准	得分	备注
焊缝余高 h（mm）	10	$h = 2 \pm 1$，超差不得分		
焊缝余高差 h'（mm）	10	$h' \leq 2$，超差不得分		
咬边（mm）	10	缺陷深度≤0.5，缺陷长度≤15，每出现一处扣5分		
气孔	10	出现不得分		
焊瘤	10	每出现一处扣5分		
未焊透	15	出现不得分		
未熔合	15	出现不得分		
裂纹	10	出现不得分		
焊缝表面凹陷（mm）	10	深度≤0.15，超差不得分		
合计	100	总得分		

任务 8 大直径中厚壁管对接水平固定组合焊（TIG 焊 + CO$_2$ 焊）

学习目标

1. 掌握大直径中厚壁管水平固定 TIG 焊打底、CO$_2$ 焊填充及盖面的焊接工艺及操作要领。
2. 掌握大直径中厚壁管水平固定手工钨极氩弧焊、CO$_2$ 焊的焊接参数选择。
3. 掌握大直径中厚壁管对接水平固定组合焊的操作。

工作任务

　　水平固定管钨极氩弧焊打底，可以保护管子内壁焊缝成形均匀，避免出现焊瘤或未熔合等缺陷。采用 CO_2 气体保护焊进行大直径管的盖面焊，可以保证焊件良好熔合，提高焊接效率。本任务要求完成如图 3 – 41 所示的大直径中厚壁管对接水平固定组合焊训练。

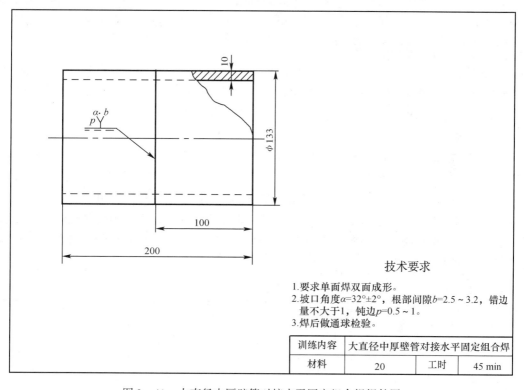

技术要求
1. 要求单面焊双面成形。
2. 坡口角度 $\alpha=32°\pm2°$，根部间隙 $b=2.5\sim3.2$，错边量不大于1，钝边 $p=0.5\sim1$。
3. 焊后做通球检验。

训练内容	大直径中厚壁管对接水平固定组合焊		
材料	20	工时	45 min

图 3 – 41　大直径中厚壁管对接水平固定组合焊焊件图

任务实施

一、焊前准备

1. 焊机

WS – 300 型手工钨极氩弧焊机，直流正接；NBC – 300 型 CO_2 半自动气体保护焊机。

2. 焊枪

气冷式焊枪。

3. 氩气瓶、CO_2 气瓶

氩气瓶及 AT – 15 型氩气流量调节器，氩气纯度不低于 99.99%；CO_2 气瓶，CO_2 气体纯度不低于 99.5%。

4. 钨极

WCe-20 型铈钨极，直径为 3 mm，端头磨成 45°圆锥形，锥端直径为 0.6 mm。

5. 焊件

20 钢管，尺寸为 φ133 mm×100 mm×10 mm（见图 3-41），管的一侧加工 30°坡口，两段管装配为一组焊件。

6. 焊丝

氩弧焊选用 ER50-6 型焊丝，直径为 2.5 mm；CO_2 气体保护焊选用 H08A 型焊丝，直径为 1.2 mm。

二、焊前清理、装配及定位焊

1. 焊前清理

修磨坡口钝边 0.5~1 mm，清理坡口及其正反面两侧 20 mm 范围内和焊丝表面的油污、锈蚀、水分，直到露出金属光泽，然后用丙酮进行清洗。

2. 装配及定位焊

将清理好的两段管件固定在 V 形槽焊接支架上，留出 2.5~3 mm 间隙，并保证其两管同轴，进行定位焊。定位焊采用 TIG 焊，3 点定位焊，且装配最小间隙应位于时钟 6 点钟位置。其所用的焊接材料为 ER50-6 型焊丝，φ2.5 mm。定位焊缝长度为 10~15 mm，厚度为 3 mm 左右。要求焊透、无焊接缺陷，定位焊之后要用角向砂轮将定位焊缝两端修成斜坡状，以利于接头。定位焊缝如有问题，应将定位焊缝清除并打磨干净，重新进行定位焊。焊件装配的各项尺寸见表 3-30。

表 3-30　　　　　　　　　　　　　　　焊件装配的各项尺寸

坡口角度 （°）	间隙 （mm）	钝边 （mm）	错边量 （mm）	定位焊缝长度 （mm）	定位焊缝间距 （mm）
60	始焊处 2.5 终焊处 3.2	0.5~1	≤1	10~15	1/3 管周长

三、焊接参数

大直径中厚壁管对接水平固定组合焊焊接参数见表 3-31。

表 3-31　　　　　　　　大直径中厚壁管对接水平固定组合焊焊接参数

焊道层次		焊丝（焊条） 直径（mm）	焊接电流 （A）	电弧电压 （V）	氩气流量 （L/min）	钨极直径 （mm）	喷嘴直径 （mm）	喷嘴至工件 距离（mm）	钨极伸出 长度（mm）
TIG 焊 打底层（1）		2.5	90~95	10~12	8~10	2.5	8	≤10	—
CO_2 焊	填充层（2）	1.2	130~150	20~22	15	—	—	—	20~25
	盖面层（3）		130~140						

四、焊接操作过程

将按要求组装好的试件水平固定于焊接支架上，注意在时钟 6 点钟位置应无定位焊缝，两定位焊缝分别处于两向上爬坡处，且间隙为 2.5 mm。

采用三层三道焊，其焊接方法为 TIG 焊打底，CO_2 焊实施填充焊和盖面焊。焊道分布示意图如图 3-42 所示。

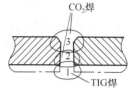

焊接分左、右两个半圈进行，在仰焊位置起焊，平焊位置收弧，每个半圈都存在仰、立、平三种不同位置。

1. 打底焊

打底层焊接采用 TIG 焊，其操作要点及注意事项同本模块任务 6。

图 3-42 焊道分布示意图

2. 填充焊

清理和修整打底层焊道氧化物及局部凸起的接头，填充层采用 CO_2 气体保护焊。

填充层施焊顺序与打底层相同，同样分两半圈进行焊接。调整好焊接参数后，从时钟 7 点钟位置开始，按逆时针方向先焊右半圈，焊枪角度如图 3-43 所示。焊接时焊枪做锯齿形摆动，摆动幅度应稍大，并在坡口两侧适当停留，保证熔合良好。焊道表面应下凹，并低于母材表面 2~3 mm，不得熔化坡口棱边。以同样步骤和方法完成左半圈填充焊缝，注意始端和末端接头。

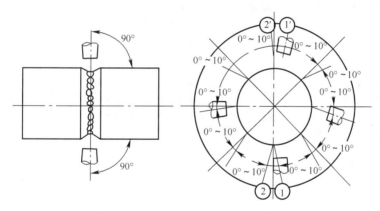

图 3-43 填充焊的焊枪角度

3. 盖面焊

清理和修整填充层焊道氧化物及局部凸起的接头，盖面层焊接同样也采用 CO_2 气体保护焊，并按填充层的焊接方法焊接盖面层。

（1）焊枪摆动幅度应比填充焊时大，保证熔池边缘超出坡口棱边 0.5~2.5 mm。

（2）焊接速度要均匀，保证焊道外形美观，余高合适。

4. 结束焊接

（1）焊后关闭气路和电源，将焊枪盘好挂起，并清理工作现场。

（2）清理焊件，检查焊缝质量。

五、任务考核

该焊件的焊接质量要求及评分标准与本模块任务 6 相同。

模块四 气 焊

学习目标

1. 了解气焊的原理、特点及应用。
2. 熟悉气焊所用材料、设备、工具等。
3. 掌握气焊工艺及基本操作方法。

工作任务

本任务是由教师带领学生参观气焊生产车间，观察生产过程，从而使学生比较深入地了解气焊工作原理、设备、工艺，为进一步进行焊接技能训练做准备。

相关知识

气焊是金属熔焊方法的一种，在作业场地经常改变和无电力供应的情况下，常使用气焊。

一、气焊的原理、特点及应用

1. 原理

气焊是利用氧气与助燃气体，通过焊枪混合后喷出，经点燃使它们发生剧烈的氧化燃烧，利用燃烧产生的热量，局部加热焊缝的结合处，使其达到熔化状态并相互熔合形成熔池，然后不断地向熔池内填充金属，随着焊枪的移动，冷却凝固后形成焊接接头的过程。例如，氧气与乙炔混合燃烧时产生了二氧化碳和水，同时释放出巨大的热量，气焊就是利用这种热量作为热源来焊接工件的。

2. 特点

气焊的主要优点是设备简单，搬运方便，通用性强，适合于流动施工。气焊的主要缺点是随着焊件的厚度增加，加热区较大，焊接变形较大，接头性能和生产效率下降。

3. 应用

在众多的焊接方法中，气焊还不能被其他焊接方法完全取代，在某些特殊场合气焊仍然发挥着不可替代的作用。它适合于焊接较薄小工件、低熔点材料、有色金属及其合金、需要预热和缓冷的工具钢，以及铸铁焊补、零部件磨损后的焊补等。

二、气焊所用的材料

气焊和气割所用的材料基本相同，气割时不用气焊焊丝和气焊熔剂。

1. 氧气

（1）氧气的性质

在常温、常压下氧气呈气态。氧气是一种无色、无味、无臭的气体，分子式为 O_2。在标准状态下氧气的密度是 1.429 kg/m^3，比空气略重。

氧气本身不能燃烧，但可以帮助其他可燃物质燃烧，所以氧气是助燃物质，而不是可燃物质。氧气几乎能与自然界一切元素相化合（惰性气体除外），这种化合称为氧化反应。剧烈的氧化反应称为燃烧。氧气的化合能力随着压力的加大和温度的升高而增强，因此工业中常使用压缩状态的气态氧。氧气如果与油脂等易燃物接触，就会发生剧烈的氧化反应，而使易燃物自燃，这样在高温和高压作用下促使氧化反应更加剧烈，从而引起爆炸。因此在使用氧气时，绝对不可使氧气瓶、焊（割）炬、氧气减压器等沾染油脂。

（2）对氧气纯度的要求

氧气的纯度对气焊与气割的质量、生产效率以及氧气消耗量都有直接影响。

氧气不纯主要是指混有氮气，在燃烧时会消耗大量热量而影响焊缝金属质量。氧气纯度高，工作质量和生产效率也高，而氧气的消耗量则大为降低。工业用氧气分为两级：一级氧纯度不低于99.2%，用于气焊；二级氧纯度不低于98.5%，用于气割。

2. 乙炔

乙炔是最简单也是最重要的炔烃，俗称电石气，为无色碳氢化合物。在常温常压下乙炔是一种无色气体，具有刺鼻的特殊气味。在标准状态下密度是 1.179 kg/m^3，比空气轻。

乙炔是可燃性气体，乙炔的自燃点为335℃，它与空气混合燃烧时所产生的火焰温度为 2 350℃，与氧气混合燃烧时所产生的火焰温度为 3 000~3 300℃，而且热量比较集中，因此足以迅速熔化金属进行焊接或切割。

乙炔是一种具有爆炸性危险的气体，在容器中的乙炔遇到明火就会燃烧爆炸（300℃或压力大于 0.15 MPa 时），乙炔与空气或氧气混合，爆炸性就会大大增加，乙炔含量（按体积计算）在一定范围内所形成的混合气体，只要遇到高温静电火花及火星，就会立刻爆炸。因此在从事气焊、气割的场所，应注意通风和防止静电。

乙炔与铜或银长期接触后，会在铜或银的表面生成一种爆炸性化合物，即乙炔铜（Cu_2C_2）和乙炔银（Ag_2C_2）。当这种化合物受到摩擦、冲击、剧烈振动或者加热到 110~120℃时，就会爆炸。所以凡是与乙炔接触的器具，禁止用纯铜或纯银制造，只能用含铜量超过70%的铜合金制造。乙炔与氧气、次氯酸盐等化合后，受日光照射或受热也会发生爆炸，所以乙炔燃烧时禁止用四氯化碳来灭火。

乙炔在大于 0.15 MPa 的压力下将发生聚合反应，这个反应是放热反应，会产生高热，因而使气体温度升高，压力增大，导致化学爆炸，其破坏力很强，因此在使用时必须注意安全。若将乙炔储存在毛细管中或溶解于丙酮溶液中，其爆炸性就会大大降低，所以现在使用的乙炔瓶就是根据这个原理制造的。

3. 液化石油气

液化石油气是油田开发或炼油厂裂化石油的副产品，其主要成分是丙烷（C_3H_8）、丁烷（C_4H_{10}）、丙烯（C_3H_6）、丁烯（C_4H_8）和少量乙烷（C_2H_6）、戊烷（C_5H_{12}）等碳氢化合物。常温常压下气态石油气是一种略带臭味的无色气体，标准状态下密度为 $1.8 \sim 2.5$ kg/m^3，比空气重。如果加上 $0.8 \sim 1.5$ MPa 的压力，气态石油气就变成液态，便于装入瓶中储存和运输。工业上一般都使用液化石油气。

液化石油气中的几种主要成分能与空气氧化形成具有爆炸性的混合气体，但爆炸混合比范围较小，同时液化石油气燃点比乙炔高（液化石油气为 500℃、乙炔为 305℃），因此，液化石油气使用时比乙炔安全，不会回火。

液化石油气完全燃烧所需氧气量比乙炔多一倍，且燃烧速度慢，这是液化石油气在氧气中燃烧速度比乙炔在氧气中燃烧速度慢的原因，所以对焊（割）炬的构造应进行相应改造，使焊（割）炬有较多的混合气体喷出截面，以降低流速，保证良好的燃烧。

液化石油气广泛应用于钢材的气割和低熔点有色金属的焊接。它的切口光洁，不渗碳，质量高，但预热时间长。液化石油气除了比乙炔耗氧量大（比乙炔多一倍）、火焰温度低外，其他方面皆优于乙炔。由于液化石油气具有这些优点，用它来代替乙炔进行金属的焊接或切割，价格低廉，具有较显著的经济意义。

4. 丙烷

常温常压下丙烷是一种无色、无臭、无毒的可燃气体，蒸气密度为 1.52 g/L，比空气略重，爆炸极限为 2.1% ~ 9.5%。丙烷的化学性质不活泼，难溶于水，若吸入过量丙烷会产生麻醉性，但丙烷具有良好的热力学性能，在氧气充足的情况下，燃烧火焰温度能达到 2 800℃，所以可用来切割或焊接低熔点金属。

5. 气焊焊丝

气焊时因为焊丝与母材熔合形成了焊缝，所以焊缝金属的化学成分和质量很大程度上取决于气焊焊丝的化学成分和质量。一般来说，所用焊丝的化学成分基本上与被焊金属化学成分相同。有时在焊丝中添加其他合金元素，能使焊缝的质量有所提高。

（1）对焊丝的基本要求

1）焊丝的熔点应不大于被焊金属的熔点。

2）焊丝应能保证必要的焊接质量，如不产生气孔、夹渣、裂纹等缺陷。

3）不管是黑色金属还是有色金属，焊丝的化学成分应基本上与被焊金属（母材）相同，以保证焊缝具有足够的力学性能。

4）焊丝熔化时应平稳，不应有强烈的飞溅或蒸发。

5）焊丝表面应无油脂、锈蚀和油漆等污染物。

（2）焊丝的规格

气焊焊丝的规格一般为 $\phi1.6$ mm、$\phi2.0$ mm、$\phi2.5$ mm、$\phi3.0$ mm、$\phi3.2$ mm、$\phi4.0$ mm 等。根据不同的厚度选用不同直径的焊丝。

（3）焊丝的分类及用途

焊丝可分为非合金钢焊丝、低合金钢焊丝、铜及铜合金焊丝、铝及铝合金焊丝、铸铁焊丝等。

1）非合金钢焊丝、低合金钢焊丝。根据国家标准《气体保护电弧焊用碳钢、低合金钢焊丝》（GB/T 8110—2008），按化学成分不同，气体保护电弧焊用碳钢、低合金钢焊丝可分为碳钢、碳钼钢、铬钼钢、镍钢、锰钼钢和其他低合金钢6类。

2）铜及铜合金焊丝（参见国家标准 GB/T 9460—2008）。常用的有纯铜焊丝、黄铜焊丝、白铜焊丝、青铜焊丝等，用于纯铜、黄铜的气焊及碳弧焊，也可用于铜、钢、铜镍合金、灰铸铁的钎焊。

3）铝及铝合金焊丝（参见国家标准 GB/T 10858—2008）。包括铝焊丝、铝铜焊丝、铝锰焊丝、铝硅焊丝、铝镁焊丝等，用于焊接铝、铝镁合金、铝锰合金焊件等。

4）铸铁焊丝（参见国家标准 GB/T 10044—2006）。包括灰铸铁填充焊丝、合金铸铁填充焊丝等，用于铸铁的焊补。

（4）焊丝型号表示方法

1）碳钢焊丝、低合金钢焊丝（参见国家标准 GB/T 8110—2008）。焊丝型号由三部分组成。第一部分用字母"ER"表示焊丝；第二部分用两位数字表示焊丝熔敷金属的最低抗拉强度；第三部分为短横线"−"后的字母或数字，表示化学成分分类代号。根据供需双方协商，可在型号后附加扩散氢代号 H×（×代表 15、10 或 5）。

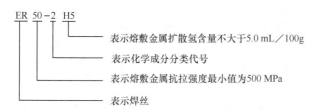

2）铜及铜合金焊丝（参见国家标准 GB/T 9460—2008）。焊丝型号由三部分组成。第一部分为字母"SCu"，表示铜及铜合金焊丝；第二部分为四位数字，表示焊丝型号；第三部分为可选部分，表示化学成分分类代号。

3）铝及铝合金焊丝（参见国家标准 GB/T 10858—2008）。焊丝型号由三部分组成。第一部分为字母"SAl"，表示铝及铝合金焊丝；第二部分为四位数字，表示焊丝型号；第三部分为可选部分，表示化学成分分类代号。

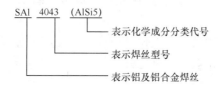

4）铸铁焊丝（参见国家标准 GB/T 10044—2006）。字母"R"表示填充焊丝，

"Z"表示用于铸铁焊接，在"RZ"字母之后用焊丝主要化学元素符号或金属类型代号表示，再细分时用数字表示。

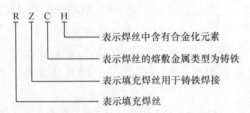

（5）焊丝的保管

气焊焊丝应按类别、型号、规格分开保管。焊丝表面应涂油保护，为避免其生锈、腐蚀，应放在干燥通风处。

6. 气焊熔剂

气焊熔剂也称气焊粉，它是氧乙炔焊时的助熔剂。在气焊过程中被加热的熔化金属极易被周围空气中的氧或火焰中的氧氧化生成氧化物，使焊缝产生气孔和夹渣等缺陷。为了防止金属氧化以及消除已经形成的氧化物，在焊接有色金属、合金钢、铸铁等材料时，必须采用气焊熔剂，以获得致密的焊缝组织。

（1）气焊熔剂的作用

气焊熔剂能与熔池内金属氧化物或非金属夹杂物相互作用生成熔渣，覆盖在熔池表面。气焊熔剂有两方面的作用。

1）使熔池与空气隔绝，以防止空气中的氧、氮侵入，消除氧化物的有害作用，避免夹渣的生成，起到保护熔化金属的作用。

2）熔渣覆盖在熔池表面，能减缓焊缝的冷却速度，促进焊缝金属中气体的排出。

气焊熔剂在使用时可直接撒在焊缝上或沾在气焊焊丝上加入熔池。

（2）对气焊熔剂的要求

1）气焊熔剂应具有很强的反应能力，能迅速溶解某些氧化物或与某些高熔点化合物作用生成新的低熔点和易挥发的化合物。

2）气焊熔剂熔化后黏度要小、流动性要好，所形成熔渣的熔点和密度应比母材和焊丝低，熔化后易于浮在熔池表面。

3）气焊熔剂能减小熔化金属的表面张力，使熔化的焊丝与母材更容易结合。

4）气焊熔剂不应对焊件有腐蚀作用，不析出有毒气体，且焊接后熔渣容易清除。

（3）气焊熔剂的分类

气焊熔剂按所起的作用不同，可分为化学反应熔剂和物理溶解熔剂两大类。

1）化学反应熔剂。由一种或几种酸性氧化物或碱性氧化物构成，所以又称为酸性熔剂或碱性熔剂。

①酸性熔剂。由硼砂、硼酸及二氧化硅组成，主要用于焊接铜及铜合金、合金钢等。这一类材料在焊接时形成的氧化亚铜、氧化锌、氧化铁等均为碱性氧化物，因而应选用酸性的硼砂和硼酸熔剂。

②碱性熔剂。如碳酸钾和碳酸钠等，主要用于焊接铸铁。焊接时，由于熔池内形成高熔

点的酸性三氧化硅（熔点为1 350℃），所以应采用碱性熔剂。

酸性熔剂和碱性熔剂的使用都是利用酸碱中和反应的原理，把难熔的酸性氧化物或碱性氧化物反应掉，避免生成气孔和夹渣，确保焊缝的致密性。

2）物理溶解熔剂。主要有氯化钠、氯化锂、氟化钠等，主要用于焊接铝及铝合金。由于焊接时在熔池表面形成的三氧化二铝薄膜不能被酸性氧化物和碱性氧化物中和，因此阻碍焊接过程的进行，利用上述熔剂将三氧化二铝溶解和吸收，从而使焊接过程顺利进行，而获得力学性能较好的焊接接头。

（4）常用气焊熔剂的牌号及表示方法

气焊熔剂的牌号由三部分组成："CJ"表示气焊熔剂；后面第一位数字表示用途，"1"表示用于不锈钢或耐热钢，"2"表示用于铸铁，"3"表示用于铜及铜合金，"4"表示用于铝及铝合金；最后两位数字表示同一类型的不同编号。例如：

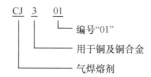

常用气焊熔剂的牌号、化学成分及用途见表4-1。

表4-1　　　　　　　　　常用气焊熔剂的牌号、化学成分及用途

牌号	名称	熔点（℃）	化学成分（质量分数,%）	用途及性能	焊接注意事项
CJ101	不锈钢及耐热钢气焊熔剂	≈900	瓷土粉30，大理石28，钛白粉20，低碳锰铁10，硅铁6，钛铁6	焊接时有助于焊丝的润湿，能防止熔化金属被氧化，焊后覆盖在焊缝金属表面的熔渣易去除	1. 焊接前将施焊部分擦刷干净 2. 焊接前将熔剂用1:3的水玻璃溶液均匀搅拌成糊状 3. 用刷子将搅拌好的熔剂均匀地涂在焊接处反面，厚度不小于0.4 mm，焊丝上也涂上少许熔剂 4. 涂完后约隔30 min施焊
CJ201	铸铁气焊熔剂	≈650	H_3BO_3：18 Na_2CO_3：40 $NaHCO_3$：20 MnO_2：7 $NaNO_3$：15	有潮解性，能有效地去除铸铁在气焊过程中产生的硅酸盐和氧化物，有加速金属熔化的功能	1. 焊接前将焊丝一端煨热后沾上熔剂，在焊接部位红热时撒上熔剂 2. 焊接时不断用焊丝搅动，使熔剂充分发挥作用，则焊渣容易浮起 3. 如焊渣浮起过多，可用焊丝将焊渣随时拨去
CJ301	铜气焊熔剂	≈650	H_3BO_3：76~79 $Na_2B_4O_7$：16.5~18.5 $AlPO_4$：4~5.5	纯铜及黄铜气焊或钎焊助熔剂，能有效地溶解氧化铜和氧化亚铜，焊接时液体熔渣覆盖于焊缝表面，防止金属氧化	1. 焊接前将施焊部位擦刷干净 2. 焊接时将焊丝一端煨热，沾上熔剂即可施焊

续表

牌号	名称	熔点（℃）	化学成分 （质量分数,%）	用途及性能	焊接注意事项
CJ401	铝气焊熔剂	≈560	KCl：49.5～52 NaCl：27～30 LiCl：13.5～15 NaF：7.5～9	铝及铝合金气焊熔剂，起精炼作用，也可作为铝青铜气焊熔剂	1. 焊前将焊接部位及焊丝洗刷干净 2. 焊丝涂上用水调成糊状的熔剂，或将焊丝一端煨热，蘸取适量干熔剂立即施焊 3. 焊后必须将工件表面的熔剂残渣用热水洗刷干净，以免引起腐蚀

（5）气焊熔剂的选用和保存

1）气焊熔剂的选用。在气焊时，应根据母材在焊接过程中所产生的氧化物的种类来选用气焊熔剂，所用的焊剂能中和或溶解这些氧化物。

2）气焊熔剂的保存。应保存在密封的玻璃瓶中，用多少取多少，用后要盖紧瓶盖，以避免受潮或脏物进入。

三、气焊工艺

1. 气焊焊接接头的种类和坡口形式

气焊常用的接头形式有对接接头、角接接头、搭接接头、卷边接头和 T 形接头，如图 4-1 所示。气焊时主要采用对接接头，而角接接头和卷边接头只在焊接薄板时使用，很少采用搭接接头和 T 形接头。

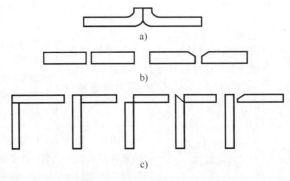

图 4-1　板料的气焊接头形式

a）卷边接头　b）对接接头　c）角接接头

气焊焊接接头的坡口形式主要有 I 形坡口、X 形坡口和 V 形坡口等。当板厚不小于 5 mm 时，必须开坡口。厚焊件只有在不得已的情况下才采用气焊。

2. 气焊焊接参数

气焊焊接参数主要包括焊丝的牌号、焊丝的直径、火焰的性质及能率、气焊熔剂、焊枪的倾斜角、焊接速度等。

（1）**焊丝的牌号**

应根据焊接材料的力学性能或化学成分，选择相应性能或成分的焊丝牌号。

（2）焊丝的直径

焊丝直径要根据焊件的厚度、坡口形式及焊接位置来选择。若焊丝直径过小，则焊接时焊件尚未熔化，而焊丝已熔化下滴，容易形成熔合不良等缺陷。如果焊丝直径过大，则焊丝加热时间增加，使焊件过热而扩大热影响区，或者导致焊缝未焊透等缺陷。焊丝直径常根据焊件厚度初步确定，试焊后再调整确定。非合金钢气焊时焊丝直径可参照焊件厚度与焊丝直径的关系进行选择，见表 4 - 2。

表 4 - 2　　　　　　　　　　　　焊件厚度与焊丝直径的关系　　　　　　　　　　　　mm

焊件厚度	1.0 ~ 2.0	2.0 ~ 3.0	3.0 ~ 5.0	5.0 ~ 10.0	10 ~ 15
焊丝直径	1.0 或不用焊丝	2.0 ~ 3.0	3.0 ~ 4.0	3.0 ~ 5.0	4.0 ~ 6.0

（3）火焰的性质及能率

1）火焰的性质。根据氧和乙炔混合比的大小不同可得到三种不同性质的火焰，即碳化焰、中性焰和氧化焰，其结构如图 4 - 2 所示。在实际工作中应根据相应的材料选择相应的火焰类型，表 4 - 3 为常用材料类型和火焰种类。

①碳化焰。碳化焰是氧和乙炔混合比小于 1.1 时的火焰，其特征是内焰呈淡白色，如图 4 - 2a 所示。这是因为碳化焰的内焰有多余的游离碳。碳化焰具有较强的还原作用，也有一定的渗碳作用。

②中性焰。中性焰是氧和乙炔混合比为 1.1 ~ 1.2 时的火焰。其特征为焰心呈亮白色，端部有淡白色火焰闪动，如图 4 - 2b 所示，时隐时现。中性焰的内焰区气体为一氧化碳和氢气，无过量氧，也没有游离碳，因此呈暗紫色。中性焰的内焰实际上并非中性，而具有一定的还原性，故可称中性焰为正常焰。

③氧化焰。氧化焰是氧和乙炔混合比大于 1.2 时的火焰。其特征是焰心端部无淡白色火焰闪动，内焰、外焰分不清，如图 4 - 2c 所示。氧化焰有过量的氧，因此氧化焰有氧化性。

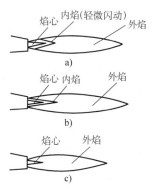

图 4 - 2　气焊火焰结构
a）碳化焰　b）中性焰
c）氧化焰

表 4 - 3　　　　　　　　　　　　常用材料类型和火焰种类

材料种类	火焰种类	材料种类	火焰种类
低、中非合金钢	中性焰	铝镍钢	中性焰或乙炔稍多的碳化焰
低合金钢	中性焰	锰钢	氧化焰
纯铜	中性焰	镀锌铁板	氧化焰
铝及铝合金	中性焰或轻微碳化焰	高速钢	碳化焰
铅、锡	中性焰	硬质合金	碳化焰
青铜	中性焰或轻微碳化焰	高非合金钢	碳化焰
不锈钢	中性焰或轻微碳化焰	铸铁	碳化焰
黄铜	氧化焰	镍	碳化焰或中性焰

2）火焰能率。气焊火焰能率根据每小时可燃气体的消耗量确定，而气体的消耗量又取决于焊嘴的大小。所以火焰能率的选择实际上是确定焊枪的型号和焊嘴的号码。火焰能率应根据焊件的厚度、母材的熔点和导热性，以及焊缝的空间位置来选择。如果焊件较厚，金属材料熔点较高、导热性较好，焊缝又是平焊位置，应选择较大的火焰能率，才能保证焊透；反之，在焊接薄板时，为防止焊件被烧穿，火焰能率应适当减小。

（4）气焊熔剂

气焊熔剂的选择要根据焊件的成分及其性质而定，一般碳素结构钢气焊时不需要气焊熔剂。而不锈钢、耐热钢、铸铁、铜及铜合金、铝及铝合金气焊时，则必须采用气焊熔剂，才能保证焊接质量。

（5）焊枪的倾斜角

焊枪的倾斜角是指焊嘴与工件平面间小于90°的夹角。焊枪倾斜角的大小主要取决于焊件的厚度和母材的熔点及导热性。原则上焊件厚度大、熔点高、导热性好，焊接时焊枪的倾斜角应大些；反之，则小些。开始焊接时，为了加热快，焊枪倾斜角要大，倾斜角为 80°~90°。焊接结束时，为了填满弧坑，避免烧穿，焊枪倾斜角要小。气焊导热性强的纯铜时，焊枪倾斜角为 60°~80°。气焊熔点低的铝及铝合金时，焊枪倾斜角要小。如图 4-3 所示为碳素钢焊接时焊枪倾斜角与焊件厚度的关系。

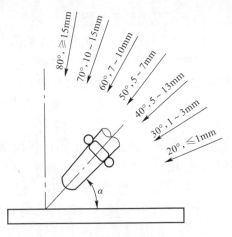

图 4-3　碳素钢焊接时焊炬倾斜角与焊件厚度的关系

（6）焊接速度

一般情况下，厚度大、熔点高的焊件，焊接速度要慢些，以免产生未焊透的缺陷；厚度小、熔点低的焊件，焊接速度要快些，以免烧穿和使焊件过热，降低产品质量。总之，在保证焊接质量的前提下，应尽量加快焊接速度，以提高生产效率。

四、气焊操作方法

1. 焊枪的握法

右手持焊枪，拇指握在乙炔阀处，食指握在氧气阀处，以便随时调节气体流量，其他三指握住焊枪柄。

2. 火焰的点燃

先逆时针方向旋转氧气阀放出少量氧气，再逆时针微开乙炔阀，然后将焊嘴靠近火源点火。开始练习时，可能会出现不易点燃或连续的"放炮"声，原因是氧气量过大或乙炔不纯，应微关氧气阀或放出不纯的乙炔后重新点火。点火时，拿火源的手不要正对焊嘴，也不要将焊嘴指向他人，以防烧伤。

3. 火焰的调节

开始点燃的火焰多为碳化焰，如要调成中性焰，应逐渐增加氧气的供给量，直至火焰的内、外焰无明显的界限。如继续增加氧气或减少乙炔，就得到氧化焰。反之，减少氧气或增加乙炔，可得到碳化焰。

> **注意**
>
> 　　调节氧气和乙炔流量大小，还可得到不同的火焰能率。若先减少氧气，后减少乙炔，可减小火焰能率；若先增加乙炔，后增加氧气，可增大火焰能率。
> 　　同时，在气焊中要注意回火现象，并会及时处理。

4. 火焰的熄灭

正确的火焰熄灭方法是先顺时针方向旋转乙炔阀，直至关闭乙炔，再顺时针方向旋转氧气阀关闭氧气，这样可避免黑烟和火焰倒吸。注意关闭阀门时以不漏气为准，不要关得太紧，以防磨损太快，降低焊枪的使用寿命。

5. 左焊法和右焊法

（1）左焊法

左焊法是焊枪跟在焊丝后面由右向左施焊，如图 4－4 所示。火焰背向焊缝而指向焊件待焊部分，对接头有预热作用，该焊法操作简单，易于掌握，适用于较薄工件和低熔点工件。缺点是焊缝易于氧化、冷却快、焊缝质量稍差。

（2）右焊法

右焊法是焊枪在前、焊丝在后，从左向右施焊，火焰加热集中，熔深较大，可改善焊缝组织，但该法不易掌握。

图 4－4　左焊法时焊枪与
焊丝端头的位置

6. 焊丝与焊枪的摆动

在焊接过程中，为了获得优质而美观的焊缝，焊枪与焊丝应做均匀协调的摆动。通过摆动，既能使焊缝金属熔化均匀，又避免了焊缝金属的过热和过烧。在焊接某些有色金属时，还要不断地用焊丝搅动熔池，以促使熔池中各种氧化物及有害气体的排出。

焊枪摆动基本上有三种动作：

（1）沿焊缝向前移动。

（2）沿焊缝做横向摆动（或做圆圈形摆动）。

（3）上下跳动，即焊丝末端在高温区和低温区之间做往复跳动，以调节熔池的热量。但必须均匀协调，不然就会造成焊缝高低不平、宽窄不一等现象。

焊枪和焊丝的摆动方法与摆动幅度，与焊件的厚度、性质、空间位置及焊缝尺寸有关。如图 4－5 所示为平焊时焊枪和焊丝常见的几种摆动方法，其中图 4－5a、b、c 适用于各种材料较厚大工件的焊接及堆焊，图 4－5d 适用于各种薄件的焊接。

五、气焊设备

气焊所用的设备包括气体储存设备、气焊工具及辅助工具等。

1. 气体储存设备

气体储存设备包括氧气瓶和燃气瓶（乙炔气瓶、液化石油气瓶等）。

（1）氧气瓶

1）氧气瓶的构造与规格。氧气瓶是储存和运输氧气的一种高压容器，其外表涂成天蓝色，瓶体上用黑漆标注"氧"字样，常用气瓶容积为40 L，在15 MPa压力下可储存6 m³氧气。

氧气瓶主要由瓶体、瓶帽、瓶阀、瓶箍及防振圈等组成，瓶底呈凹状，使氧气瓶在直立时可以平移，其构造如图4-6所示，其规格见表4-4。

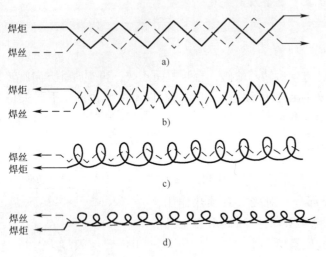

图4-5 平焊时焊枪和焊丝的摆动方法
a) 右焊法 b)、c)、d) 左焊法

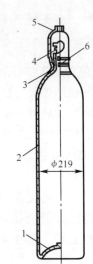

图4-6 氧气瓶的构造
1—瓶底 2—瓶体 3—瓶箍
4—瓶阀 5—瓶帽 6—瓶头

表4-4 氧气瓶的规格

瓶体表面漆色	工作压力（MPa）	容积（L）	瓶体外径（mm）	瓶体高度（mm）	质量（kg）	水压试验压力（MPa）	瓶阀
天蓝	15.0	33	219	1 137 ± 20	45 ± 2	22.5	QF-2 铜阀
		40		1 150 ± 20	55 ± 2		
		44		1 490 ± 20	57 ± 2		

2）氧气瓶的使用与维护

①氧气瓶不能与其他气瓶混放在一起，并且必须拧上瓶帽，以防瓶阀受到损坏。存放时不应放在有酸、碱、盐等腐蚀性物质的场所，以免氧气瓶受到严重腐蚀。

②氧气瓶内的氧气不可全部放尽，需要留有余气，其压力为0.1~0.3 MPa，以免充氧时吹出瓶阀内的灰尘或混进其他气体影响其纯度。

③氧气瓶应直立放置，防止倾倒，并避免在阳光下暴晒，以防因瓶内温度升高，内压增大而导致气瓶爆炸。

④氧气瓶瓶阀处严禁沾染油脂，因为氧气易与油脂类物质反应生成醚，同时将伴有爆炸

发生。

⑤冬季使用氧气瓶时要防止冻结，如氧气阀已经冻结，只能用热水或蒸汽解冻。严禁用明火直接加热。

⑥氧气瓶在搬运时，要承受振动、滚动和撞击等外部的作用力，很容易发生危险。氧气瓶在使用时，应套上防振胶圈，以减小搬运时的撞击。在搬运时不能把氧气瓶放在地上滚动。氧气瓶经过两年使用期后，应进行水压试验。

⑦氧气瓶内的氧气使用完后，应拧上瓶盖，以备下一次充气用。

（2）燃气瓶

1）乙炔瓶（溶解乙炔瓶）

①乙炔瓶的结构。乙炔瓶是一种储存和运输乙炔的压力容器，外表涂成白色，用红漆标注"乙炔"字样。因乙炔不能以高压压入普通钢瓶内，需利用乙炔能溶解于丙酮的特性，采取必要措施才能把乙炔压入钢瓶内。由于在瓶内装有浸着丙酮的多孔性填料，能使乙炔稳定而安全地储存在乙炔瓶内。当使用时，溶解在丙酮内的乙炔就会分离出来，通过瓶阀输出，而丙酮仍留在瓶内。

乙炔瓶的工作压力为 1.5 MPa，乙炔瓶的设计压力为 3 MPa，每三年进行一次技术检验，使用中的乙炔瓶不再进行水压试验，只做气压试验。乙炔瓶的构造如图 4-7 所示。

②乙炔瓶的使用与维护

a. 乙炔瓶使用时只能直立，不能横放，以防丙酮流出引起燃烧爆炸。乙炔瓶应距工作地点 10 m 以外。

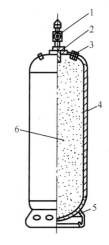

图 4-7　乙炔瓶的构造
1—瓶阀　2—瓶颈　3—可溶
安全塞　4—瓶体　5—底座
6—溶剂和多孔物质

b. 乙炔瓶不应受到剧烈的振动或撞击，以免瓶内填料形成空洞而影响乙炔的储存。

c. 开启乙炔气瓶瓶阀时应缓慢，最多不要超过一圈半，一般情况只开启 3/4 圈。

d. 乙炔瓶不应放空，气瓶内必须留有 0.1~0.2 MPa 的余气。

e. 乙炔减压器与瓶内的瓶阀连接需可靠，严禁在漏气情况下使用，否则形成乙炔与空气的混合气体，一遇明火就会爆炸。

f. 工作完毕后，应将减压器卸下，戴上安全帽，防止摔断瓶阀造成事故。

g. 乙炔瓶体表面温度不应超过 40℃，在乙炔瓶温度高时，丙酮对乙炔的溶解度下降，会使乙炔瓶内压力急剧升高而引发爆炸。

2）液化石油气瓶

①液化石油气瓶的结构。液化石油气瓶表面涂成灰色，气瓶表面用红漆标注"液化石油气"字样，它由 Q345（16Mn）钢、优质碳素结构钢等薄板材料制成。液化石油气瓶的设计压力为 1.6 MPa，水压试验压力为 3.0 MPa。钢瓶内容积是按液态丙烷在 60℃时恰好充满整个钢瓶设计的，所以钢瓶内压力不会达到 1.6 MPa，钢瓶内会有一定的气态空间。液化石油气瓶的构造如图 4-8 所示。

②液化石油气瓶的使用与维护

a. 气瓶应直立放置，不能横放。

b. 用毛刷蘸肥皂水沿瓶阀外侧开始涂刷，并观察是否有气泡产生，以此来检验瓶阀的密封性。

c. 液化石油气瓶与其他气瓶一样要定期检验，经检验合格后方可使用。

d. 钢瓶的使用温度为 -40~60℃，绝对不允许超过60℃，以免发生危险，同时应注意防火。

3）丙烷气瓶。丙烷气瓶表面涂成褐色，气瓶表面用黄漆标注"丙烷"字样。丙烷气瓶容积为74 L，瓶重大约为32 kg，设计壁厚为2.5 mm，实测壁厚为2.9 mm，名义壁厚为3.0 mm，最大充装量为30 kg，使用环境温度为 -40~60℃，工作压力为2.2 MPa。丙烷气瓶如图4-9所示。

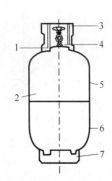

图4-8 液化石油气瓶的构造
1—耳片 2—瓶体 3—护罩 4—瓶嘴
5—上封头 6—下封头 7—底座

图4-9 丙烷气瓶
1—底座 2—瓶体 3—瓶嘴
4—护罩 5—防振圈

2. 气焊工具

（1）焊枪

焊枪（见图4-10a）是气焊时用于控制气体混合比、流量以及火焰进行焊接的工具，它是气焊操作的主要工具。它的作用是将可燃气体和氧气按一定比例均匀混合，并以一定的速度喷出燃烧，生成具有一定能率、成分和形状稳定的火焰。焊枪本身质量要轻，同时还要耐腐蚀和高温。

1）焊枪的分类。焊枪按可燃气体与氧气混合方式不同，分为射吸式焊枪和等压式焊枪；按尺寸和质量不同，分为标准型焊枪和轻便型焊枪；按可燃气体种类不同，分为乙炔焊枪、汽油焊枪等；按火焰的数目不同，分为单焰焊枪和多焰焊枪。常用的是射吸式焊枪。

射吸式焊枪主要由焊枪主体、乙炔阀、氧气阀、喷嘴、射吸管、焊嘴等部分组成，如图4-10b所示。

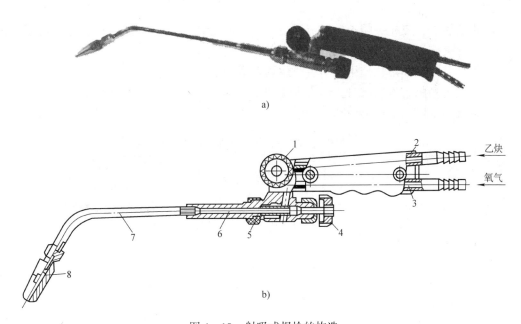

图 4 – 10　射吸式焊枪的构造

1—乙炔阀　2—乙炔导管　3—氧气导管　4—氧气阀　5—喷嘴　6—射吸管　7—混合管　8—焊嘴

其工作原理是打开氧气阀，氧气即从喷嘴快速射出，并在喷嘴外围造成负压（吸力），再打开乙炔阀，乙炔气即聚集在喷嘴的外围。由于氧射流负压的作用，聚集在喷嘴外围的乙炔气很快被氧气吸出，并以一定的比例与氧气混合，经过射吸管，混合气从焊嘴喷出。

2）焊枪型号的表示方法。焊枪型号是由汉语拼音字母"H"、表示结构形式和操作方式的序号及规格组成。

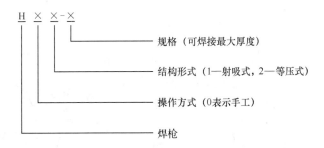

如 H01 – 6 表示手工操作的可焊接最大厚度为 6 mm 的射吸式焊枪。

3）焊枪的使用与注意事项

①射吸式焊枪使用前必须检查其射吸情况，先将氧气橡皮管紧接在氧气接头上，但不接乙炔橡皮管，打开氧气和乙炔阀，用手指按在乙炔接头上，如果手指感到有一股吸力，则表明射吸作用正常。

②检查焊嘴及气阀外有无漏气现象，并用扳手将焊嘴拧紧到不漏气为止。

③点火时应先将氧气调节阀稍微打开，然后打开乙炔调节阀，点燃后随即调整火焰大小

和形状即可进行焊接。

④停止使用时，应先关闭乙炔调节阀，然后再关闭氧气调节阀，以防火焰倒吸和产生烟尘，若发生回火应迅速关闭乙炔调节阀，同时关闭氧气调节阀。

⑤焊枪严禁沾染油污，使用完毕后要放到合适的地方悬挂起来。

⑥焊嘴被飞溅的熔渣堵塞时，应将焊嘴卸下，用通针从焊嘴里面疏通。

4）焊枪常见故障、原因及排除方法见表 4 - 5。

表 4 - 5　　　　　　　　　焊枪常见故障、原因及排除方法

故障	原因	排除方法
"叭叭"响（放炮）和回火	1. 焊嘴堵塞 2. 焊嘴温度太高 3. 焊嘴及接头处密封不良	1. 清理焊嘴 2. 将焊枪放入水中冷却 3. 使焊嘴及接头处密封良好
阀门或焊嘴漏气	1. 焊嘴未拧紧 2. 压紧螺母松动或垫圈损坏	1. 拧紧 2. 更换
点燃后火焰忽大忽小	氧气阀针杆螺纹磨损、配合间隙大	更换氧气阀针

（2）减压器

减压器又称压力调节器或气压表，其作用是将储存在气瓶内的高压气体减压到所需的工作压力并保持稳定。例如，储存在氧气瓶内的氧气压力是 15 MPa，而氧气的工作压力一般要求为 0.1 ~ 0.4 MPa，所以在气焊、气割工作中必须使用减压器把气瓶内气体压力降低后，才能输送到焊枪或割炬内使用，所以减压器应具有减压作用。气瓶内气体的压力是随着气体的消耗而逐渐下降的，这就是说在气焊、气割工作中气瓶内的气体压力是时刻变化着的，但是在气焊、气割工作中所要求的气体工作压力必须是稳定不变的，这就需要减压器具有稳压作用。

在气焊、气割工作中，由于所用气体种类不同，也必须使用不同的减压器，但液化石油气瓶和丙烷气瓶所使用的减压器是相同的，所以这里只介绍以下几种减压器。

减压器按用途不同可分为集中式和岗位式两类，按构造不同分为单级式和双级式两类，按工作原理不同可分为正作用式和反作用式两类。

1）氧气减压器

①氧气减压器的基本结构。QD - 1 型氧气减压器属于单级反作用式，如图 4 - 11 所示。

②氧气减压器的使用与维护

a. 将氧气阀迅速开启后再关闭以吹除污物、灰尘或水分，防止它们被带入减压器内，同时瓶口不要对人，避免高压气体冲击伤人。

b. 检查进气口，清除污物、油脂，螺母对准瓶阀出口，用手将螺母拧上后再用活扳手拧紧。减

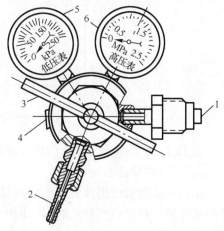

图 4 - 11　氧气减压器
1—进气口　2—出气口　3—调压手柄
4—安全阀　5—低压表　6—高压表

压器出口与气体橡胶管接头处用退火的铁丝或卡箍拧紧，防止送气后脱开。

c. 调节螺钉旋松后，缓慢开启氧气瓶阀，防止高压气体损坏减压器或高压表。

d. 顺时针方向缓慢旋转调压手柄（焊枪、割炬气阀应关闭），调至使用压力。

e. 停止工作时，熄灭火焰，先松开减压器的调节螺钉，再关氧气瓶瓶阀，最后打开焊枪、割炬氧气开关泄掉管内氧气。

f. 减压器必须定期检修、校验，以确保调压的可靠性和压力表读数的准确性。

g. 减压器在使用过程中如发现冻结，应用热水和蒸汽解冻，不能用火焰烘烤。

2）乙炔减压器（QD-20型）

①乙炔减压器的基本结构。它属于单级式减压器，构造、原理与单级式氧气减压器基本相同，不同的是乙炔减压器与瓶阀外连接采用夹环和紧固螺钉加以固定。乙炔减压器如图4-12所示。

②乙炔减压器的使用与维护。乙炔减压器的使用方法与氧气减压器的使用方法基本相同。

a. 将装有减压器的夹环套在乙炔瓶瓶阀上，连接管对准瓶阀出口的密封圈，拧紧紧固螺杆。

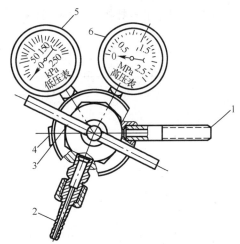

图4-12　乙炔减压器
1—进气口　2—出气口　3—调压手柄
4—安全阀　5—低压表　6—高压表

b. 旋松调压手柄，用乙炔扳手打开瓶阀，此时乙炔减压器高压表应指向1.6 MPa以下。

c. 顺时针方向缓慢旋转调压手柄，调至所需气压后停止。

d. 工作停止后熄灭火焰，先将乙炔减压器的调节手柄旋松，再关闭乙炔阀门，打开焊枪、割炬的乙炔阀放掉余气。

3. 气焊辅助工具

（1）氧气胶管和乙炔胶管

根据国家标准《气体焊接设备　焊接、切割和类似作业用橡胶软管》（GB/T 2550—2016），氧气胶管为蓝色，常选内径为8 mm，允许工作压力一般为2.0 MPa；乙炔胶管为红色，常选内径为10 mm，允许工作压力为1.5 MPa。连接割炬的胶管长度一般为10～15 m。割炬用胶管不能混用，若胶管损坏，其他部分还完好时，可用粗细合适的铁管连接，并用管卡或铁丝绑牢，绝对不可用纯铜管连接，并注意工作时不要使胶管落在刚焊完或割好的钢板上，以免烫坏胶管。

（2）点火枪

使用点火枪最为方便和安全，点火枪有燃气式、电子式两种。点火时，最好从割嘴的后面送到割嘴上，以免被烫伤。

（3）其他工具

1）清理焊道或切口的工具。如钢丝刷、凿子、扁铲、手锤、锉刀等。

2）清理焊嘴或割嘴的工具。每个气割工都应备有粗细不等的钢丝通针各一组，以清除堵塞焊嘴或割嘴的脏物。清理割嘴时应将割嘴卸下，从里向外通。

3）连接密闭气体通路的工具。如刻丝钳、活扳手、胶管夹头、铁丝等。

任务实施

焊接车间除了有焊接设备外，还有焊接常用工具及防护用具，请仔细观察并在表4－6中记录。

表4－6 　　　　　　　　　　参观气焊生产车间记录表

设备、工具及用具名称	型号	用途
参观时间		
观后感		

任务2　　　　　薄钢板对接平焊

学习目标

1. 掌握薄钢板对接平焊的焊接参数。
2. 掌握薄钢板对接平焊的焊接操作。

工作任务

气焊常用于黑色金属薄板的焊接。本任务要求完成如图4－13所示的薄钢板对接平焊训练。

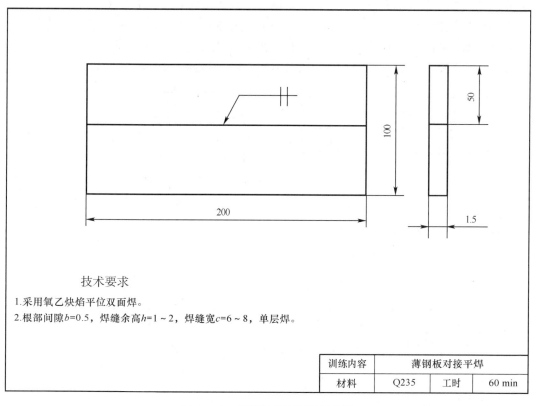

技术要求

1. 采用氧乙炔焰平位双面焊。

2. 根部间隙$b=0.5$，焊缝余高$h=1～2$，焊缝宽$c=6～8$，单层焊。

训练内容	薄钢板对接平焊		
材料	Q235	工时	60 min

图 4 – 13 薄钢板对接平焊焊件图

任务实施

一、焊前准备

1. 工具准备

氧气瓶、减压器、乙炔瓶、焊枪（H01－6 型）、橡胶软管、H08MnA 型焊丝（$\phi2.5$ mm）。

2. 辅助器具

护目镜、点火枪、通针、钢丝刷等。

二、焊前清理及定位焊

1. 焊前清理

焊前应将焊件表面的氧化皮、铁锈、油污、脏物等用钢丝刷、砂布或采用抛光的方法进行清理，直至露出金属光泽。

2. 定位焊

（1）定位焊的顺序

定位焊的顺序如图 4 – 14 所示。将准备好的两块钢板试件水平整齐地放置在工作台上，预留根部间隙约为 0.5 mm。定位焊缝的长度和间距视焊件的厚度和焊缝长度而定。焊件越薄，定位焊缝的长度和间距越小；反之则应越大。焊接薄件时，定位焊可由焊件中间开始向两头进行，定位焊缝长度为 5～7 mm，间隔 50～100 mm，如图 4-14a 所示。焊接厚件时，定位焊则由焊件两端开始向中间进行，定位焊缝长度为 20～30 mm，间隔为 200～300 mm，如图 4-14b 所示。定位焊缝不宜过长、过高或过宽，但要保证焊透。

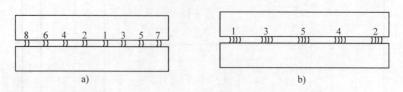

图 4-14　定位焊的顺序

a）薄焊件的定位焊缝　b）厚焊件的定位焊缝

（2）定位焊缝横截面形状的要求

定位焊缝横截面形状的要求如图 4-15 所示。

图 4-15　定位焊缝横截面形状的要求

a）不好　b）好

（3）焊件预制反变形

定位焊后，焊件要预制反变形，以防止焊件角变形，即将焊件沿接缝处向下折成 160°左右，如图 4-16 所示，然后用胶木锤将接缝处校正平齐。

三、操作要点及操作过程

1. 操作要点

平焊是最常用的一种气焊方法，其操作方便、焊接质量可靠。平焊示意图如图 4-17 所示。

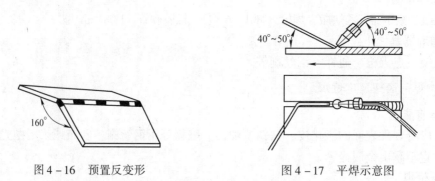

图 4-16　预置反变形　　　　图 4-17　平焊示意图

平焊时多采用左焊法，中性焰。焊丝与焊枪的位置如图 4-18 所示。火焰焰心的末端与焊件表面保持 2～4 mm 的距离，将工件和焊丝同时烧熔，并使之均匀地熔合为一体形成焊缝。焊丝要始终浸在熔池内，并不时地搅拌，火焰应始终笼罩熔池和焊丝末端。

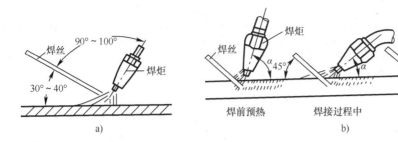

图4-18 焊丝与焊枪的位置
a）焊丝与焊件的角度 b）焊枪、焊丝角度的变化

2. 操作过程

由于钢板较薄，要防止烧穿和考虑火焰能率以及焊枪摆动的幅度、倾斜角度等因素。

（1）起头

首先使焊枪做往复运动，进行预热。第一个熔池形成后要仔细观察，并将焊丝端部置于火焰中进行预热。当焊件由红色熔化成白亮而清晰的熔池时，便可熔化焊丝，将焊丝熔滴滴入熔池，随后立即将焊丝抬起或摆动，焊枪向前移动，形成新的熔池。

（2）焊接中

在焊接过程中，控制熔池的大小是关键，一般可通过改变焊枪的倾斜角、高度和焊接速度来实现。若发现熔池过大且没有流动金属时，表明焊件被烧穿。此时应迅速提起焊枪或加快焊接速度，减小焊枪倾斜角，并多加焊丝，再继续施焊。若发现熔池过小，焊丝与焊件不能充分熔合，应增大焊枪倾斜角，减小焊接速度，以增加热量。

（3）接头

当焊接中途停顿后又继续施焊时，应用火焰将原熔池重新加热熔化，形成新的熔池后再加焊丝。每次续焊应与前一焊道重叠10 mm左右。重叠焊道可不加焊丝或少加焊丝，以保证焊缝高度合适及均匀光滑过渡。

（4）收弧

在焊接过程中，焊枪倾斜角是不断变化的。当焊到焊件的终点时，要减小焊枪的倾斜角，增大焊接速度，并多加一些焊丝，避免熔池扩大，防止烧穿。同时，要将熔池填满，应用温度较低的外焰缓慢离开来保护熔池。

四、任务考核

完成薄钢板对接平焊操作后，结合表4-7进行测评。

表4-7 薄钢板对接平焊操作评分表

项目	分值	评分标准	得分	备注
各种设备、工具的安装和使用	10	使用方法不正确扣1~10分		
气焊参数的选择	6	不正确不得分		
焊缝直线度（mm）	6	2，每超差1扣3分		
焊件的直线尺寸精度（mm）	18	±2，每超差1扣3分		

项目	分值	评分标准	得分	备注
焊缝表面质量（mm）	9	焊缝表面凹凸不平处的深度≤2，每超差1扣3分		
焊缝宽度差 c'（mm）	9	$c' = 8 \pm 1$，每超差1扣3分		
焊缝余高差 h'（mm）	12	$h' = 2 \pm 1$，每超差1扣3分		
错边量（mm）	6	≤0.5，超差不得分		
未焊透	6	出现不得分		
未熔合	6	出现不得分		
有关安全操作规程规定	6	违反有关规定扣1~6分		
有关文明生产规定				
时间定额60 min	6	超过时间定额的5%~20%，扣1~6分		
合计	100	总得分		

任务3　管对接水平固定焊

学习目标

1. 掌握管对接水平固定焊的焊接参数选择。
2. 掌握管对接水平固定焊的操作。

工作任务

在管道安装、检修中，水平固定管焊接用得很多，由于焊缝呈环形，在焊接过程中，应随着焊缝空间位置的改变，不断地改变操作的位置姿势和焊枪、焊丝的相对位置，所以焊接难度比较大，本任务要求完成管对接水平固定焊训练，如图4-19所示。

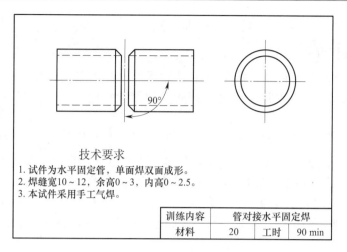

技术要求

1. 试件为水平固定管，单面焊双面成形。
2. 焊缝宽10~12，余高0~3，内高0~2.5。
3. 本试件采用手工气焊。

训练内容	管对接水平固定焊		
材料	20	工时	90 min

图4-19　管对接水平固定焊

任务实施

一、焊前准备

1. 设备和工具

氧气瓶、减压器、乙炔瓶、焊枪（H01-6型）、橡胶软管。

2. 辅助器具

护目镜、点火枪、通针、钢丝刷等。

3. 焊丝

选用ER50-6型焊丝，直径为2.5 mm。ϕ57 mm×100 mm×4 mm钢管两根，60°±5°V形坡口，如图4-19所示。

二、焊前清理、装配及定位焊

1. 焊前清理

将焊件坡口面及坡口两侧内外表面的氧化皮、铁锈、油污、脏物等用钢丝刷、砂布或采用抛光的方法进行清理，直至露出金属光泽。

2. 装配

钝边0.5 mm，无毛刺，根部间隙为1.5~2 mm，错边量不大于0.5 mm。

3. 定位焊

对直径不超过70 mm的管子，一般只需定位焊2处；对直径为70~300 mm的管子，可定位焊4~6处；对直径超过300 mm的管子，可定位焊6~8处或8处以上。不论

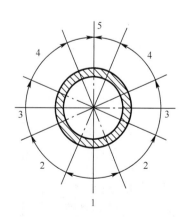

图4-20　管对接水平固定焊的
焊接位置分布情况

1—仰焊　2—仰爬坡　3—立焊
4—上坡焊　5—平焊

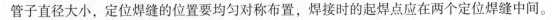

管子直径大小，定位焊缝的位置要均匀对称布置，焊接时的起焊点应在两个定位焊缝中间。

三、焊接操作过程

考虑环形焊缝的焊接特点，水平固定管的气焊比较困难，操作上包括了所有的焊接位置，如图4-20所示。尤其是小直径钢管的焊接，焊枪角度变化是很快的，要防止过烧和形成焊瘤。

操作过程中不断地移动焊枪和焊丝，通常应保持焊枪和焊丝的夹角为90°，焊枪、焊丝与工件间的夹角一般为45°，根据管壁的厚度和熔池形状变化情况，可以适当调节和灵活掌握，以保持不同位置时熔池的形状，使之既能熔透又不至于过烧和烧穿。

在焊接仰焊位置（特别是仰爬坡位置）时，如图4-20中1和2的位置，焊枪和焊丝更要配合得当，同时焊枪要不断地离开熔池，严格控制熔池的温度，使焊缝不至于过烧和形成焊瘤。

> **注意**
>
> 焊接前半圈时，起点和终点都要超过管子的垂直中心线5~10 mm。焊接后半圈时，起点和终点都要和前段焊缝搭接一段，以防起焊点和火口处产生缺陷，搭接长度一般为10~15 mm。

四、任务考核

完成管对接水平固定焊操作后，结合表4-8进行测评。

表4-8　　　　　　　　　　　管对接水平固定焊操作评分表

项目	分值	评分标准	得分	备注
各种设备、工具的安装和使用	10	使用方法不正确扣1~10分		
焊接参数的选择	6	焊接参数不正确不得分		
焊缝直线度（mm）	6	2，每超差1扣3分		
焊件的直线尺寸精度（mm）	18	±2，每超差1扣3分		
焊缝表面质量（mm）	9	焊缝表面不平处的深度≤2，每超差1扣3分		
焊缝宽度差 c'（mm）	9	$c'=8±1$，每超差1扣3分		
焊缝高度差（mm）	6	外高为2±1，每超差1扣3分		
焊缝高度差（mm）	6	内高为1±1，每超差1扣3分		
错边量（mm）	6	≤0.5，超差不得分		
未焊透	6	出现不得分		
未熔合	6	出现不得分		
有关文明生产规定	6	违反有关规定扣1~6分		
有关安全操作规程规定				
时间定额90 min	6	超过时间定额的5%~20%，扣1~6分		
合计	100	总得分		

模块五 切 割

任务 1 中厚板氧－丙烷气割

学习目标

1. 了解气割的基本原理及其应用范围，理解金属能够进行气割的条件。
2. 了解氧－丙烷切割的特点，掌握氧－丙烷切割工艺及参数选择。
3. 熟悉气割所用的设备，掌握中厚板氧－丙烷气割操作。

工作任务

本任务要求完成如图 5 – 1 所示的中厚板氧－丙烷气割训练。

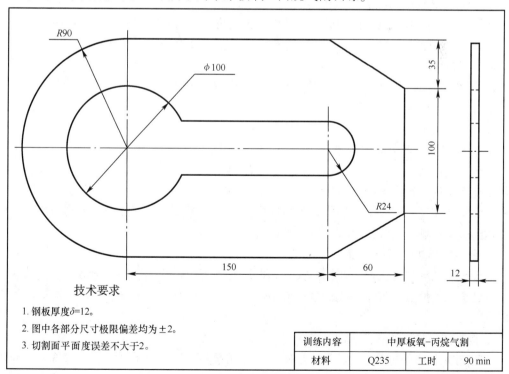

技术要求

1. 钢板厚度 $\delta=12$。
2. 图中各部分尺寸极限偏差均为 ±2。
3. 切割面平面度误差不大于2。

训练内容	中厚板氧-丙烷气割		
材料	Q235	工时	90 min

图 5 – 1 中厚板氧 – 丙烷气割试件图

相关知识

使用金属材料，往往要通过切割得到所需要的形状和尺寸。金属材料的切割方法很多，针对不同的材料可以采取不同的切割方法。对于厚度不大的板材可以进行剪切，对于直径不大的棒料可以进行车削，但对于厚度较大的钢铁材料，采用上述方法很难处理，而用热切割则比较容易，对于钢铁材料，最适宜用气割。

一、气割的基本原理及应用范围

1. 气割的基本原理

气割是分割或分离金属的一种方法。它是利用氧气与可燃气体混合燃烧形成的预热火焰，将起割处金属加热到燃烧温度（燃点），然后向被加热到燃点的金属喷射切割氧，使切口处的金属发生剧烈燃烧，生成液态的熔渣，这些熔渣很快地被高速氧气流吹走，金属燃烧所释放出的热量对下面没有切割的金属进行预热，随着割炬沿切割方向移动，形成一条窄小整齐的切口。

2. 应用范围

近年来新的切割方法不断涌现，但气割以其固有的特点发挥着优势，它的切割效率高、成本低，主要用于钢材的下料、加工厚钢板的坡口、构件变形的火焰校正等。

二、金属能够进行气割的条件

1. 金属在氧气中的燃点应低于熔点

这是氧气切割过程能进行的最基本条件，否则将出现熔割状态。如果燃点高于熔点，金属在燃烧前已经熔化，以至于切割无法进行。铜、铝以及铁的燃点比熔点高，所以不能用普通的氧气切割。

2. 金属气割时形成氧化物熔渣的熔点应低于金属本身的熔点

也就是说生成的熔渣应是液态的，且流动性要好，容易被吹走，否则氧化物会先凝固而不易被吹除，这样就会阻碍下层金属与切割氧射流接触，而使气割困难。

3. 金属在切割氧射流中的剧烈燃烧反应是放热反应

放热反应的结果是上层金属燃烧产生很大的热量，以对下层金属未切割部分进行预热，金属燃烧产生的热量占70%，预热火焰产生的热量占30%，所以金属氧化放出热量的作用是相当大的。相反，如果金属燃烧是吸热反应，下层金属和未切割部分得不到预热，这样就不能达到金属的燃点，气割过程也就不能进行。

4. 金属的导热性不能太好

如果金属的导热性太好，则预热火焰和燃烧反应所产生的热会经传导散失，使预热困难而达不到金属的燃点，气割将无法进行或中途停止。铜具有较高的导热性，因而会使气割发生困难。

5. 提高淬硬性和阻碍气割的元素要少

气割金属中阻碍气割过程的杂质如碳、硅等元素要少。含碳量增高，熔点降低，而燃点升高，这样使气割过程无法进行；二氧化硅黏度大，流动性差，切割氧射流不能将其吹除。

同时，能提高钢的淬硬性的杂质如钨、钼等也要少，因为淬硬性高的材料气割时，表面容易产生微裂纹。

三、气割所用的设备

气割和气焊所用的设备基本相同，只是在气割时使用割炬。割炬的作用是使氧气与乙炔按比例进行混合，并在预热火焰中心喷射切割氧进行气割，割炬是气割的主要工具。

1. 割炬的分类

（1）割炬按可燃气体和氧气的混合方式不同，可分为低压割炬和等压割炬两种。

（2）按用途不同，可分为普通割炬、重型割炬、焊割两用炬等。通常使用的是低压割炬（射吸式割炬）。

2. 射吸式割炬的构造和原理

（1）射吸式割炬的构造

割炬与焊枪的构造类似，如图 5-2a 所示，只是多了一个切割氧通道，割炬分为两部分：一是预热部分，二是切割部分，主要由切割氧调节阀、切割氧气管以及割嘴等组成，其具体结构如图 5-2b 所示。另外，焊枪与割炬的区别在于两者截面形状不同，焊嘴的喷射孔是小圆孔，割嘴的喷射孔有环形和梅花形两种，如图 5-3 所示。

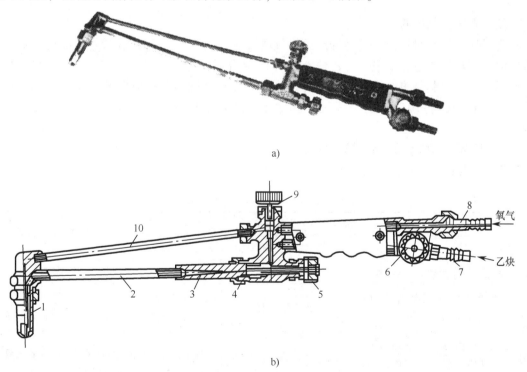

a)

b)

图 5-2 射吸式割炬的构造

a）外形 b）结构

1—割嘴 2—混合气管 3—射吸管 4—喷嘴 5—预热氧调节阀 6—乙炔调节阀

7—乙炔接头 8—氧气接头 9—切割氧调节阀 10—切割氧气管

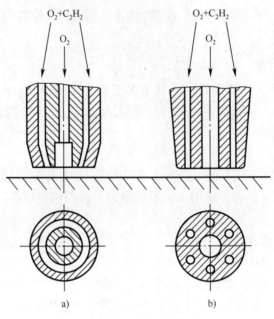

图 5 - 3　割嘴的喷射孔

a）环形　b）梅花形

（2）射吸式割炬的工作原理

气割时，先逆时针方向稍微开启预热氧调节阀，再打开乙炔调节阀并立即进行点火，然后增大预热氧流量，使氧气与乙炔在喷嘴内混合后，经过混合气体通道从割嘴喷出环形预热火焰，对割件进行预热。待割件预热至燃点时，即逆时针方向开启切割氧调节阀，此时高速氧气流将切口处的金属氧化并吹除，随着割炬的不断移动，即在割件上形成切口。

3. 割炬常见故障、原因及排除方法

割炬常见故障、原因及排除方法见表 5 - 1。

表 5 - 1　　　　　　　　　割炬常见故障、原因及排除方法

故障	原因	排除方法
割嘴漏气	使用过久，割嘴磨损	更换新割嘴
工作中火焰不正常或有灭火现象	管路堵塞或漏气	吹除管路中杂物或用电工胶片粘紧漏气部位
点火后火焰虽调整正常，但一打开切割氧调节阀，火焰立即熄灭	割嘴头和割炬配合不严	1. 拧紧割嘴 2. 拆下割嘴，用细砂纸轻轻研磨割嘴头配合面
预热火焰调整正常后，割嘴头发出有节奏的"叭叭"声，但火焰并不熄灭。切割氧调节阀开大时火焰立即熄灭	割嘴外漏气	拆下割嘴外套，轻轻拧紧喷嘴芯，若无效，可拆下割嘴外套，用石棉绳垫上

4. 割炬型号编制

割炬的型号由汉语拼音字母 G、表示操作方式和结构形式的序号及规格组成。

射吸式割炬的型号有 G01 - 30、G01 - 100、G01 - 300 等，如 G01 - 30 表示手工操作的、可切割的最大厚度为 30 mm 的射吸式割炬。

5. 其他割炬

（1）氧 – 丙烷割炬

氧 – 丙烷割炬与氧 – 乙炔割炬相比，其预热氧多消耗一倍，常用氧 – 丙烷割炬的型号有 G07 -100 和 G07 - 300 两种。

（2）液化石油气割炬

由于液化石油气与乙炔的燃点不同，因此，不能直接使用乙炔割炬，需进行改造，并配液化石油气专用割嘴。等压式割炬不改造也可以用，但需要配专用割嘴。

由于丙烷和液化石油气的性质及燃点相差不多，因此，丙烷割炬也可作为液化石油气割炬。

四、氧 – 丙烷切割

气割用燃气最早使用的是乙炔，随着工业生产的发展，人们在探索中发现了许多燃气也可代替乙炔，主要有液化石油气、丙烷、丙烯、煤气和天然气等。

氧 – 丙烷切割比氧 – 乙炔气割安全得多，且它与氧 – 乙炔气割相比，其成本低 30% 左右，同时，氧 – 丙烷切割具有切口表面光洁、含碳量低、棱角整齐、清渣较容易、切割变形小等优点，许多发达国家早已使用丙烷来代替乙炔进行气割，但是氧 – 丙烷火焰的温度比氧 – 乙炔火焰温度低，所以气焊时预热时间长，氧气消耗量也比氧 – 乙炔气割大得多。

任务实施

一、准备工作

中等厚度（4 ~ 20 mm）钢板的气割，一般选用 G07 - 100 型割炬，割嘴至焊件表面的距离为在焰心的长度上加 2 ~ 4 mm，切割氧风线长度超过工件板厚的 1/3，气割时，割嘴向后倾斜 20° ~ 30°，切割钢板越厚，后倾斜角应越小。

需准备的设备与工具如下：

1. 氧气瓶、丙烷瓶、减压器、割炬、橡胶软管。

2. 护目镜、点火枪、通针、钢丝刷。

3. 300 mm 钢直尺、石笔、划规、样冲、小锤。

二、切割工艺及参数

1. 切割工艺

（1）要求氧气纯度 > 99.5%，丙烷纯度 > 99.5%。

（2）用明火点燃预热火焰，并调至氧化焰，以缩短预热时间，正常切割时使用中性焰。

（3）薄件切割时可用 G01 - 30 型割炬和小型割嘴，割嘴后倾斜角为 30° ~ 45°，割嘴与工件距离为 10 ~ 15 mm，切割速度尽可能快些，防止切割后变形增大。切割厚件时，与氧 - 乙炔焰切割差不多，主要困难是在厚度方向上预热不均匀，下部金属燃烧比上部金属慢，后拖量较大，所以应用 G07 - 300 型割炬和大号割嘴，且氧气供应要充足。

2. 氧 - 丙烷气割的切割参数（见表 5 - 2）

表 5 - 2　　　　　　　　　　　　　　氧 - 丙烷气割的切割参数

割炬型号	G07 - 100	G07 - 300	割炬型号	G07 - 100	G07 - 300
割嘴号码	1 ~ 3	1 ~ 4	氧气压力（MPa）	0.7	1.0
割嘴孔径（mm）	1 ~ 1.3	2.4 ~ 3.0	丙烷压力（MPa）	0.03 ~ 0.05	0.03 ~ 0.05
切割厚度（mm）	100	300	可换割嘴个数	3	4

三、操作过程

1. 准备好气割场地，将气割工具及设备安装好，并用钢丝刷把被割板材表面的铁锈、鳞皮和脏物等清理干净，然后将其用耐火砖垫空，便于切割。

2. 按图样的实际尺寸用石笔在板料上画出切割线。

3. 选择正确的切割参数并点燃割炬。点燃前，检查割炬的射吸能力并用通针修复和调整内外嘴的同轴度，使切割氧气流的形状（即风线形状）成为笔直而清晰的圆柱体。

4. 起割时要注意气割姿势，双脚呈外八字形自然下蹲，右臂靠住右膝盖，左臂悬空在两脚之间，右手握住割炬手柄，并以右手拇指和食指控制预热氧调节阀，便于调节预热火焰和当回火时及时关闭预热氧气。左手的拇指和食指握住切割氧调节阀，同时掌握方向，其余三指平稳托住混合气管。操作时呼吸要均匀，眼睛应注视工件、割嘴和切割线。开始切割时，对于中厚钢板应由割件边缘棱角处开始预热，将割件预热至切割温度，逐渐开大切割氧气压力，并将割嘴稍向气割方向倾斜 5° ~ 10°。当割件边缘全部割透时，再加大切割氧气流，并使割嘴垂直于割件。根据割件厚度，以适当的速度从右向左移动，进入正常气割过程。

5. 正常气割过程中，为了保证切口的质量，割炬移动速度要均匀，割嘴离割件表面的距离要保持一致。要注意观察，如果切割的火花向下垂直飞去，则速度适当；若熔渣和火花向后飞，甚至向上飞，则速度太快，致使后拖量增大，甚至割不透；若切口两侧棱角熔化，边缘部位产生连续珠状钢粒，则切割速度太慢。气割中，若身体需要更换位置，应先关闭切割氧调节阀，待身体位置调整好后，再重新预热、起割。

气割内孔时，要先在割件孔内废料部分离割线适当距离割一小透孔，在欲开孔部位进行预热，然后将割嘴稍旁移，并略倾斜，再逐渐加大切割氧吹除熔渣，直至将钢板割穿，再过渡到切割线上切割。在切割过程中，有时会因割嘴过热或氧化铁渣的飞溅使割嘴堵塞，或乙炔供应不足时，产生爆鸣和回火现象。此时，必须迅速关闭预热氧调节阀和切割氧调节阀，阻止氧气供给，使回火熄灭。如果仍然听到割炬里有"嘶嘶"的响声，则说明回火尚未熄灭，应迅速关闭乙炔调节阀或拔下割炬上的乙炔胶管，将回火火焰排出。处理完毕，应先检查割炬的射吸能力，然后方可重新点燃割炬工作。在中厚钢板正常气割中，割嘴要始终垂直于割件，可以稍做横向月牙形或"之"字形摆动，移动速度要慢，并且要连续进行，尽量不中断气割，避免割件温度降低。

6. 在气割临近终点时，割嘴应略向后方倾斜，以便钢板的下部提前割透，使切口在收弧处平直整齐。停割后，先关闭切割氧调节阀，再关闭乙炔调节阀熄火，最后关闭预热氧调节阀。中厚钢板如果割不透时，允许停割，并从切割线的另一端重新起割。

7. 停割后，仔细清理气割熔渣，检查气割质量，并将废料、熔渣清理干净，工具摆放整齐。

四、任务考核

完成中厚板氧 – 丙烷气割操作后，结合表 5 – 3 进行测评。

表 5 – 3　　　　　　　　　　　中厚板氧 – 丙烷气割操作评分表

项目	分值	评分标准	得分	备注
各种设备、工具的安装和使用	5	使用方法不正确扣 1 ~ 5 分		
切割参数的选择	6	参数选择不正确不得分		
切口直线度（mm）	6	2，每超差 1 扣 3 分		
割件的直线尺寸精度（mm）	18	±2，每超差 1 扣 3 分		
内孔 ϕ100 尺寸及圆度（mm） 外圆弧 R90 尺寸及圆度（mm） 内圆弧 R24 尺寸及圆度（mm）	18	尺寸精度为 ±1，圆度误差 ≤1， 每超差 1 扣 3 分		
切口断面平直	6	平面度误差 ≤2，每超差 1 扣 3 分		
缺口	6	每出现一处扣 3 分		
内凹	5	出现不得分		
倾斜	5	≤2°，超差不得分		
上缘熔化	5	出现不得分		
上缘出现珠链状钢粒	5	出现不得分		
下缘粘渣	5	出现不得分		
有关安全操作规程规定 有关文明生产规定	5	违反有关规定扣 1 ~ 5 分		
时间定额 90 min	5	超过时间定额的 5% ~20%， 扣 1 ~ 5 分		
合计	100	总得分		

任务 2 　　　　不锈钢板空气等离子弧切割

学习目标

1. 了解等离子弧的形成、种类、切割原理及特点。
2. 掌握空气等离子弧切割的原理及参数。
3. 熟悉空气等离子弧切割设备，掌握空气等离子弧切割的操作。

工作任务

本任务要求完成如图 5 - 4 所示的不锈钢板空气等离子弧切割训练。

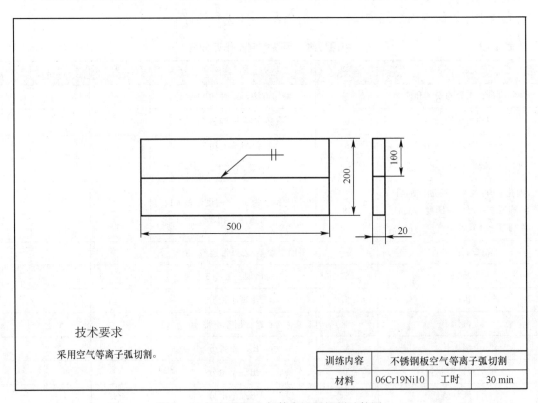

技术要求

采用空气等离子弧切割。

训练内容	不锈钢板空气等离子弧切割		
材料	06Cr19Ni10	工时	30 min

图 5 - 4　不锈钢板空气等离子弧切割试件图

相关知识

等离子弧切割的原理与氧气切割的原理有着本质的不同，氧气切割主要是靠氧气与部分金属的化合燃烧和氧气的吹力，使燃烧的金属氧化物熔渣脱离基体而形成切口。因此，氧气切割不能切割熔点高、导热性好、氧化物熔点高和黏度大的材料，例如不锈钢、铜等金属。

等离子弧切割是一种常用的金属和非金属材料切割工艺。切割用等离子弧温度一般为10 000～14 000℃，超过所有金属以及非金属的熔点。切割时等离子弧的高温能将被割材料迅速熔化，并随即用高速的离子气流将熔化的材料排开形成切口。与氧－乙炔焰切割相比，等离子弧的切割过程不是依靠氧化反应而是靠熔化金属来切割材料，因而比氧－乙炔焰切割的适用范围大得多，能够切割绝大部分金属和非金属材料。

一、等离子弧切割的基础知识

1. 等离子弧的形成和种类

（1）等离子弧的形成

等离子弧是利用等离子枪使阴极（如钨极）和阳极之间的自由电弧经过机械压缩、热收缩和电磁收缩形成高温、高电离度、高能量密度及高焰流速度的电弧，确切地说它是一种压缩电弧，是一种电弧放电的气体导电现象。

（2）等离子弧的种类

根据电源的接法和产生等离子弧的形式不同，等离子弧可以分为三种形式，如图5－5所示。

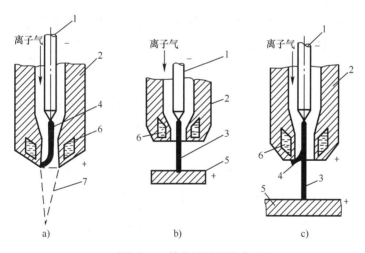

图5－5 等离子弧的形式

a）非转移弧 b）转移弧 c）联合弧

1—钨极 2—喷嘴 3—转移弧 4—非转移弧 5—工件

6—冷却水 7—弧焰

1）非转移弧。电极为阴极，喷嘴为阳极，它是产生于电极与喷嘴之间的等离子弧。非转移弧适于切割非金属材料。

2）转移弧。电源的负极接电极，正极接焊件，它是产生于电极与焊件之间的等离子弧。转移弧适于切割金属材料。

3）联合弧。联合弧是转移弧和非转移弧同时存在的等离子弧。联合弧常用于微束等离子弧焊接和低压等离子弧喷涂。

2. 等离子弧切割的基本原理

等离子弧切割是利用高速、高温和高能的等离子弧和等离子气流，来加热和熔化被切割材料，并借助内部或者外部的高速气流或水流将熔化材料排开，直至等离子气流束穿透背面而形成割口。等离子弧切割示意图如图5－6所示。

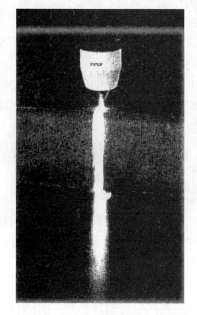

3. 等离子弧切割的特点

（1）切割速度快

切割厚度不大的金属时，切割速度快，生产效率高。

（2）切割质量好

等离子弧温度高，挺直度好（扩散角约为5°），焰流有很大的冲刷力。因此，切口光洁无挂渣，而且割件变形小。

（3）可以切割绝大多数金属和非金属材料

可以切割不锈钢、耐热钢、铝、铜、钛、铸铁等难熔金属材料，还可以切割花岗岩、碳化硅等非金属材料。

图5－6　等离子弧切割示意图

（4）切割起始点无须预热

引弧后可即刻进入切割状态，不需要像气体火焰切割那样的预热过程。

（5）工作卫生条件差

切割过程中产生弧光辐射、烟尘及噪声等，工作条件较差，应注意防护。

（6）设备成本高，耗电量大

与氧－乙炔切割相比，等离子弧切割设备价格高，切割用电源空载电压高，不仅耗电量大，而且在割炬绝缘不好的情况下易对操作人员造成电击。

4. 等离子弧切割的分类

按电弧压缩情况，等离子弧切割分为一般等离子弧切割和水压缩等离子弧切割两大类；按所使用的工作气体，等离子弧切割分为氩等离子弧切割、氮等离子弧切割、氧等离子弧切割和空气等离子弧切割。这里只介绍一般等离子弧切割、水压缩等离子弧切割和空气等离子弧切割。

（1）一般等离子弧切割

如图5－7所示为一般等离子弧切割原理。一般等离子弧切割采用转移弧或非转移弧，不用保护气体，工作气体和切割气体从同一喷嘴内喷出，切割时同时喷出大气流气体，以排出熔化金属。

（2）水压缩等离子弧切割

水压缩等离子弧是利用水代替冷气流来压缩等离子弧的，故也称水射流等离子弧，其切割原理如图5－8所示。

由割炬喷出的除工作气体外，还伴随有高速流动的水束，共同迅速地将熔化金属排开。在割炬中，高压高速水流一方面对喷嘴起冷却作用，使切口平整，使割后工件热变形减小；另一方面对电弧起再压缩作用。喷出的水束一部分被电弧蒸发，分解成氧气与氢气，它们与工作气体共同组成切割气体，使等离子弧具有更高的能量；另一部分未被电弧蒸发、分解，但对电弧有着强烈的冷却作用，使等离子弧的能量更集中，因而可增大切割速度。这种方法应用于水中切割工件，可大大降低切割噪声，减少烟尘和烟气。

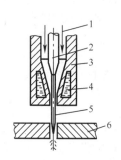

图 5-7　一般等离子弧切割原理

1—等离子气　2—电极　3—喷嘴　4—冷却水
5—等离子弧　6—工件

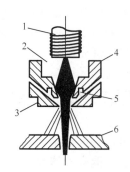

图 5-8　水压缩等离子弧切割原理

1—电极　2—螺旋气体通道　3—陶瓷绝缘体
4—压缩喷嘴　5—冷却水室　6—工件

（3）空气等离子弧切割

空气等离子弧切割是用压缩空气取代氩气、氮气等气体作为等离子气的一种等离子弧切割方法，由于空气获得方便，所以空气等离子弧切割的成本低。其切割原理如图 5-9 所示。

它利用空气压缩机提供的压缩空气直接通入喷嘴，压缩空气在电弧中加热后分解和电离，生成的氧气与切割金属发生化学放热反应，加快了切割速度。未分解的空气以高速冲刷切割处熔化金属，随着割炬的移动形成切口。

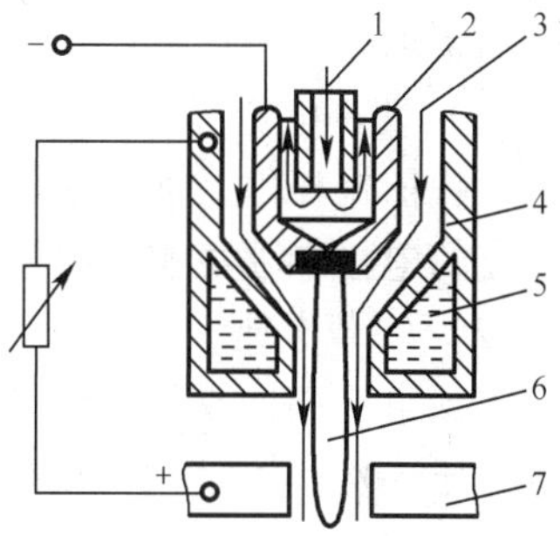

图 5-9　空气等离子弧切割原理

1—电极冷却水　2—电极　3—压缩空气
4—压缩喷嘴　5—压缩喷嘴冷却水
6—电弧　7—割件

二、等离子弧切割设备

等离子弧切割设备主要包括切割电源、控制系统、割炬等。

1. 切割电源

等离子弧切割与等离子弧焊接一样，一般都采用陡降外特性的直流电源，但是切割电源输出的空载电压一般大于 150 V，水压缩等离子弧切割电源空载电压可高达 600 V。根据采用不同电流等级和工作气体而选定空载电压。电流等级选得大，选用的切割电源空载电压高。双原子气体和空气作为工作气体以及高压喷射水作为工作介质时，切割电源的空载电压要高一些，才能使引弧可靠和切割电弧稳定。

2. 控制系统

等离子弧切割的过程由控制系统完成。它包括接通电源输入回路—使水压开关动作—接通小气流—接通高频振荡器—引小电流弧—接通切割电流回路，同时断开小电流回路和高频电流回路—接通切割气流—进入正常切割过程。当停止切割时，全部控制线路复原。

3. 割炬

等离子弧切割割炬一般由电极、电极夹头、喷嘴、冷却水套、中间绝缘体、气室、水路、气路、馈电体等组成。割炬的喷嘴孔直径要小，有利于压缩等离子弧。割炬中工作气体的通入可以是轴向吹入、切线旋转吹入或者是轴向和切线旋转组合吹入。切线旋转吹入式送气对等离子弧的压缩效果更好，是最常用的一种。割炬中的电极可采用纯钨棒、钍钨棒、铈钨棒，电极材料优先使用铈钨。端面形状和焊接用的电极相同，也可采用镶嵌式电极，空气等离子弧切割时则采用镶嵌式电极。

三、等离子弧切割工艺及切割参数

1. 切割工艺

等离子弧切割最常用的气体为氩气、氮气、氮气加氩气混合气体、氮气加氢气混合气体、氩气加氢气混合气体等，依据被切割材料及各种工艺条件而选用。等离子弧的种类决定切割时的弧压，弧压越高，切割功率越大，切割速度及切割厚度都相应提高。但弧压越高，要求切割电源的空载电压也越高，否则将难以引弧。

2. 切割参数

等离子弧切割的切割参数主要包括切割电流、空载电压、切割速度、气体流量、喷嘴距工件的距离等。

（1）切割电流

一般依据板厚及切割速度选择切割电流。切割电流过大，易烧损电极和喷嘴，因此，对于一定的电极和喷嘴有一合适的电流。

（2）空载电压

空载电压高，易于引弧。切割大厚度板材和采用双原子气体时，空载电压相应要较高。空载电压还与割炬结构、喷嘴至工件的距离、气体流量等有关。

（3）切割速度

在功率不变的情况下，提高切割速度使切口变窄，热影响区减小。因此，在保证割件被割透的前提下，尽可能选择大的切割速度。

（4）气体流量

气体流量要与喷嘴孔径相适应。气体流量大，利于压缩电弧，使等离子弧的能量更集中，提高了工作电压，有利于提高切割速度和及时吹除熔化金属。但气体流量过大，从电弧中带走过多的热量，降低了切割能力，不利于电弧稳定。

（5）喷嘴与工件的距离

在电极内缩量一定（通常为 $2 \sim 4$ mm）时，喷嘴与工件的距离一般为 $6 \sim 8$ mm。空气等离子弧切割和水压缩等离子弧切割的喷嘴与工件的距离可略小。

任务实施

一、焊前准备

1. 试件材料

试件材料为 06Cr19Ni10。

2. 试件尺寸

500 mm × 200 mm × 20 mm，在不锈钢板上沿长度方向画一中心线，作为切割轨迹。

3. 设备

等离子电源，空气压缩机。

4. 辅助器具

护目镜、绝缘手套、靠尺等。

二、切割参数

不锈钢板空气等离子弧切割的切割参数见表5-4。

表5-4　　　　　　　　不锈钢板空气等离子弧切割的切割参数

切割电流（A）		400	负载持续率（%）		60
引弧电流（A）		30～50	冷却水耗量（L/min）		>3
工作电压（V）		100～150	氮气纯度（%）		>99.9
电极直径（mm）		5.5	气体耗量（L/min）	切割	50
切割速度（m/min）		5～250		引弧	6.6
切割范围	厚度（mm） 非合金钢	80	电源	空载电压（V）	300
	不锈钢	80		电流范围（A）	100～500
	铝	80		输入电压（V）	三相380
	纯铜	50		控制电压（V）	220
	圆形直径（mm）	>120			

三、操作过程

1. 启动高频引弧。

2. 按动切割按钮。

3. 从割件边缘处起割。

4. 对切割速度、气体流量和切割电流可进行适当调整。

5. 整个过程中，割炬应与切口两侧平面保持垂直，以保证切口平直光洁。

6. 切割完毕，切断电源电路，关闭水路和气路。

四、任务考核

完成不锈钢板空气等离子弧切割操作后，结合表5-5进行测评。

表5-5　　　　　　　　不锈钢板空气等离子弧切割操作评分表

项目	分值	评分标准	得分	备注
各种设备、工具的安装和使用	7	使用方法不正确扣1～7分		
切割参数的选择	10	参数选择不正确不得分		
切口直线度（mm）	6	直线度误差≤2，每超差1扣3分		

续表

项目	分值	评分标准	得分	备注
割件的直线尺寸精度（mm）	15	±2，每超差1扣3分		
切口断面垂直度（mm）	12	垂直度误差≤1，每超差1扣3分		
切口断面平面度（mm）	6	平面度误差≤2，每超差1扣3分		
缺口	6	每出现一处扣3分		
上缘熔化	8	根据熔化程度，扣1~8分		
上缘出现珠链状钢粒	6	出现不得分		
下缘粘渣	6	根据粘渣程度，扣1~6分		
试件变形量	6	≤2°，超差不得分		
有关安全操作规程规定	6	违反有关规定扣1~6分		
有关文明生产规定				
时间定额30 min	6	超过时间定额的5%~20%，扣1~6分		
合计	100	总得分		

模块六 其他焊接和切割技术

任务 1　　中厚板平位对接埋弧焊

1. 了解埋弧自动焊的原理与埋弧自动焊机的组成及应用。
2. 熟悉埋弧焊焊接材料及工艺。
3. 掌握中厚板平位对接埋弧焊操作。

工作任务

已知焊件尺寸为 400 mm × 240 mm × 12 mm，材料为 Q235 钢或 20 钢，I 形坡口尺寸如图 6 - 1 所示，利用埋弧焊机进行双面焊接。

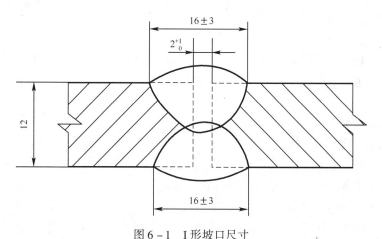

图 6 - 1　I 形坡口尺寸

相关知识

埋弧焊是目前生产效率较高的机械化焊接方法之一，与焊条电弧焊相比，其生产效率可提高 5 ~ 10 倍，适用于大批量生产的中厚板结构的长直焊缝与较大直径环焊缝的平焊。埋弧自动焊是一种高效、优质、低成本的焊接方法，是当今焊接生产中最普遍使用的焊接方法。

一、埋弧焊概述

1. 电弧焊过程自动化的基本概念

电弧焊过程一般包括引燃电弧、正常焊接和熄弧收弧三个阶段，并要求电弧及焊接过程始终保持稳定，即具有一定的调节作用。

焊条电弧焊的焊接过程稳定与否，是依靠焊工用手工控制来实现的，这是一种人工调节作用。自动焊的实质是机械化程度高的焊接，以相应的自动调节作用取代人工调节作用。因此，自动电弧焊不仅要完成各个阶段的机械化操作，还要求自动调节有关焊接参数，才能保证电弧及焊接过程的稳定，满足电弧焊的需求。

自动电弧焊分为埋弧（焊剂层下）自动焊和明弧（气体保护）自动焊两种。

埋弧自动焊与焊条电弧焊的根本区别，在于焊丝的送进和电弧沿着焊接方向的移动都是自动的，并且有相应的自动调节作用。

2. 埋弧焊的实质与特点

埋弧焊的实质是一种电弧在颗粒状焊剂下燃烧的熔焊方法，如图 6 – 2 所示。焊丝送入颗粒状的焊剂下，与焊件之间产生电弧，使焊丝和焊件熔化形成熔池，熔池金属结晶为焊缝，部分焊剂熔化形成熔渣，并在电弧区域形成一封闭空间，液态熔渣凝固后成为渣壳，覆盖在焊缝金属上面。随着电弧沿焊接方向移动，焊丝不断地送进并熔化，焊剂也不断地撒在电弧周围，使电弧埋在焊剂层下燃烧，由此自动进行焊接过程。

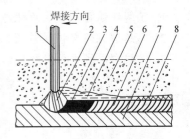

图 6 – 2　埋弧焊示意图

1—焊丝　2—电弧　3—熔池　4—熔渣
5—焊剂　6—焊缝　7—焊件　8—渣壳

埋弧焊与焊条电弧焊相比的特点是：

（1）焊接生产效率高

埋弧焊可采用较大的焊接电流，同时因电弧加热集中，使熔深增加，可一次焊透厚度 14 mm 以下不开坡口的钢板。而且埋弧自动焊的焊接速度也比手工焊快，从而提高了焊接生产效率。

（2）焊接质量好

因熔池有熔渣和焊剂的保护，使空气中的氮气、氧气难以侵入，提高了焊缝金属的强度和韧性。同时由于焊接速度快，故热影响区的宽度比焊条电弧焊小，有利于减小焊接变形及防止焊缝区金属过热。另外，焊缝表面光洁、平整。

（3）改善焊工的劳动条件

由于实现了焊接过程机械化，操作较简便，而且没有弧光的有害影响，释放的烟尘也少，因此，焊工的劳动条件得到改善。

但是，埋弧焊在使用上也受到一定的限制，因为焊接过程是依靠焊剂堆积及熔化后形成保护作用的，所以仅适用于水平面焊缝的焊接，且对焊件边缘的加工和装配质量要求较高。而且埋弧自动焊的设备比焊条电焊复杂，维修保养的工作量也较大。埋弧焊主要适用于低非合金钢及合金钢中厚板的焊接，是大型焊接结构生产中常用的一种焊接技术。

二、等速送丝式埋弧自动焊机

1. 等速送丝式埋弧自动焊机的特点

等速送丝式埋弧自动焊机的特点是选定的焊丝送给速度在焊接过程中恒定不变，当电弧长度变化时，依靠电弧的自身调节作用相应地改变焊丝熔化速度，以保持电弧长度不变。

2. MZ1-1000 型埋弧自动焊机的组成

MZ1-1000 型埋弧自动焊机是典型的等速送丝式埋弧自动焊机，根据电弧自身调节原理设计。这种焊机的电气控制线路比较简单，外形尺寸不大，焊接小车结构也较简单，使用方便，可选用交流和直流焊接电源，主要用于焊接水平位置及倾斜角小于15°的对接焊缝和角接焊缝，也可以焊接直径较大的环形焊缝。

MZ1-1000 型埋弧自动焊机由焊接小车、控制箱和焊接电源三部分组成。

（1）焊接小车

MZ1-1000 型埋弧自动焊机焊接小车如图6-3所示。交流电动机由送丝机构和行走机构共同使用，电动机两头出轴，一头经送丝机构减速器送进焊丝，另一头经行走机构减速器带动焊车。

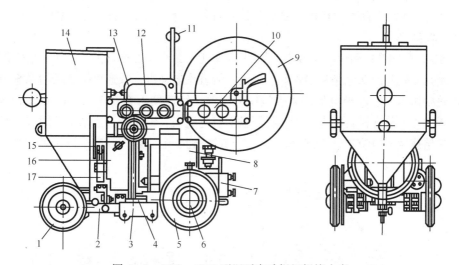

图6-3　MZ1-1000 型埋弧自动焊机焊接小车

1—前手轮　2—连杆　3—前底架　4—扇形蜗轮　5—后轮　6—离合器手轮　7—减速机构　8—电动机
9—焊丝盘　10—电流表和电压表　11—导丝轮　12—控制按钮板　13—调节手柄　14—焊剂斗
15—偏心压紧轮　16—减速箱　17—导电嘴

焊接小车的前轮和主动后轮与车体绝缘。主动后轮的轴与行走机构减速器之间装有摩擦离合器，脱开时，可以用手推动焊接小车。焊接小车的回转托架上装有焊剂斗、控制按钮板、焊丝盘、焊丝校直机构和导电嘴等。焊丝从焊丝盘经校直机构、送给轮和导电嘴送入焊接区，所用的焊丝直径为 1.6~5 mm。

焊接小车的传动系统中有两对可调齿轮，通过更换齿轮的方法，可调节焊丝送给速度和焊接速度。焊丝送给速度调节范围为 0.87~6.7 m/min，焊接速度调节范围为 16~126 m/h。

（2）控制箱

控制箱内装有电源接触器、中间继电器、降压变压器、电流互感器等电气元件，在外壳上装有控制电源的转换开关、接线板及多芯插座等。

（3）焊接电源

常见的埋弧自动焊机交流电源采用 BX2 - 1000 型同体式弧焊变压器。

三、变速送丝式埋弧自动焊机

1. 变速送丝式埋弧自动焊机的工作原理

变速送丝式埋弧自动焊机的特点是通过改变焊丝送给速度来消除对弧长的干扰，焊接过程中电弧长度变化时，依靠电弧电压自动调节作用来相应改变焊丝送给速度，以保持电弧长度不变。

2. MZ - 1000 型埋弧自动焊机的组成

MZ - 1000 型埋弧自动焊机是典型的变速送丝式埋弧自动焊机，是根据电弧电压自动调节原理设计的。这种焊机的焊接过程中自动调节灵敏度较高，而且对焊丝送给速度的调节方便，但电气控制线路较为复杂。可使用交流和直流焊接电源，主要用于平焊位置的对接焊，也可用于船形位置的角接焊。

MZ - 1000 型埋弧自动焊机由三部分组成：焊接小车、控制箱和焊接电源。

（1）焊接小车

MZ - 1000 型埋弧自动焊机焊接小车如图 6 - 4 所示，小车的横臂上悬挂机头、焊剂斗、焊丝盘和控制盘。机头的功能是送给焊丝，它由一台直流电动机、减速机构和送给系统组成，焊丝从滚丝轮中送出，经过导电嘴进入焊接区，焊丝送给速度可在 0.5 ~ 2 m/min 范围内调节，控制盘和焊丝盘安装在横臂的另一端，控制盘上有电流表、电压表、用来调节焊接小车行走速度和焊丝送给速度的电位器、控制焊丝上下运动的按钮、电流增大和减小按钮等。

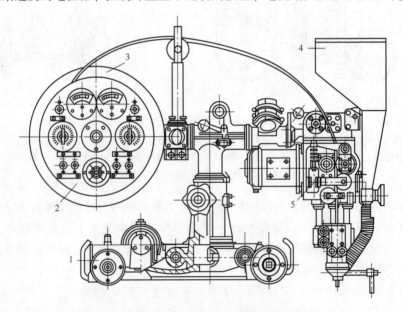

图 6 - 4　MZ - 1000 型埋弧自动焊机焊接小车

1—台车　2—控制盘　3—焊丝盘　4—焊剂斗　5—机头

焊接小车由台车上的直流电动机通过减速器及离合器来带动，焊接速度可在 15～70 m/h 范围内调节。为适应不同形式的焊缝，在结构上焊接小车可在一定的方位上转动。

（2）控制箱

控制箱内装有电动机—发电机组，还有接触器、中间继电器、降压变压器、整流器、电流互感器等电气元件。

（3）焊接电源

一般选用 BX2－1000 型弧焊变压器，或选用具有陡降外特性的弧焊发电机和弧焊整流器。

四、埋弧焊焊接材料

埋弧焊时焊丝与焊剂直接参与焊接过程中的冶金反应，因而它们的化学成分和物理特性都会影响焊接的工艺过程，并通过焊接过程对焊缝金属的化学成分、组织和性能产生影响。正确地选择焊丝并与焊剂配合使用是埋弧焊技术的一项重要内容。

1. 焊丝

埋弧焊所用焊丝有实心焊丝和药芯焊丝两类。目前在生产中普遍使用的是实心焊丝。焊丝的品种随被焊金属种类的增加而增加。目前已有碳素结构钢焊丝、合金结构钢焊丝、高合金钢焊丝和各种有色金属焊丝，以及堆焊用的特殊合金焊丝。

焊丝直径的选择依用途而定。半自动埋弧焊用的焊丝较细，一般直径为 1.6 mm、2 mm、2.4 mm，以便能顺利地通过软管，并且使焊工在操作中不会因焊丝的刚度不当而感到困扰。自动埋弧焊一般使用直径为 3～6 mm 的焊丝，以充分发挥埋弧焊大电流和高熔敷率的优点。对于一定的电流值可使用不同直径的焊丝。同一电流使用较小直径的焊丝时，可获得加大焊缝熔深、减小熔宽的效果。当工件装配不良时，宜选用较粗的焊丝。焊丝表面应当干净光滑，焊接时能顺利地送进，以免给焊接过程带来干扰。除不锈钢焊丝和有色金属焊丝外，各种低非合金钢焊丝和低合金钢焊丝的表面最好镀铜。镀铜层既可起防锈作用，也可改善焊丝与导电嘴的电接触状况。为了使焊接过程能稳定地进行并减少焊接辅助时间，每盘钢焊丝应由一根焊丝绕成。

2. 焊剂

埋弧焊使用的焊剂是颗粒状可熔化的物质，其作用相当于焊条的涂料。

（1）对焊剂的基本要求

1）具有良好的冶金性能。焊剂与选用的焊丝相配合，通过适当的焊接工艺来保证焊缝金属获得所需的化学成分、力学性能，以及抗热裂和冷裂的能力。

2）具有良好的工艺性能。要求焊剂有良好的稳弧、焊缝成形、脱渣等性能，并且在焊接过程中生成的有毒气体少。

（2）焊剂的分类

埋弧焊焊剂除按其用途分为钢用焊剂和有色金属用焊剂外，通常按制造方法、化学成分、化学性质、颗粒结构等分类。

1）按制造方法分类

①熔炼焊剂。按配方比例称出所需原料，混合均匀后进行熔化，随后注入冷水中使之粒化，再经干燥、捣碎、过筛等工序而成。熔炼焊剂按其颗粒结构又可分为玻璃状焊剂（呈

透明状颗粒）、结晶状焊剂（颗粒具有结晶体特点）和浮石状焊剂（颗粒呈泡沫状）。

②烧结焊剂。将各种粉料按配方比例混拌均匀，加水玻璃调成湿料，在 750～1 000℃温度下烧结，再经破碎、过筛而成。

2）按化学成分分类

①按酸碱度分为碱性焊剂、酸性焊剂和中性焊剂。

②按主要成分含量分类，见表6－1。

表6－1　　　　　　　　　　　焊剂按主要成分含量的分类

SiO₂含量		MnO含量		CaF₂含量	
焊剂类型	含量	焊剂类型	含量	焊剂类型	含量
高硅	>30%	高锰	>30%	高氟	>30%
中硅	10%～30%	中锰	15%～30%	中氟	10%～30%
低硅	<10%	低锰	2%～<15%	低氟	<10%
		无锰	<2%		

3）按化学性质分类

①氧化性焊剂。含大量 SiO_2、MnO 或 FeO 等氧化物。

②弱氧化性焊剂。含 SiO_2、MnO、FeO 等氧化物较少。

③惰性焊剂。含 Al_2O_3、CaO、MgO、CaF_2 等，基本上不含 SiO_2、MnO、FeO 等。

4）按颗粒结构分类。按颗粒结构可分为玻璃状焊剂和结晶状焊剂两种。

（3）焊剂型号

1）熔炼焊剂。由 HJ 表示熔炼焊剂，后加三个阿拉伯数字组成。

①第一位数字表示焊剂中氧化锰的含量，1、2、3、4 代表无锰、低锰、中锰、高锰焊剂。

②第二位数字表示焊剂中二氧化硅、氟化钙的含量，1～9 依次代表低硅低氟、中硅低氟、高硅低氟、低硅中氟、中硅中氟、高硅中氟、低硅高氟、中硅高氟和其他类型焊剂。

③第三位数字表示同一类型焊剂的不同牌号，按 0～9 的顺序排列。

④对同一牌号焊剂生产两种颗粒度时，在细颗粒焊剂牌号后面加字母"X"。

2）烧结焊剂。由 SJ 表示烧结焊剂，后加三个阿拉伯数字组成。第一位数字表示焊剂熔渣的渣系，1～6 依次代表氟碱型、高铝型、硅钙型、硅锰型、铝钛型和其他类型焊剂。第二位、第三位数字表示同一渣系类型焊剂中不同牌号的焊剂，按 01～09 的顺序排列。

3. 焊剂和焊丝的选配

欲获得高质量的埋弧焊焊接接头，正确选用焊剂与焊丝是十分重要的。

低非合金钢的焊接可选用高锰高硅型焊剂，配合 H08MnA 焊丝，或选用低锰、无锰型焊剂配合 H08MnA、H10Mn2 焊丝。低合金高强度钢的焊接可选用中锰中硅或低锰中硅型焊剂，配合与钢材强度相匹配的焊丝。

耐热钢、低温钢、耐蚀钢的焊接可选用中硅或低硅型焊剂，配合相应的合金钢焊丝。铁素体、奥氏体等高合金钢，一般选用碱度较高的熔炼焊剂或烧结焊剂，以降低合金元素的烧损及掺杂较多的合金元素。常用焊剂、用途及与配用焊丝见表6－2。

表 6 - 2　　　　　　　　　　　常用焊剂、用途及配用焊丝

焊剂型号	用途	焊剂颗粒度（mm）	配用焊丝	适用电流种类
HJ130	低非合金钢、普通低合金钢	0.45 ~ 2.5	H10Mn2	交、直流
HJ131	镍基合金	0.3 ~ 2	镍基焊丝	交、直流
HJ150	轧辊堆焊	0.45 ~ 2.5	2Cr13、3Cr2W8	直流
HJ172	高铬铁素体钢	0.3 ~ 2	相应钢种焊丝	直流
HJ173	Mn - Al 高合金钢	0.25 ~ 2.5	相应钢种焊丝	直流
HJ230	低非合金钢、普通低合金钢	0.45 ~ 2.5	H08MnA、H10Mn2	交、直流
HJ250	低合金高强度钢	0.3 ~ 2	相应钢种焊丝	直流
HJ251	珠光体耐热钢	0.3 ~ 2	Cr - Mo 钢焊丝	直流
HJ260	不锈钢、轧辊堆焊	0.3 ~ 2	不锈钢焊丝	直流
HJ330	低非合金钢及普通低合金钢重要构件	0.45 ~ 2.5	H08MnA、H10Mn2	交、直流
HJ350	低合金高强度钢重要构件	0.45 ~ 2.5	Mn - Mo、Mn - Si 及含镍高强度钢用焊丝	交、直流
HJ430	低非合金钢及普通低合金钢重要构件	0.2 ~ 1.4	H08A、H08MnA	交、直流
HJ431	低非合金钢及普通低合金钢重要构件	0.45 ~ 2.5	H08A、H08MnA	交、直流
HJ432	低非合金钢及普通低合金钢重要构件（薄板）	0.2 ~ 1.4	H08A	交、直流
HJ433	低非合金钢	0.45 ~ 2.5	H08A	交、直流
SJ101	低合金结构钢	0.3 ~ 2	H08MnA H08MnMoA H08Mn2MoA	交、直流
SJ301	普通结构钢	0.3 ~ 2	H08MnA H08MnMoA H10Mn2 H10Mn2MoA	交、直流

五、埋弧自动焊工艺

1. 焊缝形状和尺寸

埋弧自动焊时，焊丝与焊件金属在电弧热量的作用下形成了一个熔池，随着电弧热源向前移动，熔池中的液态金属逐渐冷却凝固而成为焊缝。焊缝形状不仅关系到焊缝表面的成形，还会直接影响焊件金属的质量。

焊缝形状如图 6 - 5 所示，可用熔宽 c、熔深 s 和焊缝余高 h 等尺寸表示。合理的焊缝形状要求各尺寸之间有恰当的比例关系。

焊缝形状系数 ψ 是用来表示焊缝形状的参数，由熔宽 c 与熔深 s 之比决定，公式为 $\psi = \dfrac{c}{s}$。

焊缝形状系数 ψ 的大小，对焊缝质量具有重要意

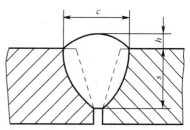

图 6 - 5　焊缝形状

义。ψ 值过小时，焊缝窄而深，容易产生气孔、夹渣、裂纹等缺陷；ψ 值过大时，使熔宽过大、熔深浅，则浪费焊接材料，甚至会造成未焊透。因此，必须把焊缝形状系数控制在合理的范围内，埋弧自动焊的焊缝形状系数 ψ 值在 1.3~2 较为适宜。

埋弧自动焊的焊缝形状由焊接参数和工艺因素决定，因此，正确地选择焊接参数，是保证焊缝质量的重要措施。

2. 焊接参数对焊缝质量的影响

埋弧自动焊的焊接参数包括焊接电流、电弧电压、焊接速度、焊丝直径和工艺因素等。

（1）焊接电流

焊接过程中，当其他因素不变时，焊接电流增加则电弧吹力增强，使熔深增大，但电弧的摆动小，所以熔宽变化不大。另外，由于焊接电流增大，焊丝的熔化速度也相应加快，因此，焊缝余高稍有增加。焊接电流对焊缝形状的影响如图 6-6 所示。

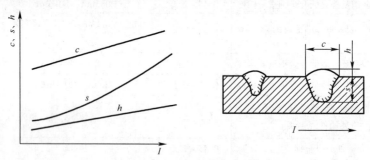

图 6-6　焊接电流对焊缝形状的影响

（2）电弧电压

在其他因素不变的条件下，如增加电弧长度，则电弧电压增加。电弧电压对焊缝形状的影响如图 6-7 所示，随着电弧电压增加，熔宽显著增大，而熔深、余高略有减小。这是因为电弧电压越高，电弧就越长，则电弧的摆动作用加剧，使焊件被电弧加热而面积增大，以致熔宽增大。此外，由于焊丝熔化速度不变，而熔滴金属被分配在较大的面积上，故使余高相应减小。同时，电弧吹力对焊件金属的作用变弱，因而熔深有所减小。

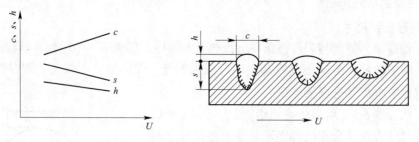

图 6-7　电弧电压对焊缝形状的影响

（3）焊接速度

焊接速度对焊缝形状的影响如图 6-8 所示。当其他条件不变时，焊接速度增大，开始时熔深略有增加，而熔宽相应减小，当速度增加到一定值以后，熔深和熔宽都随速度增大而减小。焊接速度过大，则焊件与填充金属容易产生未熔合的缺陷。

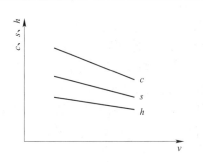

图 6-8 焊接速度对焊缝形状的影响

（4）焊丝直径

当焊接电流不变时，随着焊丝直径的增大，电流减小，电弧吹力减弱，电弧的摆动作用增强，使焊缝的熔宽增加而熔深稍减小；焊丝直径减小时，电流增大，电弧吹力加强，使焊缝熔深增加。故用同样大小的电流焊接时，小直径焊丝可获得较大的熔深。

（5）工艺因素

1）焊丝倾斜的影响。埋弧自动焊的焊丝位置通常垂直于焊件，但有时也采用焊丝倾斜方式。焊丝倾斜对焊缝形状的影响如图 6-9 所示。

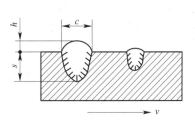

图 6-9 焊丝倾斜对焊缝形状的影响
a）焊丝倾斜 b）焊缝形状

焊丝向焊接方向倾斜称为后倾，向焊接反方向倾斜则为前倾。焊丝后倾时，电弧吹力对熔池液态金属的作用加强，有利于电弧的深入，故熔深和余高增大，而熔宽明显减小。焊丝前倾时，电弧对熔池前面的焊件预热作用加强，使熔宽增大，而熔深减小。

2）焊件倾斜的影响。焊件有时因处于倾斜位置，而有上坡焊和下坡焊之分。焊件倾斜对焊缝形状的影响如图 6-10 所示。

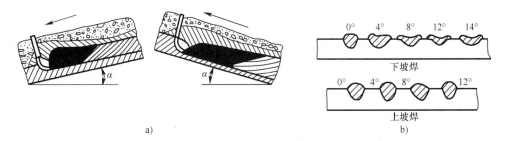

图 6-10 焊件倾斜对焊缝形状的影响
a）焊件倾斜 b）焊缝形状

上坡焊与焊丝后倾相似，焊缝熔深和余高增加，熔宽减小，形成窄而高的焊缝，甚至出现咬边的缺陷。下坡焊与焊丝前倾相似，焊缝熔深和余高都减小，而熔宽增大，且熔池内液态金属容易下淌，严重时会造成未焊透的缺陷。所以，无论是上坡焊或下坡焊，焊件的倾斜

角 α 都不得超过 8°，否则会破坏焊缝成形及引起焊接缺陷。

3）焊丝伸出长度的影响。当焊丝伸出长度增加时，则电阻热作用增大，使焊丝熔化速度加快，以致熔深稍有减小，余高略有增加。一般要求焊丝伸出长度的变化不超过 10 mm。

4）装配间隙与坡口角度的影响。当其他焊接工艺条件不变时，焊件装配间隙与坡口角度的增大，使焊缝的熔深增加，而余高减小，但熔深加上余高的焊缝总高度大致略有增大。装配间隙与坡口角度对焊缝形状的影响如图 6-11 所示。为了保证焊缝的质量，埋弧自动焊对焊件装配间隙与坡口加工的工艺要求较严格。

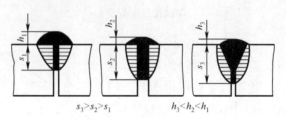

$$s_3 > s_2 > s_1 \qquad h_3 < h_2 < h_1$$

图 6-11　装配间隙与坡口角度对焊缝形状的影响

任务实施

一、焊前准备

1. 焊接材料

选用 ER50-6 型焊丝，直径为 4 mm，焊前除锈。HJ431 型焊剂，烘焙 150~200℃，恒温 2 h，随用随取。定位焊用 E4303 型焊条，直径为 4.0 mm。

2. 焊机

MZ-1000 型埋弧焊机。

二、焊件装配

1. 清理焊件

清理焊件坡口面及坡口正反两侧各 30 mm 范围内的油污、锈蚀、水分及其他污物，直至露出金属光泽。

2. 装配间隙

始端 2.5 mm，终端 3.2 mm（可分别采用 ϕ2.5 mm 和 ϕ3.2 mm 的焊条夹在试件两端进行装配）。放大终端的间隙是考虑到焊接过程中的横向收缩量，以保证熔透所需要的间隙。错边量不大于 1.2 mm。

3. 定位焊

在试板两端分别焊接引弧板与引出板，并进行定位焊，如图 6-12 所示。引弧板与引出板的尺寸为 100 mm×100 mm×12 mm，焊后将其用气

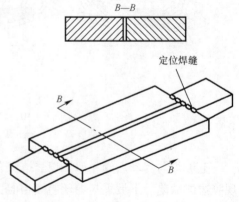

图 6-12　定位焊

割割掉，而不能用锤子敲掉。试件反变形量为3°。

三、焊接参数

中厚板平位对接埋弧焊焊接参数见表6-3。

表6-3　　　　　　　　　中厚板平位对接埋弧焊焊接参数

焊道层次	焊丝直径（mm）	焊接电流（A）	焊接电压（V）	焊接速度（m/h）
背面	4.0	500~550	35~37	30~22
正面	4.0	550~600	35~37	30~22

四、焊接操作过程

先焊背面的焊道，后焊正面的焊道。

1. 背面焊道操作

（1）垫焊剂垫

焊前将试件放在水平的焊剂垫上，如图6-13所示。焊剂垫内的焊剂牌号必须与工艺要求的焊剂相同。焊接时，要保证试件正面完全与焊剂贴紧。在焊接过程中，更要注意防止因试件受热变形与焊剂脱开，产生焊漏、烧穿等缺陷。特别是要防止焊缝末端收弧处出现焊漏和烧穿。

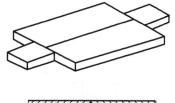
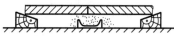

图6-13　简易焊剂垫示意图

（2）焊丝对中

调整焊丝位置，使焊丝头对准试件间隙，但不与试件接触。拉动焊接小车往返几次，以使焊丝能在整个试件上对准间隙。

（3）准备引弧

将焊接小车拉到引弧板处，调整好小车行走方向开关位置，锁紧小车行走离合器。然后按下送丝及退丝按钮，使焊丝端部与引弧板可靠接触，焊剂堆积高度为40~50 mm。最后将焊剂斗下面的门打开，让焊剂覆盖焊丝头。

（4）引弧

按下启动按钮，引燃电弧。焊接小车沿试件间隙走动，开始焊接。此时要注意观察控制盘上的电流表与电压表，检查焊接电流与焊接电压和工艺规定的参数是否相符。如果不相符，则迅速调整相应的旋钮，直至达到规定参数为止。

（5）收弧

当熔池全部在引出板中部以后，准备收弧。收弧时要特别注意分两步按停止按钮。先按一半，焊接小车停止前进，但电弧仍在燃烧，熔化的焊丝用来填满弧坑。估计弧坑已填满后，立即将停止按钮按到底。

（6）清渣

待焊缝金属及熔渣完全凝固并冷却后，敲掉焊渣，并检查背面焊道的外观质量。要求背面焊道熔深达到试件厚度的40%~50%。如果熔深不够，需加大试件间隙、增加焊接电流或减小焊接速度。

2. 正面焊道操作

经外观检验背面焊道合格后，将试件正面朝上放好，开始焊正面焊道。焊接步骤与焊背面完全相同。

注意

1. 为了防止未焊透或夹渣，要求焊正面焊道的熔深为板厚的60%～70%，为此可以用增加焊接电流或减小焊接速度来实现。

2. 焊正面焊道时，因为已有背面焊道托住熔池，故不必用焊剂垫，可直接进行悬空焊接。

五、任务考核

完成中厚板平位对接埋弧焊操作后，结合表6-4进行测评。

表6-4　　　　　　　　　　　中厚板平位对接埋弧焊操作评分表

项目	分值	评分标准	得分	备注
错边量	15	≤10%板厚，超差不得分		
角变形 α	15	≤3°，超差不得分		
直线度（mm）	15	2，每超差一处扣5分		
余高 h（mm）	15	$0 \leqslant h \leqslant 3$，每超差一处扣5分		
余高差 h'（mm）	10	$h' \leqslant 2$，每超差一处扣5分		
外观	30	要求成形良好，根据情况酌情扣分		
合计	100	总得分		

任务 2　　　　　认识电阻焊及其设备

学习目标

1. 了解电阻焊原理、特点及设备。
2. 了解电阻点焊、对焊、缝焊和凸焊的设备及应用。

工作任务

熟悉电子点焊机、对焊机、缝焊机控制面板和按钮的作用。

相关知识

电阻焊的应用非常广泛，汽车制造行业和管子制造行业非常适合采用电阻焊，电阻焊与铆接或其他焊接方法相比，其接头质量高、表面质量好、焊接变形小，对提高焊件表面平整度非常有利。

一、电阻焊原理、特点及设备

电阻焊发展于19世纪末，并且发展迅速，被广泛应用于航空航天、汽车、仪表及量具、刃具制造业。焊件组合后，通过电极施加压力，利用电流通过接头的接触面及邻近区域产生的电阻热进行焊接的方法称电阻焊。电阻焊曾被称为接触焊，它是压焊中应用最广的一种焊接方法。

1. 电阻焊原理

电阻焊是将焊件压紧于两电极间并施加压力，利用电流流经工件接触面及邻近区域产生的电阻热将其加热到熔化或塑性状态，使之形成金属间结合的一种焊接方法。

电阻焊与电弧焊不同，电弧焊是利用外部电弧产生的热量作为热源，局部加热焊件使其熔化，冷却凝固后形成焊缝；电阻焊则是利用焊件在通电时其内部产生的电阻热作为热源，来加热焊件并且在外力（压力）作用下使焊件达到塑性变形来完成焊接的过程。

2. 电阻焊特点

与普通的熔焊工艺相比，电阻焊的特点如下：

（1）热量集中，加热时间短，热影响区、焊接变形和焊接应力较小。

（2）节省材料，一般不需要焊丝、焊条及熔剂，也不需要保护气体，因此成本比较低。

（3）能适应同种金属及异种金属的焊接，生产效率高，污染小。

（4）工艺过程简单，易于实现机械化及自动化，上岗前不需要对焊工进行长期培训。

（5）设备复杂，一次性投资费用大并且维修困难。

（6）设备电容量大，且多数为单相焊机，造成电网不平衡，必须接入容量较大的电网。

（7）电阻焊质量目前还缺乏可靠的无损检测方法，只能靠破坏性试验检查其焊接质量。

3. 电阻焊方法及所用设备

按焊件的接头形式、工艺方法和所用电源种类不同，电阻焊可分为点焊、对焊、缝焊和凸焊。电阻焊机主要包括点焊机、对焊机、缝焊机和凸焊机。

二、点焊

点焊是一种高速、经济的连接方法。它适用于可以采用搭接、接头不要求气密、厚度小于3 mm的冲压及轧制的薄板构件。

点焊是将焊件装配成搭接接头，并压紧在两电极间，利用电流通过焊件时产生的电阻热熔化母材金属，冷却后形成焊点（扁球形熔核），这种电阻焊方法称点焊。如图 6 – 14 为电阻点焊示意图。

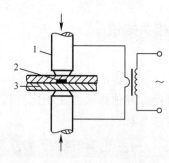

图 6 – 14　电阻点焊示意图
1—电极　2—熔核　3—焊件

点焊操作简单，易实现机械化和自动化，所以劳动强度低，生产效率高，同时焊件的变形量也很小。但是由于点焊时焊接通电在很短时间内完成，需要用大电流并施加压力，所以点焊过程的程序控制较复杂，焊机容量大，设备价格高。

点焊适用于薄板冲压搭接、薄板与型钢结构的连接。点焊广泛应用于汽车驾驶室、金属车厢腹板等低非合金钢产品的焊接。在航空航天工业中，多用于飞机、火箭、喷气发动机中用不锈钢、铝合金、钛合金等材料制成的部件。

三、对焊

对焊是对接电阻焊的简称，是利用电阻热将两工件沿整个端面同时焊接起来的一种电阻焊方法。

对焊是将焊件装配成对接接头，使其端面紧密接触，利用电阻热将焊件加热至热塑性状态，然后迅速施加顶锻力，或只保持焊接时的压力完成焊接。对焊示意图如图 6 – 15 所示。

对焊的生产效率高，易于实现自动化，一般应用于长焊缝、环形焊缝和异种金属的焊接。例如，直径 20 mm 以下的低非合金钢棒料和管子、板材、钢筋、电子元器件触点、汽车轮缘等的焊接。

四、缝焊

缝焊是用一对圆柱形滚轮作为电极，与工件做相对运动，从而产生一个个熔核相互搭叠的密封焊缝的焊接方法。

缝焊是点焊的一种演变，用圆柱形滚轮取代了点焊电极，它是将焊件装配成搭接接头，并置于两旋转的电极（滚轮）之间，滚轮加压焊件并做相对转动，连续或断续送电，从而产生许多连续焊点形成缝焊的焊接，如图 6 – 16 所示。

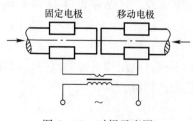

图 6 – 15　对焊示意图

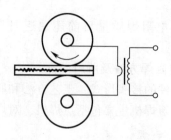

图 6 – 16　缝焊示意图

缝焊除具有点焊的特点外，还具有如下特点：

（1）生产效率高并能获得坚固气密的焊缝。

（2）缝焊的焊接参数比点焊更稳定。

（3）缝焊实际上是连续进行的点焊，各个焊点是相互重叠的，焊点间重叠部分约有 5%。

按滚轮转动与馈电方式不同，缝焊可分为连续缝焊、断续缝焊和步进缝焊。

1. 连续缝焊

焊件在两滚轮间连续移动，焊接电流连续通过，每半周形成一个焊点。这种焊接方法易使焊件表面过热，电极磨损严重，故此方法实际应用性有限，主要适用于焊接不重要焊件或薄钢件。

2. 断续缝焊

滚轮连续转动，焊接电流断续通过，这种情况下滚轮和焊件有冷却的时间，所形成的焊缝由彼此搭叠的熔核组成。

断续缝焊应用较为广泛，适合焊接各种钢材、铝及铝合金、异种金属、不等厚焊件和精密件。

3. 步进缝焊

滚轮断续转动，焊接电流在滚轮静止时通过，在滚轮转动时断电，交替地进行焊接。由于熔核在整个结晶过程中有锻压力存在，所以焊缝比较致密。

这种方法多用于铝镁合金的缝焊。当焊接硬铝以及厚度为 4 mm 以上的各种金属时，必须利用步进缝焊。

五、凸焊

凸焊是点焊的一种特殊形式。它是在焊前将搭接的两焊件之一在焊接处冲好一个或多个凸点，加压并通电加热，凸点被压平，使这些接触点形成焊点，如图 6 - 17 所示。凸焊的热过程与点焊相同，由于是凸点接触，所以提高了单位面积上的电极压力与焊接电流，使电极压力和焊接电流都比较密集，减小了电流分流，使热量集中，可用于厚度大的焊件。

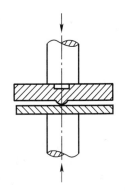

图 6 - 17　凸焊示意图

由于凸焊电流集中，电流大，所以可采用较小的焊接电流，忽略分流的影响，并在狭窄空间内焊接若干焊点，且焊接接头变形小。凸焊使用平面电极，使用寿命长，凸焊机能承受较高压力，并保持高机械精度，但在焊件上压出凸点较为困难。

凸焊可同时焊多点，并可用来焊厚薄不等的焊件，常用于低非合金钢和低合金钢冲压件。板材凸焊最适宜的厚度为 0.5 ~ 4 mm，厚度小于 0.25 mm 的板材宜采用点焊。凸焊除用于板件搭接外，还可用于螺栓凸焊、T 形焊、管子交叉焊和线材交叉焊等。

任务实施

1. 仔细阅读焊机使用说明书，对焊机结构进行了解。
2. 熟悉点焊机、对焊机、缝焊机控制面板上各开关和按钮的作用。

任务3　认识激光切割

学习目标

1. 了解激光切割的原理、分类、特点及应用。
2. 了解激光切割的设备。
3. 了解激光切割的切割参数。

工作任务

了解数控激光切割机的结构和工作原理。

相关知识

激光切割是激光加工行业中最重要的一项加工技术，也是激光加工中应用最早、使用最多的加工方法，可以切割金属，也可以切割木材、复合材料等非金属材料，是一种多用途的切割方法。

一、激光切割原理、分类、特点及应用

1. 激光切割的原理

激光切割是利用高功率密度的激光束扫描材料表面，在极短时间内将材料加热到几千至上万摄氏度，使材料熔化或汽化、烧蚀或达到燃点，随着汽化物的逸出和熔融物质被高压气体吹走，便形成了切口。激光切割主要是 CO_2 激光切割，CO_2 激光切割是用聚焦镜将激光束聚焦在材料表面使材料熔化，同时用与激光束同轴的压缩气体吹走被熔化的材料，并使激光束与材料沿一定轨迹做相对运动，从而形成一定形状的切口，激光切割原理图如图 6-18 所示。

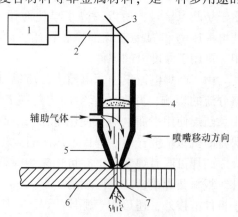

图 6-18　激光切割原理图

1—激光器　2—激光束　3—反射镜
4—透镜　5—喷嘴　6—工件
7—切割面

2. 激光切割的分类

激光切割可分为激光熔化切割、激光汽化切割、激光氧气切割和激光划片与控制断裂四类。

（1）激光熔化切割

激光熔化切割与激光深熔焊类似，利用激光加热使金属材料熔化，然后通过与光束同轴的喷嘴喷出非氧化性气体（Ar、He、N_2 等），借助喷射气体的吹力将液态金属排出形成切口。

激光熔化切割主要用于一些不易氧化的材料或活性金属，如不锈钢、钛及钛合金、铝及铝合金的切割。

（2）激光汽化切割

利用高功率密度的激光束加热被切割材料表面，使温度迅速上升，在非常短的时间内达到材料的沸点，材料开始迅速汽化，部分材料变成蒸汽逸出，部分作为液态、固态颗粒喷出物从切割处底部被吹走，形成切口。材料的汽化热一般很大，所以激光汽化切割时需要很大的功率和功率密度，是激光熔化切割的 10 倍。

激光汽化切割多用于极薄金属材料和非金属材料（如纸、布、木材、塑料和橡胶等）。

（3）激光氧气切割

激光氧气切割原理类似于氧乙炔焰切割。利用激光作为预热热源，用氧气等活性气体作为切割气体。喷吹出的气体一方面与切割金属作用，发生氧化反应，放出大量的氧化热，加热下一层金属，使金属继续氧化；另一方面把熔融的氧化物和熔化物从反应区吹出，在金属中形成切口。由于切割过程中的氧化反应产生了大量的热，所以激光氧气切割所需要的能量只是激光熔化切割的1/2，而切割速度远远大于激光汽化切割和激光熔化切割。

激光氧气切割适用于能被氧化的材料，如铁基合金，以及钛、铝等有色金属。

（4）激光划片与控制断裂

激光划片是利用高能量密度的激光在脆性材料的表面进行扫描，使材料受热蒸发出一条小槽口，或者一系列小孔，然后施加一定的压力，脆性材料就会沿小槽处裂开。控制断裂是利用激光束加热刻槽的同时，由于加热引起热梯度，在脆性材料中产生局部热应力，使材料沿小槽断开。激光划片与控制断裂适用于脆性材料的切割、加工。

3. 激光切割的特点

激光切割的优点如下：

（1）切割质量好

激光光斑小，能量集中，基本没有工件热变形，而且切口窄（切口宽度一般为 0.10 ~ 0.20 mm）、切割面光滑、无毛刺和挂渣，完全避免了材料冲剪时形成的塌边，切口一般不需要二次加工。

（2）切割速度快，精度高

激光切割犹如一把锐刀，它的光束光点小，能量集中，切割速度可达 10 m/min，最大定位速度可达 70 m/min，比线切割速度快很多。

（3）不损伤工件

激光切割属于非接触式切割，激光切割头不会与材料表面接触，保证不划伤工件，切割时噪声和污染小。

（4）不受被切材料的硬度和形状影响

激光可以对钢、不锈钢、铝合金、硬质合金等进行加工，不管材料硬度如何，都可以进行切割。激光切割加工柔性好，可以加工任意图形，可以切割管材及其他异型材料。

（5）可以对非金属进行切割加工

如塑料、木材、皮革、纺织品、有机玻璃等。

（6）节省材料、降低成本

与计算机结合可以整张板排料，省工节料。

（7）提高新产品开发速度

产品图样形成后，马上可以进行激光加工，在最短的时间内得到新产品的实物。

激光切割的缺点如下：

（1）受激光器功率和设备体积的限制，激光切割只能切割中、小厚度的板材和管材，而且随着材料厚度的增加，切割速度下降明显。

（2）激光切割设备费用高，一次性投资大。

4. 激光切割的应用

激光切割的应用领域非常宽广，比如在汽车制造领域，在汽车样车和小批量生产中大量使用三维激光束切割机。对普通铝、不锈钢等薄板、带材的切割加工应用激光加工，其切割速度已达 10 m/min，不仅大幅度缩短了生产准备周期，并且使车间生产实现了柔性化，加工面积减少了一半。在航空航天领域，激光切割技术主要用于特种航空材料的切割，如钛合金、铝合金、镍合金、铬合金、不锈钢、氧化铍及复合材料等，用激光切割加工的航空航天零部件有发动机火焰筒、钛合金薄壁机匣、飞机框架、钛合金蒙皮、机翼长桁、尾翼壁板、直升机主旋翼、航天飞机陶瓷隔热瓦等。激光切割技术在非金属材料领域也有着较为广泛的应用，不仅可以切割硬度高、脆性大的材料，如氮化硅、陶瓷、石英等，还能切割加工柔性材料，如布料、纸张、塑料板、橡胶等，如用激光进行服装剪裁，可节约衣料 10% ~12%，提高功效 3 倍以上。近年来，激光切割的新应用层出不穷，令人耳目一新。

二、激光切割的设备

激光切割机大都采用 CO_2 激光切割设备，主要由激光器、激光导光系统、数控运动系统、割炬等组成。

1. 激光器

激光器具有固体激光器和气体激光器之分，这里以 CO_2 激光器为例介绍其组成和工作原理。CO_2 激光器主要是一个起激光作用的混合气体循环流动的管子，它是在高压电流激励下能够产生激光的元件，当给电极加上高电压时，放电管中产生辉光放电，一端就有激光输出。CO_2 激光器是一种比较重要的气体激光器。

2. 激光导光系统

激光导光系统主要由反射镜和可调聚焦透镜组成，反射镜主要体现的是激光的传导，把激光平行传送到需要加工的位置，这是一个光路飞行的过程；聚焦镜主要是实现激光能量的集中，把光能集中垂直传送到被加工物体表面。

（1）反射镜

一般由金属制作（因为金属导热性优良、不易损坏），表面电镀一层对激光具有强反射作用的金属物质，如金、银、钼、铜等，其中以金的反射效果最好。

（2）聚焦镜

使激光束透过镜片并聚焦，能使激光能量聚集到一点，聚焦的点越细、越小，能量越集中，焦点大小与激光束入射光斑大小成反比，与焦深（聚焦镜到焦点的距离）成正比。

3. 数控运动系统

利用计算机对整个激光切割设备进行控制和调节，如控制激光器输出的功率、对激光加工质量进行监控等，对整个切割参数和加工参数进行控制，控制工作台的运动，并调节割炬的移动方向。割炬与工件间的相对移动有三种情况：

（1）割炬不动，工件随工作台运动，主要用于尺寸较小的工件。

（2）工件不动，割炬移动。

（3）割炬和工作台同时动作。

数控运动系统是激光切割设备的重要组成部分，是控制的核心，用于确保加工材料的质量和精度。

4. 割炬

割炬主要包括割炬体、聚焦透镜和辅助气体喷嘴等零件，激光割炬的结构如图 6 – 19 所示。

激光切割时，割炬必须满足下列要求：

（1）割炬能够喷射出足够的气流。

（2）割炬内气体的喷射方向必须和反射镜的光轴同轴。

（3）割炬的焦距能够方便地调节。

（4）切割时，保证金属蒸气和切割金属的飞溅物不会损伤反射镜。

激光切割时，割炬喷嘴用于向切割区喷射辅助气体，其结构形状对切割效率和质量有一定的影响。喷孔的形状有圆柱形、锥形和缩放形等，一般由切割工件的材质、厚度、辅助气压等决定。

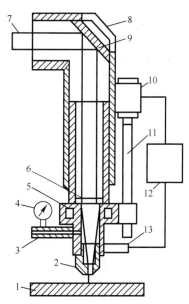

图 6 – 19　激光割炬的结构

1—工件　2—切割喷嘴　3—氧气进气管　4—氧气压力表　5—透镜冷却水套　6—聚焦透镜　7—激光束　8—反射冷却水套　9—反射镜　10—伺服电动机　11—滚珠丝杠　12—放大控制及驱动电器　13—位置传感器

三、激光切割的切割参数

激光切割的切割参数有激光切割功率与切割速度、透镜焦距和焦点位置、喷嘴的形状和喷嘴到工件表面的距离、辅助气体种类和压力等。

1. 激光切割功率与切割速度

切割速度是一个至关重要的参数。切割时需要根据激光器的功率和工件厚度确定切割速度。它随激光切割功率和喷气压力增大而增大，而随被切割材料厚度的增加而减小。如切割 6 mm 非合金钢板时切割速度为 2.5 m/min，切割 12 mm 非合金钢板时切割速度为 0.8 m/min。

2. 透镜焦距和焦点位置（离焦量）

透镜焦距小，功率密度高，但焦深不大，适于薄工件高速切割。焦距大，则功率密度低，但焦深大，可用于切割厚工件。离焦量对切口宽度也有影响。一般选择焦点位于材料表面下方 1/3 板厚处，切口宽度最小。

3. 喷嘴的形状和喷嘴到工件表面的距离

（1）喷嘴形状的选择

喷嘴的形状和大小是影响激光切割质量和效率的重要参数，切割机不同，喷嘴形状也不同，如图 6-20 所示是激光切割机常用的喷嘴形状。

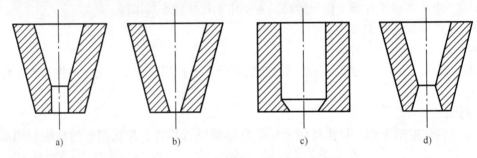

图 6-20　激光切割机常用的喷嘴形状

a）收缩准值型　b）收缩型　c）准值收缩型　d）收缩扩张型

（2）喷嘴口到工件表面的距离

喷嘴口离工件表面太近，影响对溅散切割熔渣的驱散能力。但喷嘴口离工件表面太远，也会造成不必要的能量损失。为保证切割过程的稳定性，一般控制喷嘴到工件表面的距离为 0.5~2 mm。

4. 辅助气体种类和压力

用氧气作为辅助气体切割低非合金钢时，利用激烈的氧化反应产生大量的热量，提高切割速度和增大板厚，并且可以获得无挂渣的切口。切割不锈钢时，常使用氧气 + 氮气混合气体，比单用氧气切口质量好。

气体压力增大，排渣能力增强，可使切割速度增大。但压力过大，切口反而会粗糙。激光切割各种材料的主要参数及特点见表 6-5。

表 6-5　　　　　　　　　　激光切割各种材料的主要参数及特点

材料	厚度（mm）	激光功率（W）	切割速度（m/min）	切割气体	特点及应用
99%刚玉陶瓷	0.7	8	30	—	控制断裂
晶体石英	0.81	3	60		
铁氧体片	0.2	2.5	114		
蓝宝石	1.2	12	7		

续表

材料	厚度（mm）	激光功率（W）	切割速度（m/min）	切割气体	特点及应用
石英管	—	500	400	—	切割石英管时省料、质量好，用于制造卤素灯管
布料	—	20～250	500～3 000	空气	切割布料时省料、质量好、效率高，自锁边，用于制造打字机色带、伞面、服装等
玻璃管	12.7	20 000	460	空气	切割玻璃管质量好，无刃具磨损
橡木	16	300	28	空气	切割木料质量好、边缘整齐、省料，用于家具制造
松木	50	200	12.5	空气	
硼环氧树脂板	8.1	15 000	165	空气	切割硼环氧树脂板效率高，无刃具磨损，用于飞机制造
低非合金钢	1.5	300	300	氧气	质量好、省工、省料，代替铣、冲、剪，用于仪表板、换热器、汽车零件的制造
	3	300	200		
	1.0	1 000	900		
	6.0	1 000	100		
	16.25	4 000	114		
	35	4 000	50		
30CrMnSi	1.5	500	200	氧气	代替铣、冲、剪，效率高，质量好，用于飞机零件制造
	3.0	500	120		
	6.0	500	50		
不锈钢	0.5	250	450	氧气	无变形、省料、省工，用于飞机零件、直升机旋翼等的制造
	2.0	250	25		
	3.175	500	180		
	1.0	1 000	800		
	1.57	1 000	456		
	6.0	1 000	80		
	4.8	2 000	400		
	6.3	2 000	150		
	12	2 000	40		

续表

材料	厚度 （mm）	激光功率 （W）	切割速度 （m/min）	切割 气体	特点及应用
钛合金	3.0	250	1 300	氧气	切割速度快、质量好，代替铣削、磨削和化学蚀刻等，省工、效率高，用于飞机制造
	8.0	250	300		
	10.0	250	280		
	40.0	250	50		
钛蒙皮铝蜂窝板	30.0	350	500	氧气	无变形、无损坏，切割速度快，用于航空构件
双面涂塑钢板	0.5～2.0	350	300		省工、省料，切割时不破坏表面涂塑层，用于空调制造

任务实施

1. 仔细阅读数控激光切割机使用说明书，对控制面板上各开关、按钮进行全面了解。
2. 了解激光切割机的主要结构及功能。